AF344193

Les Grandes Inventions
et les Grands Inventeurs

des XIXe et XXe siècles

PAR

HENRY DE GRAFFIGNY

MAISON ALFRED MAME ET FILS

Les

Grandes Inventions

et les

Grands Inventeurs

du XIXe et du XXe siècle

SÉRIE 21

N° 2134

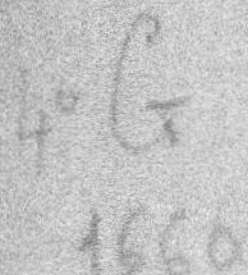

Transmission d'une pièce de théâtre par téléphonie sans fil.

Henry de GRAFFIGNY

INGÉNIEUR CIVIL, OFFICIER DE L'INSTRUCTION PUBLIQUE

Les
Grandes Inventions

et les

Grands Inventeurs

du XIXᵉ et du XXᵉ siècle

LA MACHINE A VAPEUR — LE MOTEUR A EXPLOSION
LA LOCOMOTIVE ET LES CHEMINS DE FER
LA BICYCLETTE ET L'AUTOMOBILE
LA NAVIGATION MARITIME, LES BATEAUX SOUS-MARINS
LA NAVIGATION AÉRIENNE, LES BALLONS,
L'AVIATION — L'ÉLECTRICITÉ, LES TÉLÉGRAPHES
LES RAYONS X ET LE RADIUM
LA LIQUÉFACTION DES GAZ — MACHINES DE TOUTE ESPÈCE

ILLUSTRÉ DE NOMBREUSES GRAVURES

TOURS

MAISON ALFRED MAME ET FILS

LES GRANDES INVENTIONS

ET LES

GRANDS INVENTEURS

DU XIXᵉ ET DU XXᵉ SIÈCLE

CHAPITRE I

LA SCIENCE ET L'INDUSTRIE AU XXᵉ SIÈCLE

En moins d'un siècle, les découvertes de la science ont transformé le monde, et c'est une véritable révolution pacifique qui s'est opérée dans toutes les branches de l'industrie.

Que l'on considère, en effet, quelles étaient les conditions de l'existence des peuples dans les premières années du xixᵉ siècle, alors que Napoléon emplissait le monde du bruit de ses victoires et de ses conquêtes.

A cette époque, les machines étaient des plus rudimentaires. On connaissait bien la force expansive de la vapeur, mais on ne savait pas encore en tirer tous les avantages qu'on en pouvait espérer. Les arts mécaniques étaient encore dans l'enfance, la physique en était restée au point où elle en était au temps d'Archimède; la chimie, rénovée par Lavoisier, tâtonnait encore; enfin l'électricité faisait ses premiers pas avec Galvani et Volta.

Ce sont les chemins de fer qui ont commencé cet immense bouleversement, vers 1830, et amorcé les conquêtes qui ont suivi, car tout se tient : un progrès en sollicite un autre, et les différentes branches des sciences se sont développées presque simultanément, comme si les inventions étaient commandées par la nécessité de toujours perfectionner ce qui vient d'être découvert.

C'est donc une histoire bien intéressante que celle de ces conquêtes successives du génie humain sur la nature et sur la matière brute, et rien que l'énumération des acquisitions du xixᵉ siècle et de celui où nous vivons tiendrait de longues pages si l'on voulait entrer dans le détail. Bornonsnous donc aux plus importantes qui ont permis de réaliser de véritables merveilles.

En premier lieu, les machines motrices pour les usages de l'industrie : les moteurs à vapeur, qui ont donné le moyen de créer la locomotive et les paquebots à grande vitesse, ces véritables cités maritimes qui sillonnent rapidement tous les océans du globe, puis les moteurs à gaz et à pétrole sans lesquels l'automobile, l'avion et le navire sousmarin n'auraient pu apparaître. Ce sont encore ces puissantes machines qui utilisent la force jusqu'alors inutilisée des cours d'eau, des torrents, des marées, ce que l'on a désigné du nom pittoresque de houille blanche, qui se renouvelle constamment et anime des usines chimiques fabriquant des produits complètement inconnus au début du xixᵉ siècle : l'aluminium, le carbure de calcium, les couleurs, les engrais azotés, et, hélas! les explosifs les plus dangereux et les plus terribles.

C'est surtout l'électricité, qui a réalisé de véritables prodiges, à mesure qu'elle a été mieux connue et ses diverses propriétés mises en évidence. Aujourd'hui elle est devenue la servante la plus complaisante de l'homme et son aide la plus précieuse.

C'est aujourd'hui la source la plus répandue, la plus commode d'éclairage soit public soit privé; sans l'*arc voltaïque*, nous n'aurions pas l'art des projections ni le cinématographe. C'est elle qui actionne les moteurs fixes des manufactures et ateliers et qui se substitue avec avantage à la vapeur pour la traction sur voies ferrées, surtout à l'intérieur des villes. Elle a transformé les méthodes de la métallurgie avec le four à électrodes fusibles ou à résistances, et en décomposant à froid les métaux pour les déposer les uns sur les autres par la méthode de la galvanoplastie. Elle rend les services les plus variés en commandant à distance une foule de mécanismes; elle est appréciée par les médecins pour le traitement de nombreuses maladies; enfin elle transporte la pensée humaine tout autour du globe à l'aide de signaux conventionnels, comme dans la télégraphie avec ou sans conducteurs reliant les postes. Elle transmet même la voix à toutes distances par le téléphone et la radio-téléphonie, la plus récente de ses conquêtes.

On conçoit que, pour réaliser pratiquement toutes ces améliorations et les rendre assez pratiques pour les faire adopter par tout le monde, il a fallu les méditations et les recherches prolongées d'un nombre prodigieux de savants et d'inventeurs, dont beaucoup sont cependant demeurés ignorés et obscurs et sont morts à la peine, dédaignés et méconnus de leurs contemporains. Le nombre est relativement petit de ces chercheurs, à qui l'humanité est redevable d'une parcelle de bien-être, et qui ont été justement récompensés par la gloire et par la fortune de ce qu'ils avaient trouvé de nouveau. Il est à remarquer d'ailleurs que ce ne sont pas les inventions les plus compliquées qui enrichissent d'ordinaire leurs auteurs, mais bien les perfectionnements les plus minimes, comme par exemple le taille-crayon, le godet de parapluie, etc., qui ont rapporté des millions à leurs créateurs.

C'est l'association des recherches dans un ordre d'idées déterminé qui a permis à une suite de savants ou quelquefois de simples ouvriers de perfectionner de plus en plus un appareil ou une machine. Ainsi, si nous prenons la machine à vapeur, nous rappellerons que son principe, une fois établi par Denis Papin, fut amélioré un siècle plus tard par Newcomen et Savery, puis transformé et rendu industriel par Watt. Des modifications de détail, non sans importance, surtout au point de vue de l'économie de charbon, lui furent apportées dans la suite par Mayer, Corliss, Farcot, Willans jusqu'à la turbine à vapeur à condenseur, dont les protagonistes furent les ingénieurs suédois et anglais de Laval, Parsons et Zœlly.

Le moteur à gaz à explosions a été entrevu et décrit par Joseph Lebon en 1804, et le moteur à combustion interne par les frères Nièpce, qui inventèrent plus tard la photographie; mais il a fallu les travaux théoriques et les expériences de Lenoir, Beau de Rochas, Deboutteville, Daimler, Diesel et de nombre d'ingénieurs de haut mérite pour arriver aux moteurs extra légers équipant les avions actuels.

La navigation aérienne était encore considérée comme une utopie en 1850, et il fallut les expériences de Giffard, Dupuy de Lôme, Renard et Krebs, Santos-Dumont, Julliot et Zeppelin pour rendre le ballon dirigeable par tous les temps. L'aviation, qui était également du domaine du rêve en 1900, est devenue un fait accompli depuis 1905, grâce aux frères Wright et à Blériot, qui ont réussi les premières envolées et montré la voie à suivre pour arriver aux « raids » autour du monde de ces temps derniers.

La navigation à vapeur était encore à la période de ses débuts en 1825; ce n'est que pas à pas qu'elle s'est développée et que l'on est arrivé à construire les villes flottantes capables de transporter en moins de cinq jours de l'ancien continent aux rivages du nouveau monde toute une population de passagers, et à établir les monstrueuses forteresses maritimes que sont les modernes cuirassés. Il en a été de même pour la navigation sous-marine, encore incertaine vers 1880, et aujourd'hui aussi pratique que la navigation de surface.

L'histoire est intéressante de cette magnifique floraison de découvertes et de perfectionnements de toute espèce qui se sont succédé en moins d'un siècle et ont augmenté le mieux-être matériel général, diminué la peine et la fatigue musculaire des travailleurs, grâce à une connaissance plus complète des phénomènes de la nature.

Nous montrerons donc dans ce livre les étapes par lesquelles ont passé ces inventions avant d'arriver à leur point de perfection actuel, et rendrons la justice qui est due à ces savants et à ces ouvriers de génie qui ont consacré leur vie à élucider l'un ou l'autre des problèmes posés à leur sagacité et à leur ingéniosité. La moindre amélioration a souvent coûté des années de labeur avant de pouvoir pénétrer dans l'usage, et il a fallu parfois une patience et une ténacité extraordinaires aux inventeurs pour faire adopter leurs idées par leurs contemporains.

L'histoire des inventions modernes est une chaîne ininterrompue dont chaque maillon a été forgé patiemment par des chercheurs, soit illuminés par une idée nouvelle, et qui n'avait encore été émise par personne avant eux, soit mieux servis que leurs devanciers par une industrie mieux outillée et leur donnant la possibilité de réaliser ce qui avait été déjà entrevu bien des années auparavant, alors que les moyens d'exécution manquaient encore.

Tout se tient, en effet, et il est arrivé bien souvent que des idées parfaitement rationnelles ayant été émises ont dû attendre longtemps que d'autres découvertes dans des ordres d'idées tout différents leur permissent de prendre un corps sensible. C'est ainsi que l'aéroplane a été conçu en 1840 par Henson, l'hélicoptère en 1863, et n'ont pu être réalisés, le premier, qu'en 1905 par Wright, l'autre par Œhmichen en 1924, et cela parce qu'à ces époques on ne connaissait aucun moteur assez léger pour pouvoir être enlevé par la machine volante proposée, et aujourd'hui encore, on attend, pour accroître l'efficacité et le rendement de ces appareils, que la science du métallurgiste mette à la disposition du constructeur des aciers d'une résistance encore inconnue et des alliages d'une légèreté non encore atteinte.

Oui, c'est une longue chaîne qui relie les inventions les unes aux autres et leur permet de se perfectionner, et dans cet ordre d'idées, l'habileté manuelle a souvent secondé la science de l'observateur. Ainsi Œrsted observe par hasard la déviation de l'aiguille de la boussole sous l'influence d'un courant voltaïque circulant dans un fil conducteur voisin, et c'est en s'appuyant sur ce phénomène qu'Ampère établit les lois de l'électromagnétisme qui conduisent Morse à l'invention du premier télégraphe, Gramme à celle de la machine dynamo, Ruhmkorff à celle de la bobine d'induction, et Marcel Deprez au transport de l'énergie à distance.

On pourrait multiplier ces exemples.

Ce qui est remarquable, c'est que nombre d'inventeurs, ceux quelquefois qui paraissaient le moins désignés pour ajouter une page glorieuse aux annales de l'humanité, étaient de simples ouvriers n'ayant que l'instruction reçue à l'école primaire. Cela ne les a pas empêchés cependant d'imaginer, tout ignorants qu'ils pouvaient être, des choses dont de grands savants ne se seraient jamais avisés.

« L'esprit souffle où il veut, » dit l'Évangile, et il en est de même du génie créateur. La boussole, sans laquelle Christophe Colomb n'aurait pu découvrir l'Amérique, a été trouvée par un simple bourgeois napolitain; le télescope, qui permet aux astronomes de sonder les profondeurs des cieux, a été imaginé par deux enfants de Middelbourg; un humble serrurier du pays de Galles, Newcomen, aidé de son ami le vitrier Jean Cayley, a réalisé la première machine à vapeur qu'un enfant, Humphry Potter, a perfectionnée. Stephenson était un pauvre ouvrier mineur et James Watt un modeste industriel de Glasgow. C'est un chanteur de théâtre qui a inventé la lithographie, et le grand Edison n'était, à ses débuts, qu'un petit vendeur de journaux. Goubet, le créateur des sous-marins; Baudot, qui a combiné le télégraphe multiple; Lenoir, qui a construit le premier le moteur à gaz; Gramme, qui a réalisé la dynamo, n'avaient reçu qu'une instruction élémentaire, et combien d'autres,

qui ont fait avancer le char du progrès et n'ont, la plupart
du temps, récolté que l'indifférence sinon la haine de leurs
contemporains.

Oui, les inventeurs ont été souvent de sublimes ignorants. Bernard Palissy, ne connaissant ni le travail ni la
cuisson de l'argile, imagine et réussit cependant les émaux
de faïence; Oberkampf, simple dessinateur-imprimeur, a
inventé l'impression sur étoffes; Jacquard, modeste mécanicien, crée le métier à tisser la soie; Lenoir, garçon de café
à ses débuts, Forest, ouvrier ajusteur, réalisent les moteurs
à gaz et à pétrole qui ont permis à l'automobilisme d'abord,
à l'aviation ensuite, de prendre leur essor. Mais combien
de mécomptes, de tribulations, d'affronts même ont dû
subir ces pionniers de l'humanité avant de voir leurs idées
admises et reconnues!...

L'immortel Papin a vu son génie annihilé par les vicissitudes de son existence; Frédéric Sauvage, l'inventeur de
l'hélice marine, a été mis en prison; Guillaume Marcel a été
tué par le désespoir; Charles Dallery, ruiné, est mort dans
la misère comme de nos jours Goubet et bien d'autres
génies créateurs, méconnus et abandonnés de ceux qui auraient dû les soutenir et ne leur ont prodigué que le sarcasme et l'ironie. Aussi, quand on connaît les infortunes
subies par ces chercheurs, comme revient à la pensée l'exclamation douloureuse du grand mécanicien James Watt
luttant contre le mauvais vouloir des industriels de son
pays, que cependant son génie devait enrichir : « En vérité,
il faut être fou pour vouloir inventer! »

Mais, pour être juste, il faut reconnaître que ce ne sont
pas seulement les industriels, amis de la routine ou lésés
dans leurs intérêts par une création imprévue, ni les savants, niant les possibilités et l'avenir de cette création, qui
ont toujours été les pires ennemis des innovateurs. Les
ouvriers eux-mêmes, à qui une machine nouvelle allait
apporter un allègement de fatigue, n'ont souvent pas compris ce bienfait; ils ont cru leur gagne-pain menacé et se

sont efforcés souvent d'empêcher l'adoption d'un mécanisme capable de restreindre par son adoption le nombre des travailleurs, et ce, non seulement en détruisant ce mécanisme, mais en s'attaquant à l'inventeur lui-même. Que l'on se souvienne de Jacquard, créateur du métier à tisser la soie, que les ouvriers lyonnais voulurent précipiter dans le Rhône; de Papin, dont les bateliers du Weser, craignant la concurrence, brisèrent le bateau à vapeur, parmi les exemples les plus connus.

L'inventeur doit donc lutter avec persévérance pour arriver à faire admettre et triompher ses idées; mais là encore il convient de faire remarquer que, pour si pénible et ingrate que soit sa tâche, elle ne lui est pas uniquement particulière, car, dans toutes les circonstances de la vie sociale, il faut travailler avec persévérance pour parvenir à un but fixé d'avance, quel qu'il soit.

Cependant il faut rendre à ces ouvriers du progrès matériel dont nous profitons aujourd'hui la justice qui leur est due, et il est intéressant d'autre part de suivre depuis leur éclosion jusqu'à leur épanouissement définitif les découvertes de toute espèce, qui ont ajouté au bien-être général en diminuant le travail musculaire que remplace celui des machines, et en subordonnant les forces de la nature à l'intelligence humaine. Tel est le but que nous nous sommes proposé et que nous nous efforcerons d'atteindre dans cet ouvrage de vulgarisation.

CHAPITRE II

LA MACHINE A VAPEUR

Le seul modèle de machine à vapeur susceptible d'usages industriels connu au début du XVIIe siècle avait été établi par deux ouvriers anglais : l'un, serrurier, s'appelant Newcomen, l'autre, un vitrier nommé Cawley, qui avaient mis en commun leurs ressources et toute leur science pour composer une machine, d'ailleurs fort imparfaite, et qui mettait à profit la propriété de faire le vide dans un corps de pompe où l'on avait introduit de la vapeur, que l'on condensait ensuite pour permettre à l'atmosphère d'exercer sa pression sur la face supérieure du piston contenu dans ce corps de pompe et de le faire redescendre.

Le principe de cette machine avait été découvert, quelques années auparavant, par l'immortel Denis Papin, qui n'avait pu donner qu'une forme rudimentaire à son appareil et parvenir à démontrer l'avenir que présentait cette utilisation d'une puissance telle que la vapeur d'eau. Cependant, un capitaine anglais en retraite, Savery, ayant eu connaissance des recherches et des expériences du médecin français, avait imaginé une machine de sa façon pour épuiser l'eau dans les galeries de mines et remplacer les manèges de chevaux actionnant les pompes.

Les deux amis, Newcomen et Cawley, dans les moments

de loisir que leur laissait l'exercice de leurs professions, étaient allés examiner une machine de Savery récemment installée dans une mine de Darmouth, et celle-ci, malgré ses imperfections, les avait frappés d'admiration; aussi avaient-ils échangé les différentes pensées que cette vue faisait naître dans leur esprit. C'est ainsi qu'ils eurent l'idée de leur machine à vapeur fonctionnant par la pression atmosphérique seule et qu'ils établirent d'après leurs idées un premier modèle.

Mais, lorsqu'ils voulurent faire passer leur idée dans le domaine de la pratique, ils se heurtèrent au capitaine Savery, qui, en vertu du brevet exclusif qu'il détenait, s'opposa à la demande que les deux amis avaient déposée. Ceux-ci répugnaient à toute contestation et surtout à un débat judiciaire, aussi, au lieu de courir les chances d'un procès coûteux, offrirent-ils à Savery de le comprendre dans leur association et d'en partager les bénéfices futurs. Ce dernier accepta.

La machine atmosphérique fut adoptée par un grand nombre d'exploitations minières d'Angleterre, en dépit de ses graves imperfections et de la nécessité qu'elle entraînait d'affecter plusieurs ouvriers à sa conduite, dont l'un avait la besogne vraiment fastidieuse d'ouvrir et de refermer continuellement huit ou dix fois par minute les robinets introduisant la vapeur dans le cylindre, puis l'eau froide devant la condenser. Ce fut un enfant qui, chargé de ce travail et pour s'y soustraire, s'imagina de le faire exécuter par la machine elle-même.

Le garçonnet, contrarié de ne pouvoir se soustraire à cette ennuyeuse sujétion de manœuvrer constamment ses robinets, car il entendait ses camarades jouer devant l'usine et le héler pour aller les rejoindre, s'avisa donc d'un moyen bien simple auquel personne avant lui n'avait songé. Il avait remarqué que l'un des robinets devait être ouvert au moment où le balancier de la machine terminait sa course descendante pour se fermer au commencement de l'oscillation opposée et que la manœuvre de l'autre robinet correspondait à une position exactement inverse. Les moments d'ouverture et de fermeture des robinets se trouvant en dépendance, l'apprenti imagina donc que le balancier lui-même pourrait commander ces mouvements.

Ce beau projet conçu, il s'empressa de le mettre à exécution. Il attacha à chacun des robinets deux ficelles d'inégale longueur et, après de laborieux tâtonnements, il fixa leur extrémité libre à des points convenablement choisis sur la charpente mobile, de façon qu'en s'élevant ou en s'abaissant sous l'action de la pression atmosphérique le balancier ouvrait ou fermait automatiquement les robinets aux moments nécessaires. La machine pouvait marcher sans surveillance, et l'enfant s'en alla joyeusement rejoindre ses petits amis.

L'histoire a conservé le nom de ce paresseux de génie : il s'appelait Humphry Potter, et son invention, à peine modifiée par la substitution de tringles rigides aux ficelles, demeura en usage tant que les machines-Newcomen restèrent en service, c'est-à-dire jusque vers 1776.

Cette anecdote vient à l'appui de ce que nous disions dans notre premier chapitre, qu'il semblerait qu'une science trop étendue serait parfois un écueil à l'intuition d'où résulte l'invention. Le savant, le technicien croient de bonne foi que les connaissances qu'ils possèdent ne seront jamais dépassées ; l'ignorant, au contraire, ne doute de rien, n'ayant pas idée des difficultés auxquelles il va se heurter, son imagination a toute liberté pour combiner des dispositions auxquelles l'homme instruit ne penserait jamais, et il réussit à découvrir du nouveau dans une voie que le savant eût cru à jamais fermée.

La machine à vapeur vraiment rationnelle a été conçue par un autre mécanicien de génie, James Watt, né à Glascow en 1740. Watt était installé dans une modeste boutique de cette ville et s'occupait de la réparation des instruments de physique de toute espèce, quand la direction de l'Université de la ville, dont il était le constructeur attitré, lui fit remettre un modèle réduit de la machine de Newcomen servant aux démonstrations des professeurs avec la mission de régler son fonctionnement, car le modèle n'avait jamais fonctionné convenablement.

Le jeune homme étudia minutieusement l'appareil qui lui était confié et il ne tarda pas à reconnaître les causes

James Watt.

de ces imperfections et de la raison de la consommation exagérée de combustible exigé. Après avoir reconnu les vices de construction de ce système grossier, il s'attacha d'abord à établir, ce qui n'avait jamais été tenté jusqu'alors, la théorie du fonctionnement de la machine, et il fut guidé dans ses expériences par le savant professeur Joseph Black.

Le premier perfectionnement qu'il réalisa fut le *condenseur isolé*. Au lieu d'obliger la vapeur introduite dans le cylindre à se condenser dans ce cylindre même par une introduction d'eau froide, Watt imagina de mettre au moment voulu, par l'ouverture d'un robinet, le cylindre en rapport avec un récipient isolé constamment refroidi par une circulation d'eau froide. Le cylindre n'étant plus refroidi après chaque coup de piston, une économie considérable de charbon en résulta.

Mais il ne suffisait pas au jeune constructeur d'être par-

Coupe verticale du soubassement d'une machine de Watt.

venu à corriger le principal défaut du modèle primitif qui lui avait été donné à réparer; il abandonna sa petite boutique de constructeur pour s'adonner entièrement au problème de la machine à vapeur, et peu à peu il imagina les dispositions capables d'en faire un moteur vraiment industriel. Ses inventions successives furent, après la condensateur isolé, le fonctionnement à *simple effet*, puis à *double effet* par le jeu de distributeurs à tiroir mus par la machine même, du *parallélogramme articulé*, permettant la transmission intégrale du mouvement du piston au balancier, enfin du *régulateur à boules*, commandant le registre ouvrant ou fermant l'admission de la vapeur au cylindre et assurant une vitesse uniforme à la machine.

Ces améliorations successives occupèrent l'inventeur pendant de longues années, mais il parvint à doter l'industrie de son pays d'un moteur absolument parfait et dont la consommation de combustible était infiniment plus faible que celle exigée par la pompe à feu de Newcomen et Cawley. Ce n'était plus d'ailleurs la machine atmosphérique de ces premiers chercheurs, mais la véritable machine à vapeur, où n'intervenait plus la pression atmosphérique, bien que le fonctionnement s'opérât à une pression à peine supérieure à celle de l'atmosphère. La supériorité sur le système de ses devanciers était telle que Watt, qui s'était associé, pour la construction en grand de ses appareils avec un fondeur de Soho, près de Birmingham, nommé Boulton, au lieu de vendre ses machines un prix déterminé aux exploitants des mines de houille, pouvait les leur donner pour rien, se contentant comme paiement du tiers de la somme qu'elles permettaient d'économiser annuellement sur le combustible que demandaient les pompes de Newcomen. Cette combinaison, imaginée par Boulton, avait pour résultat, il est vrai, de faire payer les machines un prix exorbitant. Ainsi, dans une mine de Chacewater qui employait trois unités à vapeur, la redevance annuelle ne s'élevait pas à moins de 60000 fr., chiffre qui montre quelle économie ces machines permettaient de réaliser.

Le feu du génie de Watt, qui s'était montré dès les premiers instants de sa jeunesse, brillait encore aux derniers temps de sa vie, ainsi qu'il le montra par d'autres inventions complètement différentes, telles que celle de la presse à copier les lettres et du pantographe. Pour ne pas s'en étonner, il faut connaître quel était le caractère et les qualités de celui qu'on peut regarder comme le créateur de la machine à vapeur pratique, car Denis Papin ne parvint pas à donner une forme utilisable à sa découverte. James Watt était surtout un grand imaginatif, car il ne faut pas

resserrer le rôle de l'imagination au domaine exclusif des
lettres et des beaux-arts. Cette heureuse faculté préside
plus qu'on ne le croit généralement aux créations scientifiques. Pour se lancer dans cet ordre d'idées en plein
inconnu, pour marcher par des sentiers nouveaux vers ces
horizons voilés que l'avenir nous dérobe, il faut souvent
suivre des yeux l'étoile inspiratrice qui brille au firmament
pour les poètes. C'est en s'écartant des règles établies, en

Vue générale d'une machine à basse pression de Watt.

s'élançant par une vue souveraine hors du cercle étroit des
opinions communément répandues, qu'un homme supérieur
s'élève aux grandes conceptions qui immortalisent son
génie. Watt en fournit un éclatant exemple, car il avait reçu
de la nature la précieuse faculté de l'imagination. S'il avait
reçu l'instruction banale qui se débitait de son temps à la
Faculté d'Oxford, il serait devenu certainement un professeur érudit; livré à lui-même, il devint le premier mécanicien de son temps. Il est reconnu que Watt n'avait aucune
de ces connaissances obligées qui font le savant mathématicien; il n'avait jamais résolu une équation d'algèbre

mais la géométrie lui était familière et il en usait constamment dans ses projets. Les traités de mécanique étaient le seul genre d'ouvrages dont il se refusât la lecture; on aurait dit que son intelligence avait besoin d'être affranchie de tout joug étranger. Les idées sortaient de son esprit comme pousse l'herbe des champs sur un terrain vigoureux. Il a dit, en donnant le récit de ses découvertes relatives au perfectionnement de la pompe à feu de Newcomen :

« L'idée une fois conçue d'opérer la condensation de la vapeur hors du cylindre, toutes les autres améliorations s'effectuèrent avec une grande rapidité, tellement que, dans l'espace d'un ou deux jours, mon plan fut parfaitement arrangé dans ma tête et que, pour en faire l'essai, je le mis tout de suite à exécution. »

Aussi avait-il l'habitude de considérer toutes ses inventions comme le résultat d'idées tellement simples qu'elles auraient pu se présenter à l'esprit de tout autre que lui. Il ajoutait qu'il avait été seulement assez heureux pour les soumettre le premier à l'expérience. Et cette déclaration était de tous points sincère.

Watt s'éteignit à Heathfield, le 25 août 1819, âgé de quatre-vingt-trois ans. Un monument de reconnaissance nationale lui a été élevé dans l'abbaye de Wesminster. L'Angleterre a voulu, par ce magnifique hommage, consacrer dignement la gloire d'un des plus grands hommes qu'elle a produits, car tous ceux qui ont suivi ses traces sur la route qu'il avait contribué à ouvrir n'ont fait que perfectionner ce qu'il avait créé.

La machine de Watt, qui demeura en usage sans presque aucune modification jusque vers 1850, n'employait, avonsnous dit, la vapeur, que sous une pression à peine supérieure à celle de l'atmosphère. Ce fut une mécanicien américain, nommé Olivier Evans, homme doué d'un remarquable génie de la mécanique, qui eut le mérite de réaliser le principe énoncé dès 1725, par le physicien allemand Leupold, de la machine à haute pression. L'attention d'Olivier Evans avait été attirée sur les effets de la vapeur par une sorte de jeu familier aux habitants de son pays et qu'on appelait les *pétards de Noël*.

Les enfants s'amusaient, paraît-il, au moment de Noël, à boucher, avec une forte cheville de bois, un canon de fusil dans lequel un peu d'eau avait été versée. La lumière du fusil étant hermétiquement fermée, si l'on plaçait la culasse du canon ainsi agencé dans un feu vif, la cheville finissait par être chassée au loin avec une violente détonation. Olivier Evans, alors âgé de dix-huit ans et simple ouvrier charron à Philadelphie, fut témoin, en 1773, des effets de ces fameux pétards de Noël. Son esprit en fut vivement frappé, et souvent, depuis, il s'amusait à placer dans le feu de sa forge de vieux canons de fusil contenant de l'eau, et il s'émerveillait de la puissance des effets explosifs qui se produisaient ainsi. Comme il avait longtemps réfléchi aux moyens de découvrir quelque force motrice autre que celle du vent, de l'eau ou des chevaux, son imagination s'enflamma à l'idée de créer un moteur fonctionnant par la force expansive de la vapeur d'eau.

Cependant il ne tarda pas à apprendre que les mécaniciens d'Europe avaient déjà réalisé cette idée, et il eut l'occasion de lire un livre donnant la description des machines à vapeur de Newcomen et de Watt. Mais il s'étonna de reconnaître que la vapeur ne s'y trouvait utilisée que pour produire le vide sous le piston au lieu de le pousser par sa détente comme les chevilles de bois dans ses canons de fusil.

Le modeste charron de Philadelphie se mit donc à l'œuvre, et, après de laborieuses recherches, qui lui demandèrent près de vingt ans, il parvint à construire des machines fonctionnant sous une pression de dix atmosphères. C'était un progrès considérable et qui s'imposa vite en raison des avantages de toute espèce que ces

machines présentaient sur le type de Watt. Mais Olivier
Evans ne devait pas être témoin de l'extension prodigieuse

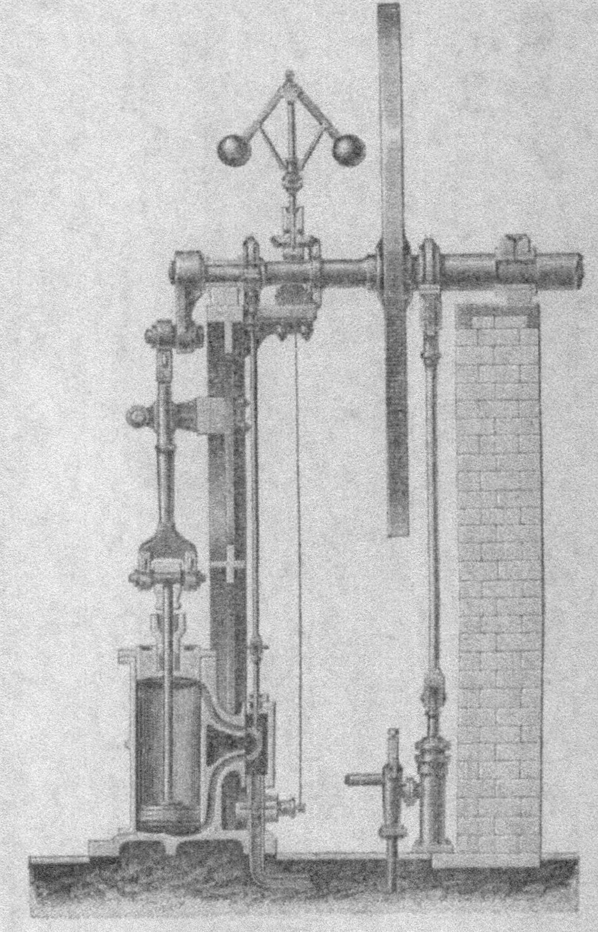

Coupe verticale et de profil d'une machine à vapeur à haute pression.

prise par son système. Le 11 mars 1819, un incendie considérable réduisit en cendres son établissement de Pitts-

burg et anéantit tout son avoir. Ce fut pour lui le coup de
la mort. Il expira quatre jours plus tard, précédant de

Vue d'ensemble d'une machine à vapeur à haute pression.

quelques mois à peine son illustre devancier Watt dans la
tombe.

Pendant près d'un demi-siècle, les constructeurs n'apportèrent que des modifications de détail aux machines à haute pression qui avaient éliminé les précédentes, et ces améliorations portèrent sur le moyen d'éviter les explosions, d'alimenter la chaudière pendant la marche et surtout d'économiser la vapeur et par conséquent le charbon.

Déjà, vers 1825, un constructeur anglais, Arthur Wolf, avait eu l'idée de réaliser une économie de vapeur, non seulement en ne la laissant pénétrer dans le cylindre que pendant une partie de la course du piston, mais en l'obligeant à travailler, à sa sortie, dans un second cylindre de plus grand diamètre que l'autre. La vapeur se détendait ainsi considérablement et continuait de travailler utilement avant d'être évacuée à l'air libre ou dans un condenseur.

C'était là une amélioration heureuse et dont les conséquences furent poussées à l'extrême à mesure que l'on édifiait des machines de plus en plus puissantes, telles qu'en réclamaient les grands paquebots transatlantiques. C'est ainsi qu'on ne se contenta pas d'un unique cylindre de détente, mais de deux et même de trois, de diamètres croissants. On eut ainsi des machines à double, triple et quadruple expansion et à admission réduite par un deuxième tiroir superposé au tiroir de distribution ordinaire. La consommation de charbon s'abaissa ainsi progressivement de 4 ou 5 kilogrammes par cheval-vapeur et par heure, à moins de 800 grammes dans les derniers types de machines à distribution par soupape de Corliss, vers 1890.

Au sujet de cette unité de « cheval-vapeur, » employée pour mesurer la puissance des machines à vapeur, elle provient de ce qu'ayant voulu comparer le travail fourni par une machine de Watt à celui développé par un cheval vivant, le brasseur Whitebread fit travailler son plus fort cheval au maximum de sa puissance pendant huit heures consécutives et calcula, par le poids de l'eau qui avait été élevé pendant ce temps, que la bête avait élevé 73 kilogrammes d'eau à 1 mètre par seconde. Les Anglais adoptèrent ce chiffre, qu'ils appelèrent *horse-power* (H. P.) comme unité de travail, et en France on choisit celui de 75 kilogrammètres (C. V.) pour déterminer le *cheval-vapeur*.

La machine à vapeur moderne, qui représente un siècle de recherches et d'études expérimentales, offre des dispositions variées pour répondre à toutes les nécessités des

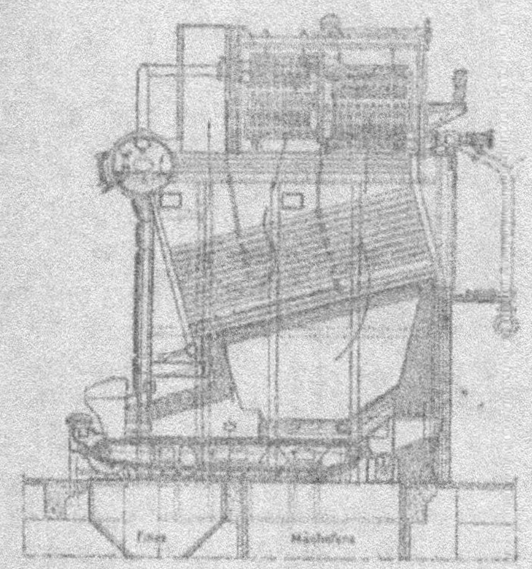

Vue d'une chaudière à vapeur multitubulaire Babcock-Wilcox.

différentes industries qui recourent encore à son usage. Tout d'abord, il convient de remarquer que cette machine se compose de deux parties distinctes, séparées ou réunies, suivant le cas, et qui sont le *générateur* et le *moteur*.

Il y a deux types distincts de chaudières dans lesquels les dispositions se trouvent inversées. Dans le premier, l'eau est dans le feu, comme on dit, ou, dans d'autres termes, les récipients de liquide sont plongés dans les flammes, tandis que, dans le second, le feu est dans l'eau, c'est-à-dire que les flammes du foyer et les gaz chauds qui se dégagent traversent la masse à chauffer. On donne encore, à la première catégorie, le nom de générateurs aqua-tubulaires, ou à tubes d'eau, et à l'autre celui de chaudières à tubes de fumée : c'est le dispositif employé pour les locomotives.

On a abandonné les chaudières à bouilleurs pour adopter celles dites multitubulaires, formées d'un grand nombre de tubes de faible section, disposés obliquement dans le foyer et exposés au rayonnement des flammes. Ce faisceau est en rapport avec un grand réservoir cylindrique placé à la partie supérieure de la chaudière, réservoir divisé en deux parties par une cloison horizontale dont la présence permet de ne recevoir, dans la chambre supérieure, que de la vapeur sèche et surchauffée. Cet agencement est avantageux parce qu'il rend le générateur à peu près inexplosible, étant donné la faible section des tubes. Le remplacement d'un élément détérioré peut être effectué sans arrêter le fonctionnement du reste de l'appareil, la jonction avec le réservoir-collecteur s'opérant à l'aide de boîtes de raccord isolées et indépendantes. Avant d'être envoyée aux tubes par leur partie inférieure, l'eau d'alimentation parcourt un gros tuyau traversant le collecteur, où elle s'échauffe déjà avant d'être vaporisée. Le registre de tirage de la cheminée fonctionne automatiquement, suivant les variations de la pression de la vapeur, et les grilles sont formées de barreaux accouplés facilitant le passage de l'air et le décrassage. Le collecteur reçoit les appareils de sécurité et de contrôle réglementaires : niveau d'eau, soupape de sûreté, manomètre et sifflet.

Afin d'éviter que le chauffeur ne soit brûlé par le jet de vapeur en cas de rupture subite d'un tube, les portes du cendrier s'ouvrent de dehors en dedans ou sont à bascule, se fermant elles-mêmes par pression intérieure, et maintenues ouvertes selon les besoins par une tige à crémaillère. Si un élément tubulaire vient à se déchirer, l'échappement d'eau et de vapeur éteint le feu et ferme le cendrier sans que l'on ait à redouter d'accident. L'eau qui arrive tiède déjà dans le bas des tubes, où ceux-ci sont exposés à toute l'ardeur du feu, est préalablement épurée pour ne pas déposer d'incrustations calcaires dans cette partie. Les essais officiels faits en présence d'ingénieurs de la marine française ont montré qu'en brûlant 250 kilogrammes de houille par heure et par mètre carré de grille, qu'il ne se produisait aucun dépôt calcaire, malgré une alimentation en eau intentionnellement chargée de sel marin et d'huile. Ainsi sont agencées les chaudières encore en service dans l'industrie et dans la marine. Lorsque le volume de vapeur à fournir aux machines est très considérable, on réunit un plus ou moins grand nombre d'unités en batteries. Lorsque le chauffage à la houille est conservé et que l'on veut diminuer le nombre des chauffeurs nécessaires pour effectuer le chargement des grilles et l'alimentation d'eau, le chargement des foyers s'opère par un transporteur mécanique et l'alimentation par un poste d'eau central muni de pompes foulantes envoyant le liquide à vaporiser dans chacun des groupes de chaudières associées.

On commence à employer de plus en plus, à bord des grands paquebots, le chauffage des chaudières à l'aide de brûleurs spéciaux consommant l'huile de naphte appelée *mazout*, ce qui permet de réduire sensiblement les manipulations et le nombre d'hommes nécessaire à la conduite des foyers. Ce progrès se traduit par d'importantes économies, non seulement de personnel mais dans l'encombrement, le mazout pouvant être emmagasiné dans des réservoirs infiniment moins volumineux que les soutes à charbon.

Si nous examinons maintenant le mécanisme qui utilise la vapeur et transforme sa chaleur en mouvement mécanique, et par suite en travail, nous dirons qu'il n'est plus adjoint à la chaudière pour constituer un ensemble unique, que dans les unités de faible puissance et notamment dans les locomobiles agricoles. Dans celles-ci, la chaudière, si elle est verticale, est à *tubes pendentifs* Field, fermés à leur partie inférieure exposée à l'action des flammes; si

elle est horizontale, la masse d'eau à vaporiser est traversée
par un nombre plus ou moins grand de tubes à fumée,
comme dans les locomotives.

Tous les moteurs à vapeur fonctionnent suivant le principe dit à *double effet* et à détente. C'est-à-dire que la
vapeur arrivant du générateur est envoyée alternativement
sur les deux faces du piston pendant une partie de sa
course. Ce résultat est obtenu par le jeu d'un *tiroir* commandé par la machine elle-même grâce à un *excentrique*
monté sur l'arbre de couche.

Le cylindre contenant le piston est percé dans sa masse

Grand transatlantique à turbines.

de deux conduits débouchant par des *lumières* aux deux
extrémités opposées du cylindre, à l'intérieur. Ils s'ouvrent
par deux autres lumières sur une glace, à l'intérieur d'une
cavité dite *boîte du tiroir*, et elles sont recouvertes par une
coquille mobile par le jeu de l'excentrique, qui démasque
alternativement l'une ou l'autre de ces lumières. A l'intérieur de la coquille s'ouvre le tube d'échappement conduisant la vapeur à l'air libre ou au condenseur.

Le fonctionnement se conçoit aisément. La vapeur arrivant de la chaudière passe par la lumière que démasque le
tiroir pour pousser le piston tandis que la vapeur contenue
sous l'autre face de celui-ci s'échappe par le conduit en
rapport avec l'évacuation, puis cette première lumière est

obstruée par le mouvement du tiroir tandis que c'est l'autre qui est démasquée et donne accès à la vapeur sur l'autre face du piston. L'effort se produit ainsi pendant les deux courses du piston à l'intérieur du cylindre.

Comme il serait peu économique d'admettre la vapeur pendant toute la durée de la course du piston, le tiroir est muni sur ses bords de *recouvrements*, qui interceptent l'arrivée du fluide lorsque le piston a effectué une partie de son trajet. La vapeur se détend pendant la fin de la course et on obtient une meilleure utilisation, qui est poussée à son

Groupe turbo-alternateur 12000/15000 kw. de la Cie Électro-Mécanique.

maximum avec plusieurs cylindres succesifs où l'expansion se termine complètement.

Nous devons maintenant rappeler les recherches effectuées à diverses époques par de nombreux mécaniciens pour obtenir directement et sans organes accessoires de transformation, un mouvement circulaire continu au lieu d'un mouvement rectiligne alternatif. La première idée de machine à vapeur rotative, émise par Watt, fut développée successivement par Pecqueur, Galy-Cazalat, mécaniciens français; Behrens, Uhler, constructeurs allemands, pour aboutir finalement à la *turbine à vapeur*, dont les premiers modèles pratiques furent créés par l'ingénieur danois de Laval et l'anglais Parsons.

Pecqueur, né en 1792 et mort à Paris en 1852, fut un mécanicien et un inventeur remarquable. Il imagina une machine arithmétique, une pendule régulatrice et enfin un modèle de machine rotative dont l'organe essentiel était un tambour excentré poussé par la vapeur admise à intervalles calculés par une soupape. Ce système était d'une simplicité remarquable, mais consommait un très grand volume de vapeur, très supérieur, à égalité de puissance, à celui demandé par les machines à vapeur à piston. Ses successeurs et imitateurs ne purent pas éviter cet écueil et accroître le rendement utile, quelque disposition qui fût donnée aux organes de l'appareil, si bien que, tous les essais ayant échoué, on considérait le problème comme insoluble lorsque l'ingénieur de Laval fit connaître, en 1895, son *turbo-moteur*.

La turbine à vapeur actuelle, perfectionnée par de nombreux chercheurs de tous les pays, et qui s'est substituée presque partout aux machines à détente et à expansion à piston, notamment par l'ingénieur anglais Parsons, est basée sur un principe tout différent de celles-ci avec qui elles rivalisent d'économie. Dans ces machines, la vapeur, arrivant de la chaudière à une pression de 10 à 12 atmosphères est préalablement détendue, de façon à acquérir une très grande vitesse, et elle agit sur une série de roues à aubes de diamètres croissants disposées sur un axe unique mais dans des chambres séparées formant des étages de pression. Elle se détend ainsi au maximum dans ces passages successifs avant d'être envoyée dans un condenseur où est maintenu un certain degré de vide afin de diminuer la contre-pression, et il en résulte un rendement utile très élevé, par suite une grande économie de combustible.

Les turbines des grands paquebots modernes et des usines électriques pour l'éclairage ou les transformations électrochimiques sont actuellement le dernier mot du progrès en matière de moteurs, et seuls les moteurs à combustion interne brûlant des huiles lourdes extraites du pétrole peuvent rivaliser avec elles au point de vue du prix de revient de la force. Et ces résultats sont dus aux recherches patientes de nombreux inventeurs dont beaucoup sont restés obscurs, et qui ont chacun ajouté leur pierre à l'édifice sans cependant être récompensés de leur labeur par le succès. La preuve en est fournie par les milliers de brevets pris, depuis 1850 surtout, pour des machines à rotation directe, et dont bien peu ont mené leurs possesseurs à la célébrité sinon à la fortune.

Le premier *turbo-moteur* marin fut appliqué par l'ingénieur Parsons, en 1897, sur un bateau de faibles dimensions, appelé le *Turbinia*, et qui atteignit la vitesse phénoménale pour l'époque, de *34 nœuds et demi*, ou 64 kilomètres à l'heure. Ce résultat remarquable détermina le succès, et aujourd'hui toutes les stations électriques et paquebots à vapeur sont équipés avec des turbines à vapeur, et l'on peut évaluer à plusieurs millions de chevaux-vapeur la puissance fournie par les machines en service.

CHAPITRE III

LES MOTEURS A EXPLOSION

LEBON — DOUGLAS-CLERK — BEAU DE ROCHAS — LENOIR
FOREST — Dr DIÉSEL

Prenez une pipe en terre ordinaire et, dans le fourneau de cette pipe, tassez de la sciure de bois ou de petits fragments de charbon de terre et bouchez-le avec de la terre glaise plastique, qui fait corps avec la pipe lorsqu'elle est bien sèche, puis, placez la tête de cette pipe une fois garnie dans un feu vif de houille ou autre. Lorsqu'elle est portée au rouge, commence à s'échapper par le tuyau d'abord un filet de fumée blanchâtre due à la vapeur d'eau qui se dégage, puis un courant de gaz d'odeur prononcée accompagné de gouttelettes d'un liquide brun et épais, appelé *braï*, ou goudron. Cette expérience bien simple à répéter est le principe d'une des inventions qui a émerveillé le monde à ses débuts, et cette pipe n'est autre chose qu'une cornue à gaz d'éclairage rudimentaire.

Cette usine en miniature, le docteur anglais Clayton semble l'avoir le premier réalisée en 1739. Il chauffa de la houille dans une cornue et en retira du goudron et un gaz qui produisait en brûlant une flamme fuligineuse, mais ce savant n'entrevit aucune suite pratique à donner à cette expérience. Il cherchait simplement à savoir de quels corps la houille était composée et ne se douta pas que cet essai de distillation formait le germe d'où devait sortir

une des plus importantes industries modernes. Il en fut de
même pour le chimiste belge Minkelers, qui, en 1783,
gonfla un ballon aérostatique de gaz de houille pour démontrer que ce gaz pouvait parfaitement se substituer à l'hydrogène pur fabriqué à grands frais par l'action de l'acide
sulfurique sur le fer.

C'est Philippe Lebon qui a discerné le premier l'avenir de cette transformation du charbon de terre en gaz,
non seulement éclairant, mais propre à nombre d'autres
usages.

Lebon naquit, en 1767, dans un village de la Haute-
Marne, Brachay, à quelques lieues de Chaumont. Il entra,
à l'âge de vingt ans, à l'École des ponts et chaussées, ce
qui devait lui assurer plus tard la vie d'un honnête et modeste fonctionnaire, mais le jeune homme ne se contenta
pas de surveiller le pavage des routes. Né inventeur, il
commença par se distinguer par des travaux sur la machine
à vapeur, alors si imparfaite, et il lui fut accordé, en 1792,
un prix de deux mille livres comme récompense nationale.

Encouragé, Lebon, qui ne connaissait pas l'expérience
de Clayton, s'occupa de mettre au point un système de
fourneau à distiller le bois et prit un brevet pour un appareil d'éclairage qu'il appela *thermolampe*, et dont il fit une
première installation à l'hôtel Seignelay, à Paris, pour démontrer les avantages de cette nouvelle lumière.

Était-ce le début de la fortune?... Hélas! non. D'abord,
l'ingénieur en chef, supérieur administratif de l'inventeur,
accusa celui-ci de négliger ses fonctions. Philippe Lebon
parvint à surmonter ce mauvais vouloir et à obtenir, à
force de démarches pressantes, sa nomination à Paris, où
il prend un second brevet dans lequel, avec une singulière
clairvoyance qui fait de lui le véritable précurseur de l'industrie du gaz, il décrit toutes les applications que son
invention était susceptible de recevoir.

L'exposé de son invention portait pour titre : *le Thermolampe, ou poële qui chauffe et qui éclaire avec écono-*

mie et offre, avec plusieurs produits précieux, une force motrice applicable à toutes sortes de machines. Il montre bien, qu'outre l'éclairage, Philippe Lebon envisageait bien la possibilité d'utiliser le gaz à la production de la force motrice.

Cette fois, Lebon attira l'attention sur ses projets, et Napoléon lui octroya la concession d'une partie de la forêt de Rouvray, près de Rouen, afin de disposer de la matière première nécessaire. Une usine fut créée pour la distillation du bois, mais le malheur voulut qu'un incendie la détruisît moins d'un an après son installation. L'inventeur était cependant parvenu, à force d'opiniâtreté, à mettre au point cette fabrication nouvelle, — ce qui est toujours une besogne très difficile, de quelque fabrication qu'il s'agisse, — et à vaincre ceux qui le dénigraient et essayaient de le concurrencer, quand, à deux pas du succès définitif, le malheureux fut assassiné.

Lebon avait conservé son titre d'ingénieur en chef des ponts et chaussées et, en cette qualité, il avait dû se rendre à Paris pour assister au sacre de l'empereur, le 2 décembre 1804. Après avoir paru à la cérémonie officielle à Notre-Dame, avec le corps des ingénieurs de son service, il traversa les Champs-Elysées, qui n'étaient à cette époque qu'un cloaque désert. Que se passa-t-il dans les ténèbres?... On l'ignore, mais le lendemain des passants relevèrent dans les quinconces le corps d'un homme, percé de treize coups de couteau. C'était celui de Philippe Lebon. Ni sa famille ni ses amis ne purent recevoir ses dernières paroles, et on supposa qu'il avait été frappé par des malfaiteurs qui en voulaient à sa bourse. Au milieu des préoccupations de l'époque, ce crime passa presque inaperçu, et son nom fut à ajouter à la liste des inventeurs méconnus qui n'ont trouvé que l'indifférence auprès de leurs contemporains.

Les Anglais devaient prendre la suite de ces recherches, et c'est en Grande-Bretagne que furent créées dans les années suivantes les premières usines à gaz. Toutefois leurs promoteurs eurent fort à lutter contre les préventions manifestées par le public contre ce système de distribution de la chaleur et de la lumière dans les habitations. N'alléguait-on pas que l'allumage des becs de gaz publics causerait l'explosion de l'usine productrice?... Samuel Clegg, l'ingénieur chargé de diriger les installations, fut obligé pendant de nombreux soirs, devant la défection générale de son personnel, d'aller allumer lui-même les becs répartis tout le long du pont de Westminster.

L'usine achevée, une commission nommée par la Société Royale de Londres pour faire un rapport sur cet établissement s'élevait sur les dangers que pourrait présenter une fuite dans un gazomètre rempli d'hydrogène carboné. Devant les membres de la commission réunis devant l'appareil, Clegg se fit apporter un foret et une chandelle. Il pratiqua, à l'aide de ce foret, un trou dans la paroi de tôle, et, à la grande frayeur des assistants, il approcha la flamme du jet de gaz s'échappant de l'ouverture, afin de démontrer que le feu ne saurait se propager à l'intérieur du réservoir sous pression. Plusieurs savants, frappés de frayeur et redoutant une catastrophe s'étaient empressés de prendre la fuite sans attendre le résultat de l'expérience.

Pour donner une idée des difficultés auxquelles on se heurte souvent au début de toute nouvelle invention, on peut rappeler qu'il était alors impossible de se procurer des tuyaux de fer pour la distribution du gaz. On fut obligé de les faire avec de vieux canons de fusil de rebut que l'on assujettissait par des pas de vis à la suite les uns des autres!

Il faut franchir plus d'un demi-siècle pour trouver les idées de Philippe Lebon concernant l'application du gaz à la production de la force motrice réalisées d'une façon pratique. Il y eut bien, dans l'intervalle, quelques essais isolés, entre autres ceux du mécanicien anglais Barnett, mais les dispositions adoptées étaient si défectueuses que ces modèles primitifs n'eurent aucun succès. C'est en 1859 que parut le premier moteur, qui avait pour auteur Jean-Joseph Lenoir, né le 12 janvier 1822, à Mussy-la-Ville en Belgique.

Qui était ce Lenoir, dont le nom doit être conservé comme celui du promoteur d'un système de moteur capable de rivaliser avec la machine à vapeur et même de s'y substituer? C'était un inventeur dans toute l'acception du terme.

Lenoir.

A l'âge de seize ans, ne possédant qu'une instruction rudimentaire, mais intelligent, observateur, débrouillard comme on dit aujourd'hui, il se décida à quitter son village natal pour venir chercher fortune à Paris. Il y fut d'abord garçon de café, puis ouvrier émailleur et, en 1847, il proposa à son patron l'emploi d'un nouvel émail blanc dont il avait trouvé la composition. Ce fut la première de ses inventions qui allaient se multiplier un peu dans tous les domaines et dont les plus remarquables sont un procédé de galvanoplastie en ronde bosse, un frein et des signaux de chemins de fer, un moteur électrique, un compteur d'eau, un télégraphe autographique, un pétrin mécanique, un régulateur pour dynamos, une nouvelle méthode d'étamage des glaces, des perfectionnements dans le tannage des cuirs et, par-dessus tout, son moteur fonctionnant à l'aide du gaz d'éclairage.

Plusieurs de ces inventions furent récompensées par l'Académie des Sciences et la Société d'Encouragement à l'Industrie nationale. Naturalisé Français pour les services qu'il avait rendus à son pays d'adoption pendant le siège de Paris, en 1870, Lenoir mourut, dans une situation modeste, le 4 août 1900, à la Varenne-Saint-Hilaire près de Paris.

On peut affirmer sans être taxé d'exagération, que son moteur fut considéré, à son apparition, comme une invention géniale, très supérieure à la machine à vapeur et, cependant, le nom de Lenoir est presque aussi ignoré aujourd'hui dans son pays natal que ceux de ses illustres compatriotes Minckelers et Gramme.

Le brevet de Lenoir date de 1859; il s'appliquait à un « moteur à air dilaté par la combustion du gaz ». Et, en 1863, encouragé par les résultats déjà obtenus, et remplaçant le gaz d'éclairage par l'essence minérale pour l'alimentation de son moteur, le génial mécanicien employait celui-ci à bord d'une voiture avec laquelle il accomplit plusieurs voyages de Paris à Joinville-le-Pont aller et retour. On peut donc le considérer comme le père de l'automobile moderne.

Lenoir s'était efforcé de reproduire, dans son appareil, les dispositions générales de la machine à vapeur. Son unique cylindre fonctionnait à double effet, et la distribution s'opérait à l'aide de tiroirs comme dans cette dernière. À chacune de ses courses à l'intérieur du cylindre, le piston aspirait un mélange de gaz et d'air commun. Arrivé à moitié de sa course, une étincelle électrique enflammait ce mélange, et la dilatation des gaz poussait le piston à fin de course, après quoi les mêmes actions recommençaient sur l'autre face, tandis que les gaz brûlés s'échappaient à l'extérieur. Une bielle articulée sur un arbre coudé en vilebrequin transmettait ce mouvement alternatif du piston en le transformant en mouvement circulaire continu, et un excentrique commandait le déplacement du tiroir et l'allumage.

On voit, par la description des détails de la construction

de son moteur, que Lenoir n'avait pas voulu faire détoner le gaz mais bien le brûler progressivement sans explosion. Il devançait donc à son tour d'un demi-siècle les esprits les plus avancés, car c'est ce principe de la combustion interne qui a fait le succès des systèmes les plus récents.

Toutefois, cet agencement présentait un énorme défaut : la consommation de gaz était considérable et atteignait trois mètres cubes de gaz par heure et par cheval-vapeur. Ce fut sur ce point particulier : abaissement de la consommation, que se portèrent les efforts des successeurs de Lenoir. Tout d'abord, un savant anglais, Dugald-Clerk, préconisa le fonctionnement en deux temps : compression et action motrice sur une face du piston, échappement sur l'autre ; puis un ingénieur français, Beau de Rochas, prit en 1868 un brevet auquel il ne donna aucune suite d'ailleurs, et dans lequel il indiquait un mode bien plus économique de marche : le cycle dit *à quatre temps*, en deux courses du piston. C'était là un immense perfectionnement, mais qui ne fut pas tout d'abord bien compris. Seuls, deux Français, Delamarre-Debouteville et Léon Malandin, construisirent des moteurs à gaz basés sur ce principe et auxquels ils donnèrent le nom de *Simplex*. En Allemagne, au contraire, cette amélioration était immédiatement mise à profit par le Dr Otto, qui combina un type très pratique. Pendant la durée de validité du brevet Otto, les ateliers de Cologne qui construisaient ces modèles en vendirent plus de cinquante mille dans le monde entier, dont un très grand nombre en France même.

Le brevet une fois périmé, au bout de quinze années, tout le monde eut le droit de fabriquer des moteurs à gaz, et l'on en vit surgir plus d'une centaine de types variés entre 1885 et 1900. Tous employaient le cycle de Beau de Rochas, dans lequel le mélange de gaz aspiré était d'abord comprimé par le piston en revenant au fond du cylindre avant d'être enflammé avec une explosion produisant l'action motrice cherchée. Ce dispositif permettait de réaliser

une très grande économie de gaz, et la consommation, qui
était encore de 1000 litres par cheval et par heure avec les
moteurs Otto, descendait au-dessous de 600 litres pour
des unités au-dessus de 30 chevaux, tels que ceux construits par la compagnie Niel.

Les usages du moteur à gaz à explosion allant se déve-

Petit moteur à gaz. Modèle de Bisschop.

loppant de jour en jour, des modifications successives
étaient apportées à ses différents organes afin d'accroître
la vitesse de rotation demeurée médiocre, diminuer son
poids et son encombrement de façon à le rendre locomo-
bile. Parmi les chercheurs qui réalisèrent de véritables
trouvailles il convient de citer Fernand Forest.

Dans ses débuts, Forest avait été emballeur dans une
fonderie de statues et d'objets de ménage en fonte, puis
ouvrier ajusteur. Comme son instruction première était

insuffisante pour ce qu'il rêvait d'exécuter, il compléta ses études en suivant les cours organisés dans les mairies par des sociétés telles que l'*Association Polytechnique*, et en lisant les ouvrages de mathématiques traitant les problèmes les plus abstraits. Il parvint ainsi à combiner des modèles de moteurs à gaz domestiques de faible puissance, refroidis simplement par l'air ambiant léchant leurs parois hérissées d'ailettes venues de fonte avec le cylindre, et qui reçurent un accueil favorable de l'industrie. Mais Fernand Forest avait des visées plus hautes. Il avait soumis à un concours, ouvert par le ministère de la Marine sur les dispositions à donner à un navire sous-marin, un plan très complet, qui fut d'ailleurs récompensé, et dans lequel il préconisait, pour actionner les hélices et dynamos pendant la navigation en surface, des moteurs à douze cylindres jumelés, disposés de façon à pouvoir tourner dans les deux sens et donner ainsi la marche en avant et en arrière. Ces moteurs, à quatre temps, de 250 chevaux de puissance, consommaient de l'essence de pétrole.

C'était là une conception remarquable. Forest ne construisit pas le sous-marin dont il avait fait l'étude minutieuse, mais les qualités de ses moteurs l'amenèrent à édifier, aidé d'un riche amateur d'Épernay, M. Henri Gallice, d'importants ateliers de construction de moteurs pour la marine ; cependant la clientèle attendue ne vint pas, il fallut liquider l'entreprise, et à, la fin de sa vie Fernand Forest était un modeste mécanicien réparateur d'automobiles sur la route de Paris à Versailles. En dépit de ses efforts, le créateur du type moteur d'automobile vit la faveur aller à d'autres plus habiles ou plus commerçants, qui réussirent à imposer les idées émises par l'ancien ouvrier ajusteur plusieurs années auparavant.

Parmi les améliorations apportées au cours du xxe siècle au moteur à explosion, il convient de citer l'augmentation de la vitesse de rotation qui, de 180 tours par minute, a été portée, en 1890, à 800 tours par Gottlieb Daimler et qui atteint aujourd'hui 5000 tours dans le même temps, puis l'adoption de la circulation d'eau forcée par pompe pour le refroidissement des parois échauffées par les explosions répétées, l'adoption d'aciers spéciaux et d'alliages extra-légers dans la construction, ce qui a permis d'alléger considérablement les machines et les appliquer à la navigation aérienne et à l'aviation, enfin l'invention de modèles perfectionnés de carburateurs donnant toute la souplesse de fonctionnement désirée aux moteurs à explosion en même temps que restreignant la consommation au minimum.

Car c'est la condition primordiale à remplir pour un mo-

Moteur marin Diésel de 400 chevaux.

teur moderne : pouvoir se contenter d'un combustible le meilleur marché possible tout en consommant le moins possible. C'est pour remplir ce programme que l'ingénieur Capitaine imagina son gazéificateur de pétrole lampant pour moteurs agricoles et que, revenant aux idées de Lenoir, mais en adjoignant une très forte compression préalable à son procédé de fonctionnement par combustion interne, le docteur allemand Diésel établit ses machines qui se sont répandues dans toutes les usines et les marines du monde depuis vingt-cinq ans.

On ne se doute pas, généralement, que le premier moteur à combustion interne a été, non seulement conçu, mais construit et essayé en France au commencement du xixᵉ siècle. Le docteur Diésel n'a donc eu qu'à reprendre, avec les moyens perfectionnés combinés depuis cent ans, l'idée de nos compatriotes, les frères Niepce, dont l'un est passé à la postérité pour l'invention, en collaboration avec le peintre Daguerre, de la photographie.

Né à Chalon-sur-Saône, en 1765, Joseph-Nicéphore Niepce était fils de Claude Niepce, écuyer, receveur des consignations au bailliage de Chalon. Élevé dans une certaine aisance, il avait atteint l'âge de vingt-sept ans sans trop se presser de choisir une profession. Un moment on avait eu la pensée de le faire entrer dans les ordres ecclésiastiques, mais sa famille ne donna pas suite à ce projet.

En 1792, Nicéphore Niepce fut admis en qualité de sous-lieutenant au régiment de Limousin, qui devint plus tard le 42e de ligne. Nommé lieutenant l'année suivante, et attaché à l'état-major du général Frottier, à l'armée d'Italie, il se trouvait à Nice quand il fut atteint d'une maladie contagieuse qui sévissait alors sur l'armée et la population civile et qui affecta gravement sa vue. Les suites de cette maladie obligèrent le jeune officier à donner sa démission, et il épousa la fille de son hôtesse, Mme Marie Romero, aux soins intelligents de qui il avait dû de conserver la vie. Il s'installa alors à la campagne, près de Nice, à Saint-Roch. La tranquillité d'une existence exempte des soucis matériels les plus pressants jointe à l'air vivifiant de la Côte d'Azur lui eurent bientôt rendu la santé.

Le bonheur dont jouissait Nicéphore Niepce fut encore augmenté par l'arrivé imprévue de son frère aîné Claude, ancien militaire comme lui. Celui-ci, en effet, s'était embarqué en 1791 sur un bâtiment de l'État et avait couru les mers jusqu'en 1794. Claude Niepce était un très habile mécanicien, et l'esprit de Nicéphore était également tourné vers les études scientifiques. Comme l'avaient fait dix ans avant eux les Montgolfier, les deux frères mirent en commun leurs idées, leurs ressources pécuniaires, leurs espérances pour se lancer à la poursuite d'inventions mécaniques. Une intimité touchante ne cessa, pendant leur vie entière, de lier ces deux hommes de bien.

Une remarque se présente à l'esprit quand on passe en revue les grandes inventions dont nous nous occupons dans ce livre, c'est la fréquence de cette association fraternelle dans la recherche scientifique du progrès. Ce sont deux frères qui ont inventé les ballons, deux autres qui ont construit les premiers aéroplanes : les frères Wright, et en France les deux frères Voisin, puis les frères Farman, et on pourrait encore mentionner d'autres exemples de cette collaboration féconde entre deux membres d'une même famille.

Pour en revenir aux frères Niepce, pendant leur séjour dans la campagne de Nice, ils conçurent en premier lieu l'idée d'un moteur auquel ils donnèrent le nom quelque peu barbare de *pyréolophore*, dans lequel l'air commun, alternativement échauffé puis refroidi devait produire l'effet de la vapeur. C'était le principe du moteur Diésel. On voit que les deux jeunes gens avaient le pressentiment des grandes choses, mais ils arrivaient trop tôt pour pouvoir être compris.

Afin d'entreprendre la construction de leur appareil, les deux frères revinrent habiter la maison paternelle de Chalon-sur-Saône, car ils se trouvaient mal à l'aise dans un pays qui leur était étranger. Le 3 août 1807, ils obtinrent un brevet d'invention de dix ans pour leur machine qui fut l'objet d'un rapport élogieux du grand Carnot à l'Académie des Sciences. Le fonctionnement s'opérait d'après le cycle suivant :

1° Aspiration d'air pur dans le cylindre, en même temps qu'un distributeur automatique introduit dans une boîte d'injection une quantité dosée de combustible. 2° Insufflation du combustible dans une chasse d'air comprimé et inflammation de ce combustible par une flamme intérieure, réalisant ainsi la combustion à volume constant au début, à pression constante pendant la combustion et la détente, — justement le principe du moteur Diésel ! — 3° Échappement des gaz brûlés.

Le combustible employé par les frères Niépce était la poudre de lycopode, qui provient de certains champignons, poudre dont la combustion est vive et facile. On a déterminé récemment que le pouvoir calorifique du lycopode est presque aussi élevé que celui de la houille : 7300 calories par kilogramme au lieu de 8000. Les inventeurs employèrent également d'autres combustibles, et la correspondance des deux frères prouve que Claude a exécuté longtemps avant tout autre des essais avec l'huile de schiste analogue au pétrole.

Le pyréolophore une fois construit fut installé sur un petit bateau muni de roues à aubes qui navigua sur les eaux de la Saône et de l'étang de Batterey situé près de la maison de campagne des deux frères, à Saint-Loup-de-Varennes près de Chalon-sur-Saône.

Les brevets s'accumulèrent dans le laboratoire des chercheurs, mais aucun encouragement matériel ne vint les aider à continuer leurs expériences; il leur fut même impossible d'obtenir de l'État la prolongation de la validité de leur brevet. Comme beaucoup d'autres inventeurs, ils se ruinèrent à vouloir travailler pour l'avancement de la science, et cela est profondément regrettable, car leur conception, qui devançait d'un demi-siècle celle de Lenoir, eût communiqué dès cette époque une puissante impulsion à l'industrie.

Alors qu'aujourd'hui on se montre inquiet des moyens de se procurer des carburants pour les moteurs, les sources d'huile minérale n'étant pas inépuisables, on peut rappeler les résultats obtenus par les deux inventeurs de génie qu'étaient les frères Niépce. La science est coutumière de singuliers retours en arrière et peut-être aura-t-on intérêt quelque jour à revenir au pollen de champignons ou substances analogues pour remplacer l'essence de pétrole dans les moteurs à explosion comme on l'a fait avec les huiles lourdes pulvérisées et injectées dans une masse d'air fortement comprimée dans les moteurs Diésel.

Justice a été rendue récemment aux deux illustres précurseurs dans une communication de M. Clergé à l'Académie des Sciences, devant laquelle on a fait fonctionner un spécimen du pyréolophore, et M. Rateau a mis en pleine lumière l'intérêt et la haute valeur de l'invention des frères Niepce qui, à la gloire d'être les promoteurs de l'héliogravure et de la photographie, ajoutent celle d'avoir indiqué et réalisé la formule du moteur à combustion interne qui représente le summum du progrès en matière de moteurs à pétrole.

Si nous en revenons à l'époque moderne après avoir montré l'évolution subie par le moteur à explosion, nous verrons que celui-ci a subi une foule d'améliorations et de perfectionnements de détail, de manière à le rendre plus apte à des besognes déterminées et capable d'absorber des combustibles très divers. C'est ainsi que Delamare-Deboutteville a le premier construit, en 1887, des moteurs considérés alors comme de véritables monstres et qui, alimentés des gaz se dégageant des hauts fourneaux en activité, pouvaient fournir 1000, 1500 et 2000 chevaux-vapeur. Le succès remporté notamment à l'Exposition universelle de 1900 par cette judicieuse utilisation de produits jusqu'alors perdus ou mal utilisés, conduisit à la création du moteur à *gaz pauvres*, fort intéressant en raison du prix de revient de la puissance motrice, lequel est notablement inférieur à ce qu'il est avec d'autres combustibles.

Ces gaz *pauvres*, c'est-à-dire de faible puissance calorifique, sont obtenus par la décomposition de l'air ou de l'eau vaporisée au contact d'un foyer incandescent. Ils sont refroidis, purifiés, lavés, débarrassés des poussières entraînées, et aspirés ensuite par le piston sous lequel ils sont enflammés par une étincelle électrique après avoir été fortement comprimés pendant une partie ou la totalité de la course du piston selon que le fonctionnement a lieu suivant le cycle *à deux temps* ou *à quatre temps*. Le *gazogène* où se produit la décomposition de l'eau et la formation du mélange de gaz joue donc le rôle de haut fourneau métallurgique, et il dégage des produits de composition analogue.

Dans tous les centres habités et agglomérations pourvus de distribution de gaz pour l'éclairage et le chauffage des appartements, on a fait longtemps usage, la petite industrie surtout, de moteurs à gaz dits *de ville*, dont il a existé, de 1890 à 1900, de très nombreux modèles fournissant depuis un dixième de cheval jusqu'à 10 chevaux et au-dessus. Ces moteurs tournaient relativement lentement : de 300 à 400 tours par minute au plus, d'après le cycle de Beau de Rochas : aspiration, compression, détente et échappement, chaque temps employant une course totale du piston à l'intérieur du cylindre pour s'effectuer ; le refroidissement de celui-ci échauffé par les explosions de gaz étant obtenu, soit par des ailettes radiatrices venues de fonte et disséminant la chaleur dans l'air ambiant, soit au moyen d'une circulation d'eau dans une enveloppe extérieure, circulation s'opérant automatiquement par *thermo-siphon*, c'est-à-dire par la simple différence de densité présentée par l'eau chaude et l'eau froide.

Mais aujourd'hui le gaz d'éclairage atteint des tarifs qui le rendent presque inabordable pour ces usages, sauf lorsqu'on ne dépasse pas un vingtième ou un dixième de cheval, et on lui préfère d'autres combustibles. On a essayé ainsi des gaz pauvres produits par la carbonisation du bois dans un gazogène spécial, de l'alcool, du benzol et enfin du pétrole lampant et de l'essence minérale.

Le moteur à essence diffère de celui à pétrole lampant, en ce qu'il possède un *carburateur* pour la préparation du mélange gazeux qu'il consomme, qui est ensuite enflammé par une étincelle électrique très chaude fournie le plus ordinairement par une petite machine électrique à aimants permanents dite *magnéto*. Avec le pétrole, le carburateur est remplacé par un *gazéificateur* ou vaporisateur transformant ce liquide en un brouillard ténu de gouttelettes très fines pouvant se mélanger à l'air pendant la phase d'aspiration.

Les constructeurs ont donné des formes assez variées à ces accessoires, mais le résultat est sensiblement le même. L'inflammation du mélange est opérée au contact d'une pièce métallique chauffée au rouge, d'abord par un brûleur spécial, ensuite par les gaz au moment de leur explosion.

Les moteurs à pétrole sont surtout avantageux pour les usages de l'agriculture; on ne peut leur reprocher que leur mise en train un peu plus lente que lorsqu'on fait usage de l'essence minérale, mais en revanche leur emploi présente moins de danger et est moins onéreux. Enfin on fait de plus en plus appel aux huiles lourdes, moins coûteuses que le pétrole, pour alimenter des moteurs à combustion interne du genre de celui de Diésel.

Ce qui différencie surtout le cycle Diésel de celui des autres systèmes de moteurs, c'est la très forte compression qu'il exige et qui se produit, soit dans le cylindre principal, soit dans le cylindre d'un compresseur adjoint. Alors que la compression n'est portée qu'à 8 ou 10 kilogs dans les moteurs à gaz pauvres ou à essence, elle est poussée à un chiffre très supérieur dans les moteurs à compresseurs : 25, 30 et même 35 kilogs, afin d'amener l'air à une température telle que l'auto-allumage du gaz carburé puisse se produire. L'inflammation est assurée, si la compression est inférieure à ce chiffre, par l'adjonction d'un injecteur à double effet, alimentant d'une part la chambre de combustion et d'autre part un igniteur formé d'une boule de fonte, chauffée au début par une lampe et maintenue ensuite incandescente par la combustion de l'huile lourde. Ce dispositif a fourni les résultats les plus satisfaisants.

Devant l'ascension continue des prix des combustibles de toute nature, les efforts des inventeurs et des ingénieurs se sont portés sur les moyens d'obtenir le travail mécanique au taux le plus réduit possible, et c'est ce qui a causé, au début, la vogue du moteur à gaz puis à essence. On s'efforce donc de réduire de plus en plus la consommation de combustible et d'employer des combustibles les moins

coûteux possible. La palme revient actuellement aux système dont le principe vient d'être exposé et dont la consommation s'abaisse à environ 200 grammes d'huile par
cheval-vapeur et par heure. Le moteur à essence type automobile demande 350 à 400 grammes pour la même fourni-
ture de puissance motrice, et les moteurs à gaz pauvres
brûlent de 3 à 4 mètres cubes à l'heure, en consommant de
l'anthracite ou des charbons maigres. Leur emploi demeure
donc relativement économique.

CHAPITRE IV

LA LOCOMOTIVE ET LES CHEMINS DE FER

Le 9 juin 1781, à Wylam près de Newcastle, en Angleterre, dans le pays du charbon, naissait un enfant qui, comme le grand Franklin, n'était pas le seul de la famille et ne paraissait guère destiné à faire grand bruit dans le monde. On l'appela Georges, Georges Stephenson. Son père, le vieux Bob, comme on le nommait familièrement dans le village, était un brave ouvrier qui avait la charge de conduire la pompe d'épuisement d'une mine. Sans être, dans son poste modeste, parmi les derniers et les moins rétribués, le vieux Bob n'était pas riche, et ce n'était pas sans peine qu'il suffisait aux besoins de sa nombreuse famille. Aussi le petit Georges s'éleva-t-il à peu près comme il put. Il grandit, ainsi que bien d'autres en ce temps, et dans le nôtre aussi, un peu à la grâce de Dieu.

Non qu'il vagabondât, à proprement parler, car il était sérieux par nature, ce petit et, tout enfant encore, son plaisir était de fabriquer avec du bois et de la terre des modèles de machines plus ou moins semblables à celles qu'il voyait fonctionner autour de lui. L'une d'elles, dont la réussite lui avait causé une joie naïve, fut, dit-on, brisée par des camarades étourdis ou malveillants, et ce fut son premier grand chagrin.

Tout enfant aussi, il se rendait utile en surveillant plus ou moins des enfants plus jeunes confiés à sa garde et en s'employant à ouvrir et à fermer les barrières au passage des wagons de houille qui circulaient, traînés par des chevaux, dans des ornières de bois en attendant les rails de fer et l'attelage à vapeur dont il devait les doter plus tard. A dix ans, sa première ambition, qui était de descendre dans la mine et gagner un salaire régulier fut satisfaite. Il fut admis dans une des galeries et promu aux fonctions de nettoyeur de charbon. La rétribution était de six pences par jour, environ soixante centimes, et il la gagnait de tout son cœur. On raconte qu'un des propriétaires étant un jour descendu dans la mine, il se cacha tout effaré derrière les wagonnets de charbon de peur qu'on le trouvât trop petit pour gagner sa vie et renvoyé sur terre jouer avec les autres gamins de son âge. Telle fut l'enfance de l'homme qui devait plus tard créer le plus prodigieux moyen de transport ayant amené une véritable révolution industrielle dans le monde entier.

Nous retrouvons donc Georges Stephenson en 1812, titulaire depuis près de dix ans déjà du poste de garde-frein des monte-charges dans une mine située à Kilingworth. On avait creusé un puits nouveau dans cette mine et installé une pompe d'épuisement qui devait faire merveille et ne put même pas fonctionner. On fit appel d'abord aux constructeurs qui l'avaient fournie, puis aux meilleurs ingénieurs des environs, ce fut peine perdue, et après beaucoup d'argent et de temps dépensés en pure perte on la mit au rebut. Il y avait un an qu'elle était ainsi à l'écart, quand un jour un mineur entendit Stephenson, qui avait passé bien des heures à rôder autour, murmurer : « Oh! je vois maintenant ce qu'il y aurait à faire! »

Le camarade naturellement rit de cette présomption : ce brave Georges vouloir en remontrer à tous ces savants qui n'avaient pu découvrir la cause de l'imperfection! Il en causa à d'autres, et la chose vint aux oreilles du directeur de la mine qui fit appeler Stephenson et lui demanda s'il était vrai qu'il pût mettre la machine en état de fonctionner.

« Oui, monsieur, répondit celui-ci, je le crois.

— Eh bien! vous vous mettrez à l'œuvre dès demain lundi, » répliqua le directeur.

L'accord fut conclu, mais Stephenson y mit une condition : c'était que ni les mécaniciens et les ingénieurs qui avaient touché avant lui à la pompe, ni aucun ouvrier en dehors de ceux qu'il choisirait lui-même, n'approcheraient de son travail. Il voulait diriger la besogne suivant ses idées. Cette condition ayant été acceptée, l'affaire ne fut pas longue : dès le jeudi, la pompe put être mise en action; le vendredi soir le puits était asséché, et l'on pouvait y descendre et travailler.

Le jour même, l'heureux Georges re-

Locomotive à crémaillère.

Construite par Blenkinsop, au commencement du XIXᵉ siècle, pour le service des houillères anglaises.

cevait une gratification de dix guinées, et il fut nommé peu après mécanicien de la mine avec un salaire notablement augmenté. Il put ainsi consacrer ce gain à l'instruction de son fils Robert, à qui il tenait à épargner les difficultés qu'il avait dû surmonter; car, à dix-sept ans, Georges Stephenson ne savait même pas lire, et il avait dû s'instruire à peu près seul, à force de peines et de privations.

C'est en 1814 que Stephenson construisit sa première machine de traction à vapeur sur les rails en fer qui commençaient à remplacer les ornières de bois, et malgré les théories des savants du temps, qui affirmaient que des roues lisses ne sauraient mordre sur des bandes de fer plat, mais

patineraient comme si elles voulaient rouler sur la glace.
Heureusement, les expériences d'un ingénieur nommé
Blackett qui voulut se rendre compte de l'exactitude de ces
théories en démontra l'inanité : l'adhérence des roues, due
au poids des véhicules chargés était suffisante pour assurer
la progression. Blackett construisit donc, pour son charbonnage, un petit chemin de fer sur lequel les wagonnets
étaient tirés par une machine à très faible vitesse. Stephenson visita cette installation et trouva que l'ambition de son
créateur avait été bien modeste. Tant faire que de changer
d'attelage, il fallait que le nouveau fût supérieur à celui
qu'il remplaçait. Or ce que le « médecin des machines », —
c'est ainsi qu'on appelait Stephenson depuis son succès de
Killingworth, — rêvait, ce n'était rien moins qu'une machine voyageuse à grande vitesse, capable de traîner économiquement sur la voie de fer, non seulement le charbon
et les autres marchandises, mais les voyageurs, mieux que
ne le faisaient les diligences de l'époque.

Dix années devaient s'écouler avant que l'ancien mineur
pût fournir la preuve de la sûreté de ses prévisions, et ce
ne fut que le 27 septembre 1825 que fut ouverte au service
du public la première ligne de chemin de fer de Darlington
à Stockton-sur-Tees. Stephenson, nommé ingénieur de l'entreprise, avait dû combiner la forme de tout le matériel
nécessaire : rails et coussinets, plaques tournantes, aiguilles
de bifurcation, etc., et la locomotive pouvait remorquer un
train de trente-huit wagons à la vitesse de quatre lieues à
l'heure, soit 16 ou 18 kilomètres au plus.

Pour arriver à gagner à ses idées le public, qui ne croyait
pas à la supériorité de la vapeur, Stephenson eut une idée
originale. On sait que les Anglais sont grands amateurs de
paris, et le grand ingénieur fit annoncer que sa machine
portait un défi de vitesse à une voiture attelée à un fort cheval. On tourna en ridicule cette prétention d'un ingénieur
de hasard : Gros-Jean qui voulait en remontrer à ses savants ! On ne tarissait pas en plaisanteries sur une pareille

imagination. Faire marcher une locomotive aussi vite qu'un cheval!... Autant eût valu, en vérité, se placer devant la bouche d'un canon chargé à mitraille que de se mettre à la merci d'une machine lancée à cette vitesse infernale!

Le pari n'en fut pas moins tenu... et gagné, ce qui n'étonne guère. La locomotive arriva première à la fin de

Coupe d'une locomotive Stephenson.

son parcours, pas de beaucoup, de quelques longueurs seulement, mais la cause était entendue, les contradicteurs eurent bouche close, et on commença à accorder quelque confiance à l'inventeur. Ce fut alors que fut décidée l'installation d'une ligne plus étendue destinée à mettre Liverpool, le grand port qui recevait le coton d'Amérique, en rapport avec Manchester, centre industriel où est filé ce textile et situé à 54 kilomètres de distance. Or, à cette époque, la route reliant ces deux villes n'était qu'une longue fondrière, dans laquelle on risquait de se rompre cent fois les os. Frappé de cette insuffisance des transports par terre, un grand seigneur, le duc de Bridgewater, avait bien fait creuser un canal destiné surtout au transport du produit de ses houillères, mais ce canal était insuffisant à écouler les marchandises qu'on eût voulu lui confier. Un autre moyen était indispensable, et une concurrence devenait nécessaire, mais ceci n'était nullement du goût du noble duc. Il était fier de travailler pour le bien public, mais il tenait à ne partager avec personne la gloire de rendre service au commerce et à l'industrie, et la chose ne plaisait pas davantage aux seigneurs propriétaires de bois, de parcs et de châteaux exposés à être atteints par l'entreprise.

Tous se liguèrent donc contre Stephenson et les capitalistes qui demandaient la concession de la ligne. Lorsqu'il s'agit de lever des plans sur le terrain, ordre fut donné par lord Derby et les autres landlords à leurs gens de chasser impitoyablement de partout où on le rencontrerait ce maudit Stephenson et sa clique. Un mot peint bien l'état d'exaspération de ces esprits rétrogrades et ennemis du progrès : « J'aimerais mieux, disait l'un d'eux, voir dans le district une bande de brigands qu'un seul ingénieur de cette espèce ! »

Devant un semblable mauvais vouloir, Stephenson dut recourir à des ruses telles que la suivante. Quand la nuit était claire et que la lune semblait inviter les braconniers à sortir, il envoyait des hommes à lui tirer des coups de fusil inoffensifs sur quelque point opposé à celui où il avait affaire. Les gardes, inquiets pour le gibier de leurs seigneuries, se précipitaient à la recherche des supposés maraudeurs, et pendant ce temps, Stephenson, avec ses instruments et ses aides, se hâtait d'opérer tant bien que mal le lever de ses plans. Malgré les difficultés que présentait un travail exécuté dans de pareilles conditions, il parvint cependant à ses fins et, le tracé établi, la ligne put être installée.

Restait la question du système de traction à employer

sur cette voie, question laissée en suspens, car, malgré les preuves déjà fournies, bien des personnes, parmi les concessionnaires de la ligne, résistaient à l'idée de recourir à la locomotive et continuaient à préconiser l'usage des chevaux ou au moins des machines fixes. A force d'insistance, Stephenson parvint à décider les chefs de la compagnie à organiser un concours et à promettre un prix pour la meilleure locomotive, répondant à des conditions déterminées, et qui lui serait présentée à une date donnée.

Ce concours eut lieu le 6 octobre 1829, et ce jour-là, cinq concurrents, cinq chevaux de fer, prêts à cette course d'un nouveau genre, vinrent prendre place sur la ligne, prêts au départ.

Il en fut comme dans la plupart des courses. Le signal donné, tous les prétendants ne se trouvèrent pas en état de fournir carrière. L'un, ne répondant pas aux conditions du concours, fut éliminé ; un second, ne se trouvant pas en mesure d'affronter la lutte, se retira plus ou moins éclopé ; un troisième, après un assez brillant début, dut s'arrêter à la suite d'un accident ; deux seulement arrivèrent, et l'un des deux avec une supériorité évidente sur son rival. C'était une machine portant le nom de la *Fusée*, qui faisait six lieues à l'heure en traînant une charge de 12 tonnes, formée d'un wagon portant trente-six voyageurs, ou dix lieues sans charge. Elle remontait même une rampe avec une vitesse de quatre lieues, ruinant du coup le préjugé qu'une machine de ce genre ne pourrait jamais gravir la moindre pente. Le prix lui fut adjugé sans contestation, et lorsqu'il fallut proclamer le nom du vainqueur de ce pacifique tournoi, on trouva qu'elle était signée de deux noms : Georges et Robert Stephenson. Le père et le fils avaient uni leur science pour construire cette merveille. Merveille est le mot, car la locomotive moderne, si elle a considérablement augmenté sa puissance, n'a reçu cependant que des perfectionnements de détail ; dans ses dispositions essentielles, la *Fusée* des Stephenson est restée le type du genre.

La France peut toutefois revendiquer une part dans cette belle invention, car sans une création due à un Français, la locomotive n'eût pas été réalisable. Cette création est la chaudière tubulaire imaginée, en 1800, par Marc Seguin, neveu et élève des frères Montgolfier. C'est Marc Seguin qui eut l'idée d'accroître dans des proportions considérables la puissance de vaporisation d'un foyer, en faisant traverser la masse d'eau par un grand nombre de tubes de faible diamètre, ce qui augmentait fortement la surface de chauffe et par suite l'énergie de la vaporisation. Ce système fut adopté, et des chaudières Seguin furent placées sur des bateaux à vapeur circulant sur le Rhône et sur la Saône. Elles n'avaient qu'un inconvénient : en dépit de la hauteur que l'on pouvait donner à la cheminée, le tirage était insuffisant : la flamme, au lieu de s'engager dans ces tuyaux étroits, refluait en arrière, et les foyers *tiraient la langue*, comme disent les boulangers de leurs fours.

Un Anglais, voyageant dans le midi de la France, avait remarqué ces chaudières qui ne ressemblaient pas aux autres et, de retour dans son île, il en parla tant et si bien que Stephenson en eut connaissance. Il avait le moyen, lui, d'activer ce tirage languissant : c'était le *tuyau soufflant*, évacuant la vapeur d'échappement venant des cylindres, en avant de la chaudière à la base de la cheminée. C'est de l'union de la chaudière tubulaire de Seguin et du tuyau soufflant qu'est née, peut-on dire, la locomotive, la machine qui devait faire entrer dans l'usage courant et universel la traction par la vapeur sur voies ferrées.

Le succès de la ligne Liverpool-Manchester fut formidable. Cette fois, la cause était définitivement gagnée, et Stephenson fut désormais considéré comme l'un des plus grands hommes de l'Angleterre, à côté de James Watt, le véritable créateur de la machine à vapeur fixe. Il n'eût tenu qu'à lui d'accumuler sur sa tête tous les honneurs, car on voulut lui donner un siège au Parlement et le décorer de l'ordre de la Jarretière, distinction des plus hautes, étant donné le petit nombre de titulaires de cet insigne. Il refusa tout, prétendant que la Jarretière ne lui rendrait pas ses jambes de vingt ans et que la tribune ne ferait pas de lui un homme éloquent. Il resta donc Georges Stephenson tout simplement.

Sa plus grande satisfaction intime était de voir ces mêmes seigneurs, qui naguère l'avaient fait ignominieusement chasser de leurs terres, rentrer leur morgue et, montrant patte blanche, venir solliciter humblement l'illustre constructeur dont la Grande-Bretagne était fière de leur établir un tronçon de chemin de fer ou quelque gare à leur convenance, afin de se rendre plus commodément à leurs châteaux ou mieux exploiter leurs bois, leurs carrières ou leurs usines. Il aurait eu beau jeu, à son tour, s'il eût été homme de rancune, à rendre à ceux qui l'avaient autrefois honni, la monnaie de leurs dédains et de leurs avanies, mais c'était une âme sans fiel, et il se bornait à dire parfois à son fils, devenu son collaborateur, avec son honnête sourire, quand l'obséquiosité d'aujourd'hui avait par trop contrasté avec l'insolence des temps passés :

« As-tu remarqué, Robert, comme la figure des gens change suivant le temps qu'il fait?... Ce monsieur-là n'avait pas du tout si bonne mine la première fois qu'on l'a vu! »

Les chemins de fer s'imposaient partout, en raison de leur utilité pour le transport non seulement des dépêches, mais des voyageurs et des marchandises de toute espèce, et on entreprenait la construction de lignes un peu partout en Europe. Quant à leur initiateur, au constructeur de la première locomotive, il s'était retiré à Leeds, et sa vieillesse s'écoulait doucement au milieu des fleurs et des oiseaux qu'il avait toujours aimés. Connaissant le prix de l'étude, de l'économie et de la sobriété, il fondait des bibliothèques, des sociétés de secours, et se montrait un vrai pionnier de la civilisation. Ce ne sont pas seulement les mécaniciens et les industriels, mais tous les ouvriers du progrès intellectuel et moral, les propagateurs de l'instruction populaire,

les créateurs de cours d'adultes et de sociétés d'enseignement qui sont en droit de revendiquer le grand Stephenson
parmi leurs ancêtres.

Cet homme, qui est l'honneur du pays qui l'a vu naître,
qui avait commencé si petit pour devenir justement si
illustre, qui avait été si pauvre et était devenu si riche, qui
avait été si ignorant et était devenu si savant, qui avait
été si méprisé et était maintenant si honoré, si admiré et si
glorieux, le créateur de cette source inouïe de bien-être et
de richesses que sont les chemins de fer, Georges Stephenson s'éteignit, le 12 août 1848, à peine âgé de soixante-sept
ans, usé par soixante années d'un labeur continuel. Il mourut, peut-on dire, au champ d'honneur, sur le champ de
bataille du travail, car il succomba aux suites d'une fièvre
qu'il avait contractée en Espagne, sur un de ses chantiers,
et qui avança sa fin en altérant sa robuste constitution.

Mais l'œuvre qu'il avait commencée n'allait faire que se
développer, et aujourd'hui les voies de chemins de fer en
service dans le monde entier ont une telle longueur qu'ils
entoureraient le globe plus de vingt fois si leurs rails étaient
disposés bout à bout.

Depuis Stephenson, le matériel des voies ferrées, ou rail-
ways, a été considérablement perfectionné au double point
de vue de la solidité et de la sécurité des trains et des voyageurs. Le *block system* a été adopté presque partout, et la
vitesse des trains a été augmentée à mesure que le permettait la résistance des voies et l'amélioration de toute l'in-
frastructure. Mais, pour ne pas trop nous étendre sur ce
vaste sujet, nous nous bornerons à retracer les progrès
apportés en un siècle dans la construction des locomotives
à vapeur.

Les modèles de machines qui ont eu le plus de vogue au
xixe siècle ont été les *Crampton*, pour trains de voyageurs
à grande vitesse, et les *Engerth*, pour trains de marchandises lourds et de vitesse réduite ou moyenne sur voies
avec rampes accentuées.

Locomotive moderne.

Thomas Russel Crampton naquit à Broadstairs, dans le comté de Kent, en 1816, et il est mort en 1888. Il s'établit à Londres comme ingénieur civil, et s'occupa particulièrement de la traction à vapeur sur voies ferrées, ce qui le conduisit à imaginer, vers 1860, une locomotive spéciale qui attira l'attention, notamment celle de Petiet, ingénieur en chef de la compagnie du Nord, qui fit adopter ce modèle pour la traction des trains express sur le réseau. La machine Crampton était caractérisée par la présence, à l'arrière du châssis soutenant la chaudière, de deux roues dont le diamètre pouvait atteindre 2 m. 40. L'essieu portant ces roues était moteur. On pouvait atteindre un maximum de vitesse de 100 kilomètres à l'heure sans charge, mais la force de démarrage était faible, et cette machine ne pouvait remorquer de trains lourdement chargés.

Le modèle de locomotive d'Engerth, ingénieur allemand, né en Silésie en 1814, et mort à Bade près de Vienne, en 1884, était justement destiné à assurer la traction de trains lourds, sur des rampes assez dures mais à petite vitesse. Cette locomotive à six ou huit roues couplées fournissait une très grande adhérence et répondait aux nécessités qui avaient dicté sa construction, mais ce système, de même que celui de Crampton, reçut bientôt des transformations très sensibles aux mains d'ingénieurs tels que Polonceau, du Bousquet et Flamant entre autres. Les Américains perfectionnèrent ensuite beaucoup la locomotive au double point de vue de la puissance et de l'effort de démarrage, les modèles *Pacific*, et analogues, sont aujourd'hui capables de traîner des trains de 500 tonnes à l'allure de 95 kilomètres à l'heure en palier, et on n'est pas encore satisfait, on cherche mieux encore.

Une locomotive est une machine à vapeur à chaudière multitubulaire à grande surface de chauffe, la masse d'eau à vaporiser étant traversée par 250 à 300 tubes à feu se terminant dans la *boîte à fumée* située à l'avant, sous la cheminée, et où débouchent, avec les tubes d'échappement de la vapeur, les *tuyaux soufflants* de Stephenson, un tube avec valve dit *souffleur* permettant de régler à volonté l'activité du tirage. Le foyer, situé à l'arrière de la chaudière, est une vaste caisse intérieurement revêtue de briques réfractaires, caisse en forme d'U renversé dont la base est fermée par une grille sur laquelle est étendue la couche de combustible. Au-dessous de cette grille est une boîte de tôle, le *cendrier*, qui reçoit les escarbilles.

La chaudière, avec son foyer et sa boîte à fumée, est fixée sur un *truck*, ou châssis en acier, qui reçoit le mécanisme moteur et comporte jusqu'à cinq ou six essieux parallèles, les uns moteurs, les autres simplement porteurs. A l'arrière du châssis se trouve la plate-forme, surmontée d'un abri, où le chauffeur et le mécanicien prennent place. Sur la face verticale terminant le foyer, se trouvent tous les appareils indicateurs et de manœuvre nécessaires : les manomètres, indiquant la pression de la vapeur en différents points, le tube de niveau d'eau, les volants de commande des freins, de la sablière à vapeur, de l'injecteur alimentaire, les tiges et leviers de commande du sifflet avertisseur, de l'ouverture du foyer et du cendrier, le régulateur d'admission, etc.

Le mécanisme moteur des locomotives pour trains rapides de voyageurs est ordinairement *compound*, autrement dit il est composé de deux petits cylindres où la vapeur est admise à pleine pression et de deux plus grands, où elle se détend, la première paire de cylindres extérieurs actionne un essieu ; la paire de grands cylindres, disposés à l'intérieur du châssis, actionne l'autre essieu.

En avant de ces deux essieux moteurs, la chaudière est supportée par un chariot à deux essieux ou *bogie*, pouvant tourner autour d'un pivot, de manière à prendre une inclinaison différente de l'axe de la locomotive et s'inscrire dans les courbes. L'arrière du châssis repose sur un *bissel*, composé d'un unique essieu.

Les locomotives modernes possèdent la surchauffe,

comme les chaudières multitubulaires fixes. Le tuyau qui amène la vapeur du dôme aux cylindres est recourbé et traverse la chaudière au-dessus du niveau de l'eau; il est donc chauffé sur toute sa longueur, et la vapeur est asséchée dans son parcours, ce qui l'empêche de se condenser dans les cylindres dont les parois sont froides. Ce dispositif permet d'économiser 16 % de charbon et 21 % d'eau.

La distribution de la vapeur s'opère par le jeu de tiroirs à mouvement alternatif, comme dans les machines fixes, la vapeur ne pénétrant dans le cylindre que durant une partie

Coupe d'une chaudière de locomotive.

A. Foyer. — B. Chaudière. — C. Boîte à fumée. — 1. Gueulard. — 2. Grille. — 3. Cendrier. — 4. Ciel de foyer. — 5. Autel. — 6. Dôme des soupapes. — 7. Sablière à vapeur. — 8. Dôme de prise de vapeur. — 9. Ouverture de la prise. — 10. Tuyau soufflant d'échappement. — 11. Verrou d'ouverture de la boîte à fumée. — 12. Cheminée. — 13. Bogie. — 14. Tubes à feu. — 15. Aevent de la logette d'arrière.

de la course du piston afin d'assurer une détente fixe. Cette détente peut être augmentée par la manœuvre d'une *coulisse*, mécanisme imaginé par Stephenson et perfectionné par Walschaërt. En actionnant un volant à main placé à sa portée, le mécanicien agit sur la coulisse et modifie cette détente suivant le profil de la voie, réglant ainsi la vitesse et l'effort développé. Il peut ainsi renverser le sens d'arrivée de la vapeur et faire *marche arrière*, lorsqu'il est besoin, ou freiner énergiquement.

Le remplacement de l'eau transformée en vapeur était assuré au début par une pompe commandée par un essieu, mais l'invention de l'*injecteur alimentaire*, par Giffard, est

5

venue remplacer ce procédé avec avantage. Le chargement de la grille en charbon frais, ordinairement des briquettes concassées à mesure par le chauffeur et abondamment imbibées d'eau, est opéré par le chauffeur qui lance les pelletées par le *gueulard*, ménagé dans la face arrière du foyer et qu'obture une porte intérieurement doublée de terre réfractaire. La consommation d'une puissante locomotive, remorquant à l'allure de 90 kilomètres à l'heure un train pesant 400 tonnes, est de 10 kilogs de houille et près de 100 litres d'eau par kilomètre parcouru. Un train-éclair comme le Paris-Bruxelles, qui franchit 315 kilomètres sans arrêt intermédiaire, demande donc 3500 kilogs de charbon et 35 mètres cubes d'eau pour effectuer ce trajet.

Ces provisions d'eau et de charbon sont contenues dans le *tender*, fourgon à deux boggies indépendantes associé à la locomotive et réuni à celle-ci par une passerelle le réunissant à la plate-forme où se tiennent le mécanicien et le chauffeur. La citerne du tender, qui affecte la forme d'un fer à cheval, dont le vide intérieur est occupé par le combustible, est muni d'une trappe dans un angle et qui est destinée à recevoir la *manche* de toile de la grue hydraulique assurant le remplissage aux arrêts et au terminus.

Les chiffres que nous venons de donner font deviner combien peut être dur le métier de chauffeur de locomotives, quand on pense qu'il faut entretenir un brasier incandescent pendant deux ou trois heures sans un instant d'arrêt, lançant toutes les cinq minutes, par larges pelletées régulières, une cinquantaine de kilogs de charbon dans l'étroite ouverture du gueulard, puis veiller au maintien du niveau de l'eau dans la chaudière. Le travail du mécanicien, pour être moins pénible, réclame une attention soutenue, car il doit conduire économiquement son train en se reportant aux indications du tachymètre accusant la vitesse atteinte à chaque instant, et surtout veiller, malgré les intempéries, la pluie, le vent et les nuages de vapeur et de fumée rabattus sur la cabine-abri, aux divers signaux de la voie commandant le ralentissement ou l'arrêt absolu, mais qui ne saurait être immédiat, malgré l'action énergique des freins à air comprimé ou à vide dont il dispose.

Une locomotive pour trains express ou rapides, type *Atlantic* ou *Pacific*, pesant 90 tonnes, à deux essieux moteurs couplés par des bielles, et capable d'entraîner à près de 95 kilomètres à l'heure un convoi de 400 tonnes, a une puissance qui dépasse 2000 chevaux-vapeur, soit 5 à 600

Locomotive *Pacific* en marche.

chevaux par mètre carré de grille, et un rendement utile, entre la puissance nominale développée par les cylindres et la puissance effective mesurée à la jante des roues, de 80 %, ce qui est remarquable.

Cependant, malgré la perfection qu'elle a atteinte, la « machine voyageuse » des Stephenson est condamnée à une disparition prochaine, et elle sera un jour remplacée par la locomotive électrique recevant l'énergie par des câbles tendus le long des voies et provenant de la transformation de la *houille blanche* en électricité. C'est la loi du progrès devant laquelle force est de s'incliner, quels que soient les services rendus par une création antérieure mais qui a fait son temps.

CHAPITRE V

LA BICYCLETTE ET L'AUTOMOBILE

MICHAUX — STARLEY — DUNLOP
DAIMLER-SERPOLLET — F. DE LA HAULT — BOUTON — RATEAU

La locomotion est une nécessité impérieuse de la vie humaine, que les développements de la civilisation n'ont fait qu'exaspérer et porter à un point inouï. Qui ne se déplace constamment aujourd'hui pour ses besoins sinon pour son agrément?... Aussi, les moyens de se transporter d'un point à un autre de la planète avec la plus grande rapidité possible sont-ils extrêmement nombreux et variés. Occupons-nous seulement, pour l'instant, de la locomotion terrestre, remettant aux chapitres suivants l'étude des inventions relatives à la navigation maritime ou aérienne.

Pendant bien des siècles, l'homme a été réduit, pour changer de place et voyager d'un endroit à l'autre, aux seuls moyens mis par la nature à sa disposition : à ses jambes, puis, pour suppléer à leur insuffisance, il a dompté le cheval, cette « noble conquête » d'après Buffon, et il s'est ingénié dans la suite à combiner des machines de plus en plus perfectionnées pour aller de plus en plus vite et de plus en plus loin.

La devise anglaise : « *time is money,* » est devenue une application universelle, et le temps, cette étoffe dont la vie est faite, a dit un penseur, on veut l'économiser à l'extrême, de façon à ce que la distance se trouve en quelque sorte annulée. Ce sont les chemins de fer qui ont commencé cette révolution dans les mœurs. Et la lutte se continue entre les moyens de transport : l'auto a vaincu le rail, et l'avion fait le tour du monde en quelques zigzags fantastiques. De quoi le siècle prochain sera-t-il capable?

En ce qui concerne la locomotion individuelle, un engin surtout a pris une extension mondiale, car il ne réclame aucune force étrangère autre que celle de son cavalier pour progresser. Cet engin est la bicyclette dont nous retracerons ici l'histoire succincte, en rappelant l'origine de son invention, en 1855.

« Veux-tu bien descendre, Ernest?

— Mais je ne peux plus,

Les premiers vélocipèdes.

papa! répondit une voix toute jeune et remplie d'angoisse.

— Tu vas te casser les reins, reprit la grosse voix de

plus en plus fâchée, et, ce qui serait bien plus grave, tu vas briser cette machine ! »

A cet avertissement pessimiste, rien ne répondit d'abord, sinon un cri de frayeur suivi d'un bruit de bois réduit en miettes.

« Là ! que t'avais-je dit ? s'écria le serrurier-carrossier, Michaux père, en s'élançant vers son fils, un gamin d'une quinzaine d'années qui se relevait prestement en frottant d'une main son genou fortement écorché. Tu dois être satisfait de ne pas m'avoir obéi ! Que vais-je dire à M. de Lavieuville quand il va venir tout à l'heure me réclamer sa draisienne dont il m'avait donné la roue à réparer? La voilà en morceaux qui ne sont plus bons qu'à faire du feu. »

La draisienne était un instrument devenu à la mode et qui avait été inventé, en 1823, par un original, le baron Drais de Sauerbrun. Cette machine se composait de deux roues en bois, placées l'une derrière l'autre, et reliées par une traverse supportant une petite selle. Le cavalier, ayant enfourché la traverse, frappait alternativement le sol de ses deux pieds et parvenait ainsi à communiquer une certaine vitesse à cet étrange véhicule. On s'était d'abord moqué de cette invention bizarre, puis on avait pris goût à cette façon de chevaucher entre deux roues, et bientôt de nombreux élégants se livrèrent à ce nouveau genre de sport. Pour l'instant, l'instrument de ce bon M. de Lavieuville était dans un piteux état, et le serrurier Michaux considérait, avec un mécontentement justifié, les débris qui jonchaient le sol de la cour devant son atelier.

« Oui, reprit-il de sa grosse voix, que vais-je dire au meilleur de mes clients quand, au lieu de son élégante draisienne, je ne pourrai lui en remettre que les morceaux? On ne joue pas, te dis-je, avec les objets confiés par les clients !

— Mais ce n'était pas pour jouer ! protesta le jeune garçon. C'était pour résoudre un problème que je cherche depuis quelque temps. Et je crois bien avoir trouvé.

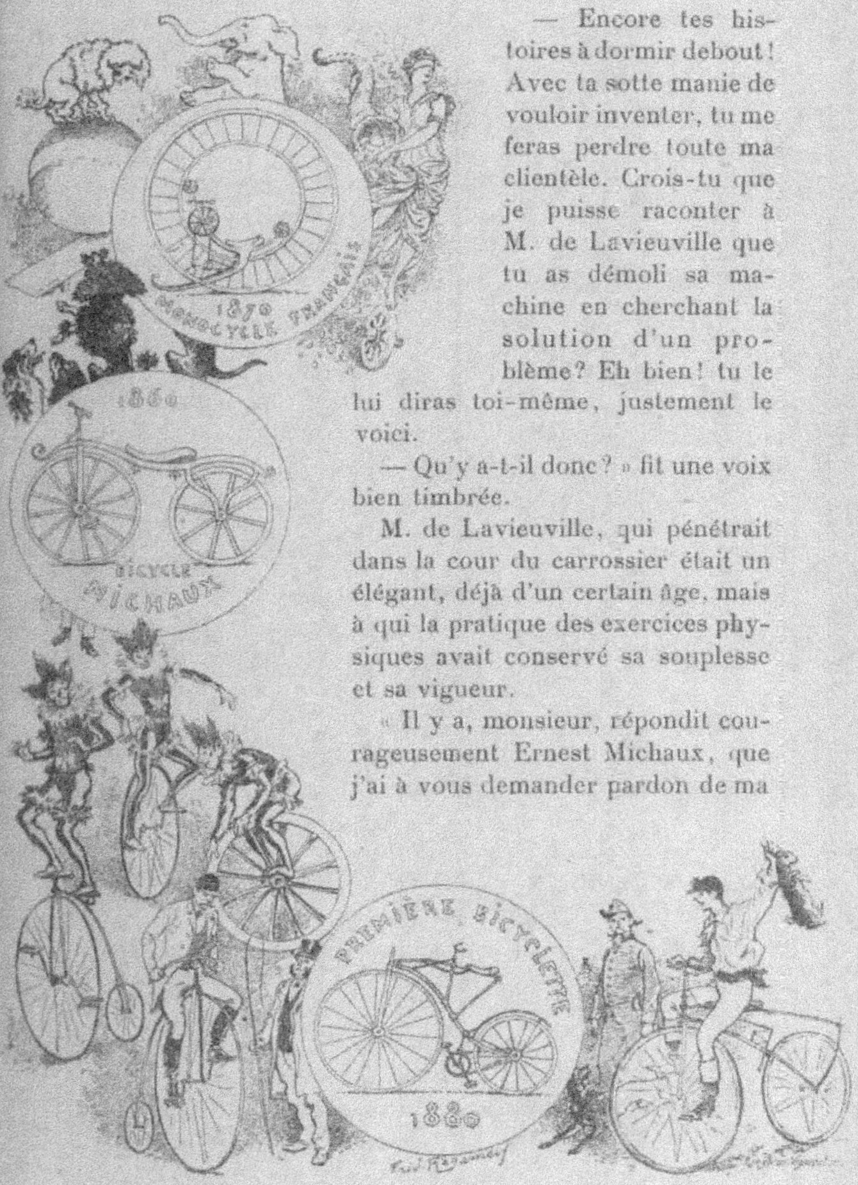

Les premiers vélocipèdes.

— Encore tes histoires à dormir debout ! Avec ta sotte manie de vouloir inventer, tu me feras perdre toute ma clientèle. Crois-tu que je puisse raconter à M. de Lavieuville que tu as démoli sa machine en cherchant la solution d'un problème ? Eh bien ! tu le lui diras toi-même, justement le voici.

— Qu'y a-t-il donc ? » fit une voix bien timbrée.

M. de Lavieuville, qui pénétrait dans la cour du carrossier était un élégant, déjà d'un certain âge, mais à qui la pratique des exercices physiques avait conservé sa souplesse et sa vigueur.

« Il y a, monsieur, répondit courageusement Ernest Michaux, que j'ai à vous demander pardon de ma maladresse. J'ai brisé votre draisienne. Mais si vous saviez ce que j'ai trouvé en tombant de la machine, je suis sûr que vous me féliciteriez de ma chute ! »

Le premier mouvement de M. de Lavieuville avait d'abord été un geste de colère en apprenant la catastrophe survenue à son instrument. Mais bientôt, en considérant la figure franche et intelligente du jeune garçon, la curiosité l'emporta sur la déception, et il l'interrogea avec bienveillance :

« Et qu'as-tu donc découvert, mon ami, dans ton accident ?

— Tout simplement le moyen d'avancer sur votre draisienne sans être obligé de frapper constamment le sol avec les pieds. Il suffirait d'adapter à l'axe de la roue d'avant des manivelles sur lesquelles on poserait les pieds. En tournant ces manivelles on ferait tourner également la roue et on avancerait, tenez comme cela. »

Et, saisissant un crayon et une feuille de papier, Ernest Michaux dessine sa double manivelle telle qu'il la conçoit. M. de Lavieuville a écouté l'explication sans rien laisser voir de ses impressions et il examine avec attention le croquis du jeune homme. Cependant le père Michaux était rentré sans bruit dans l'atelier.

« Eh bien ! Qu'en pensez-vous ? demanda-t-il du ton contrit à son client.

— Ce que j'en pense ? s'écria M. de Lavieuville. C'est que votre fils a imaginé un moyen fort ingénieux d'actionner ma draisienne, et que je vous ouvre un crédit illimité pour adapter ce système aux futures draisiennes que vous aurez à fabriquer. »

C'est ainsi que fut inventée la pédale qui permit de transformer l'incommode draisienne en vélocipède, comme on appela cette nouvelle machine, qui fut l'objet de perfectionnements successifs. Tout d'abord, Truffault créa la jante creuse garnie d'un cercle ou boudin de caoutchouc plein pour remplacer la jante massive en fer des roues, qui tressautaient sur les pavés en secouant durement le cavalier, si bien que les Anglais avaient donné le surnom de *brise-os* à ces modèles.

Pour obtenir une plus grande vitesse, on donna un diamètre croissant à la roue, et l'on vit le bicycle, ou *grand bi*, dit aussi *araignée*, circuler sur les voies publiques de Paris, mais on se trouva bientôt limité dans ses dimensions, qui rendaient l'appareil d'un usage dangereux en raison des chutes fréquentes auxquelles il exposait son cavalier, et on songea à commander la roue par des engrenages mis en rapport par une chaîne. Enfin, après de longs tâtonnements, la *bicyclette* se présenta dans sa forme définitive, qui n'a pas varié depuis trente ans.

Afin de corriger le défaut que la bicyclette du début présentait au point de vue de la stabilité, on avait imaginé, vers 1887, le *tricycle*, dont les trois roues assuraient une entière sécurité. Un petit problème de mécanique avait dû être toutefois résolu pour rendre ce véhicule pratique : celui de la liaison du pédalier aux roues motrices pour assurer leur indépendance dans les virages, alors que l'une des deux roues doit parcourir plus de chemin que l'autre.

Ce fut le mécanicien anglais J. K. Starley, de Coventry, qui fournit ce moyen en recourant à un dispositif d'engrenages, déjà utilisé au xviiiᵉ siècle par l'horloger Passemant pour un modèle d'horloge, et auquel il donna le nom de *différentiel*. Le tricycle vélocipédique a disparu, mais le dispositif est demeuré en usage pour les automobiles.

Le plus sérieux progrès apporté à la construction de la bicyclette est le bandage à air comprimé, car, malgré sa fragilité, il fournit une souplesse incomparable par rapport aux bandages pleins. La première idée du *pneumatique* remonte à l'année 1845, où un nommé J. J. Thomson prit un brevet pour un bandage de ce genre. Mais il était trop en avance sur son époque, et ce n'est qu'en 1890 qu'un vétérinaire irlandais, W. Dunlop, monta le premier pneumatique sur la bicyclette de son fils. Depuis cette époque, ce système, avec quelques variantes relatives au mode de fixation du bandage dans la jante, s'est universellement répandu, et, non seulement les bicyclettes, mais presque tous les véhicules mécaniques roulant sur routes ont leurs roues garnies de *pneus*.

Si maintenant nous nous tournons vers ces dernières machines, nous rappellerons que le premier véhicule à traction mécanique qui ait réellement fonctionné date des

Daimler.

premiers temps de la vapeur et fut construit, en 1770, par l'ingénieur lorrain Joseph Cugnot. C'était un lourd fardier destiné à remorquer les prolonges d'artillerie. Inutile de dire que, vu l'état des connaissances scientifiques et des moyens industriels dont on disposait à cette époque, ce pesant chariot était des plus rudimentaires, aussi ne donna-t-il que des résultats fort médiocres qui le firent abandonner.

Un inventeur dont nous avons déjà parlé, l'Américain Olivier Evans, créateur des machines à vapeur à haute pression, essaya une voiture mécanique ayant à bord un moteur de son système et qui fournit des résultats assez satisfaisants pour que des ingénieurs anglais, nommés Trévithick et Vivians, acquissent la licence de l'exploitation dans tout le Royaume-Uni. Les résultats furent assez encourageants, et des services de diligences à vapeur purent être organisés, mais les promoteurs de ces services : Hancock, Gurney, et autres, eurent alors à lutter contre les préjugés de l'époque faisant de leurs machines des monstres dangereux à approcher, et ils ne purent surmonter le mau-

Quadricycle à vapeur, construit en 1883.

vais vouloir qui leur était opposé. En 1825, ces services cessèrent de fonctionner. Les chemins de fer entraient en lice, et pendant plus d'un demi-siècle, ils allaient occuper toute la place sans aucune concurrence possible. C'est l'invention du moteur à pétrole qui a rendu l'automobile pratique, après avoir eu à lutter au début contre des systèmes de machines à vapeur très perfectionnés, tels que ceux de l'ingénieur Léon Serpollet, de Trépardoux et Bouton et de Rowan.

Nous avons dit, dans le chapitre précédent que, déjà en 1860, l'inventeur Lenoir avait fait marcher une petite voiture sur laquelle il avait monté son moteur alimenté

d'essence minérale ; mais, en fait, l'automobile à pétrole n'a
commencé à pénétrer dans l'usage qu'après que le mécanicien allemand Gottlieb Daimler eut fait connaître son
modèle de moteur, désigné sous la dénomination peu
modeste de *Phœnix*, et qui se distinguait des précédents
par le fait qu'il tournait normalement à raison de mille
tours par minute, alors que les autres tournaient à peine à
trois cents. Il en résultait un allègement considérable
du poids du mécanisme. Les premières automobiles
qui circulèrent en France, en 1890, étaient construites par
Panhard et Levassor, utilisaient le moteur Phœnix de
4 chevaux de force, et c'est avec un véhicule ainsi équipé
que Levassor gagna, en 1891, le prix de la course Paris-
Bordeaux et retour à l'allure de 25 kilomètres à l'heure.
Ce seul chiffre, rapproché de ceux atteints aujourd'hui et
qui dépasse le 200 à l'heure sur la piste des autodromes,
montre les progrès réalisés dans cet ordre d'idées par les
ingénieurs qui se sont attelés au problème et ont apporté
chacun leur pierre à l'édifice.

L'automobile, qui rivalise de vitesse avec la locomotive,
quoique n'ayant pas, comme celle-ci, de route spéciale avec
une combinaison de signaux assurant la sécurité des voyageurs est, en fait, une machine assez compliquée et dont les
moindres organes ont exigé des études minutieuses pour
être mis parfaitement au point. Les explosions répétées, à
l'intérieur des cylindres, et qui se succèdent dans certains
modèles récents, tournant à cinq mille tours par minute, à
raison de 40 par seconde, nécessitent tout un ensemble de
moyens pour assurer l'alimentation en gaz carburé, l'allumage du mélange explosif à un point déterminé de la
course du piston, enfin le maintien des parois métalliques
à une température raisonnable. Les carburateurs, les dispositifs d'allumage et de refroidissement ont été l'objet de
longues recherches avant d'arriver au point de perfection
aujourd'hui atteint. Il en a été de même pour la transmission du mouvement du moteur aux roues qui s'effectuait

au début par des chaînes comme dans les bicyclettes et ne
s'opère plus maintenant que par un arbre supporté par des
articulations à cardan et qui commande les engrenages du
différentiel par une couronne dentée. Une boîte, contenant
une combinaison d'engrenages, permet de réaliser les rapports de vitesse nécessaire, suivant le profil de la route suivie, le moteur tournant toujours à sa vitesse normale; et

Voiturette, à quatre places, construite en 1885 par Bouton et Trépardoux.

un *embrayage* donne la possibilité de séparer instantanément le moteur de la voiture ou de l'y relier un peu comme
si on attelait ou dételait un cheval. En même temps que la
machine allait se perfectionnant, le confort augmentait;
aussi certaines automobiles de luxe coûtent-elles jusqu'à
200000 francs. Et à côté de ces voitures particulières,
luxueuses ou plus modestes, sont venus se placer les véhicules utilitaires : camions, camionnettes, tracteurs, voitures
de livraison de toute espèce. Enfin de l'union de l'automobile et de la bicyclette est née la motocyclette ou vélomo-
teur, dans laquelle un petit moteur remplace la force musculaire du cycliste.

Il convient donc de ranger dans le Panthéon des hommes utiles les inventeurs, les chercheurs persévérants, les ingénieurs, les mécaniciens et tous ceux dont les efforts ont contribué à créer l'automobile, c'est-à-dire, depuis Lenoir : Beau de Rochas, Bollée du Mans, Bouton, Brazier, Clément, Daimler, Delamare-Deboutteville, Dunlop, Duryea, Delage, Dufaux, Forest, Gobron, Ford, Henriod, Jeantaud, Jenatzy, Krebs, Knap, Knight, de la Valette, Levassor, Michelin, Millet, Mors, Napier, Peugeot, Renault, Tenting, Voisin, dont les travaux mériteraient chacun une mention spéciale. Cette liste, quoique bien incomplète, montre quelle part la France a prise dans la création de cette énorme industrie dont le germe était dans le moteur à poudre, expérimenté en 1710 à Paris par le grand physicien Huyghens.

Comme on a pu s'en rendre compte par cette brève énumération, les grandes inventions ne surgissent jamais tout d'un coup sans aucune préparation. Elles sont le fruit souvent d'anciennes rêveries, d'idées déjà émises et quelquefois essayées sans succès parce qu'au moment où elles se faisaient jour, l'industrie n'était pas outillée de façon à permettre une réalisation pratique. Il faut, pour qu'un progrès s'impose dans une branche quelconque de l'activité humaine, que ce progrès soit non seulement possible, mais qu'il arrive à son heure, c'est-à-dire que certaines conditions matérielles et morales, indipensables à toute réussite, existent ; que l'état des esprits et des intérêts l'acceptent enfin et, pour tout dire, que le milieu s'y prête.

Puis, quand les temps sont venus de la réalisation, des hommes mieux doués que d'autres, ou peut-être sachant faire un meilleur usage des facultés dont la Providence les a doués, reprennent en s'y appliquant toutes les ressources accumulées par l'expérience de leurs prédécesseurs et en profitant des résultats acquis par les essais antérieurs demeurés infructueux. Et alors on voit éclore sous une forme vraiment utilisable ce qui, jusqu'alors, n'était qu'un germe, une espérance, une vue vague, souvent considérée comme utopique par les gens routiniers, admirateurs du seul passé. Et ce qui était hier une impossibilité, une chimère faisant sourire et hausser les épaules à ceux qui croient détenir la vérité, devient rapidement une banalité à laquelle on ne prête plus d'attention, alors qu'on a crié au miracle et au merveilleux au moment de l'apparition de ce progrès. Ces réflexions s'appliquent aussi bien à l'auto-

Phaéton à vapeur Bollée, construit en 1884.

mobile qu'à toutes les conquêtes scientifiques qui viennent modifier les conditions de la vie moderne.

En ce qui concerne la voiture mécanique, ses débuts ont été brillants et ses progrès rapides. En 1885, on comptait quelques rares échantillons, véritables objets de curiosité, que certains précurseurs : Serpollet, de Dion et Bouton, Panhard-Levassor en France, Frédéric de la Hault en Belgique, Benz à Mannheim, se risquaient à produire en public. Aujourd'hui, c'est par millions que l'on compte les automobiles circulant dans le monde entier, et ce chiffre augmente tous les jours.

Une automobile est la combinaison d'un moteur et d'une

carrosserie, le produit de l'union d'une locomotive et d'une
voiture, a dit un mauvais plaisant, mais ce qui pouvait être
vraisemblable il y a quarante ans n'est plus exact aujour-
d'hui, car le véhicule autonome a atteint un degré de perfection que l'on n'aurait pas cru possible au début. Il a
acquis un tel confort, une telle souplesse et une telle simplicité qu'il peut se prêter à tous les usages possibles, utilitaires ou de simple agrément, au sport comme au tou-
risme. Il existe aujourd'hui des modèles pour toutes les
applications et toutes les bourses, du vélomoteur-bicyclette,
affublé d'un moteur gros comme le poing, au camion de
cinq tonnes, en passant par toutes les tailles et toutes les
formes connues sous les noms de motocyclette, cyclecar,
torpédo, limousine, coupé, voiture à conduite intérieure,
voiture de livraison et camionnette, pour les usages du
commerce. Mentionnons enfin les tracteurs pour l'agriculture et les charrois militaires de pièces d'artillerie, avec ou
sans *caterpillars*, ou chenilles de traction.

Comment fonctionne le mécanisme d'une voiture automobile actuelle? Il peut être intéressant de le rappeler
brièvement ici.

Le véhicule, quelle que soit sa forme, se compose de la
carrosserie et du *châssis* monté sur roues et supportant la
partie mécanique dont nous nous occuperons seule ici. Le
châssis est un cadre formé de deux longerons en acier profilé, réunis par des entretoises transversales, et reposant,
par l'intermédiaire de ressorts de suspension, sur deux
essieux : l'un, simplement porteur, disposé à l'avant et
directeur, l'autre, moteur, et constituant ce qu'on appelle le
pont arrière. Sur le châssis est fixé à l'aide de brides, le
moteur suivi de la boîte de vitesses.

Le moteur, qui comporte, suivant la puissance à développer, un seul cylindre, ou deux cylindres en V, ou encore
quatre ou six cylindres parallèles, fonctionne soit suivant
le cycle à quatre temps de Beau de Rochas, dont nous
avons parlé au chapitre des moteurs à explosions, soit

d'après le cycle à deux temps de Dugald-Clerk. Les cylindres sont montés sur une boîte en forme de tambour, appelée *carter*, en alliage d'aluminium fondu formé de deux flasques réunies par des boulons et qui contiennent l'arbre-vilebrequin sur les coudes duquel sont fixées des bielles articulées sur des tourillons traversant les pistons. Le carter contient une petite quantité d'huile minérale dans laquelle barbotent les têtes de bielles et les coudes de l'arbre, afin d'assurer le graissage de ces pièces. L'arbre est supporté à chaque bout dans des coussinets à billes

Le premier quadricycle à pétrole de Peugeot : 1891.

supportés par des paliers en bronze. La puissance développée est fonction de l'*alésage*, ou diamètre du cylindre, et de la course ou trajet du piston, et du nombre de cylindrées admises par seconde dépend la quantité d'essence consommée, étant donné qu'il faut de 15 à 16 litres d'air pour brûler 1 gramme d'essence. Si donc, le volume d'une cylindrée est, par exemple, de 1000 centimètres cubes, ou 1 litre, et que le moteur tourne à 1200 tours par minute, on brûlera, avec le cycle à quatre temps donnant une impulsion tous les deux tours, 600 litres d'air, soit 40 grammes d'essence. Un calcul très simple et sur lequel nous croyons inutile d'insister montre qu'une telle consommation d'essence donnera une quantité de travail que l'on peut évaluer à 760 kilogrammètres par seconde, ou un peu plus de 10 chevaux-vapeur. Un moteur donnant cette puissance brûlera donc, théoriquement, 2400 grammes d'essence, ou trois litres et demi de carburant par heure de marche.

Dans la plupart des moteurs actuels, la distribution du mélange gazeux est opérée par des soupapes dont le temps d'ouverture est commandé par des cames, ou des culbuteurs portés par un arbre spécial tournant à demi-vitesse de l'arbre vilebrequin, dans les moteurs à quatre temps, et ce à l'aide de deux engrenages droits, le plus petit d'un diamètre juste moitié moins grand que l'autre, le tout étant enfermé dans un petit carter. Lorsque le moteur comporte plusieurs cylindres, l'arbre de distribution porte autant de cames qu'il y a de soupapes d'admission et d'échappement, s'ouvrant l'une au premier temps, l'autre au quatrième temps du cycle.

Le moteur « Minerva » est à distribution, non par soupapes mais par tiroir, comme dans le premier système de Lenoir. On peut reprocher aux soupapes de nombreux défauts : collage du clapet sur son siège, ruptures des tiges, causes de pannes, enfin étranglement du passage des gaz à l'admission ou à l'échappement. Dans les types à grande vitesse, tournant à 5 et 6000 tours par minute, où les soupapes doivent s'ouvrir et se fermer jusqu'à cent fois par seconde, elles ne peuvent plus suivre le mouvement des cames, amènent alors une perte considérable de puissance, et ces défauts n'existent plus avec les tiroirs. Dans le système Knight, les tiroirs ont la forme de manchons et sont conduits par des excentriques calés sur l'arbre.

Dans certaines voitures de course récentes, capables de dépasser, comme on a pu le voir sur certaines pistes d'autodromes, la vitesse de 200 kilomètres à l'heure, on a adopté le système de distribution dit *desmodromique*, et on a adjoint aux moteurs des compresseurs tournants assurant la suralimentation, c'est-à-dire le remplissage des cylindres malgré le temps très court où la soupape est ouverte. Le turbo-compresseur de l'ingénieur Rateau a fourni ainsi les résultats les plus remarquables.

Deux points présentent encore une sérieuse importance dans le moteur d'automobile : l'allumage du mélange détonant de vapeurs d'essence et d'air et le refroidissement des parois des cylindres, dont la température ne doit pas dépasser 300 degrés pour permettre le graissage, car, au delà de ce chiffre, les meilleures huiles minérales se carbonisent.

L'allumage est assuré par une étincelle électrique jaillissant au sein du mélange comprimé au fond de la culasse à

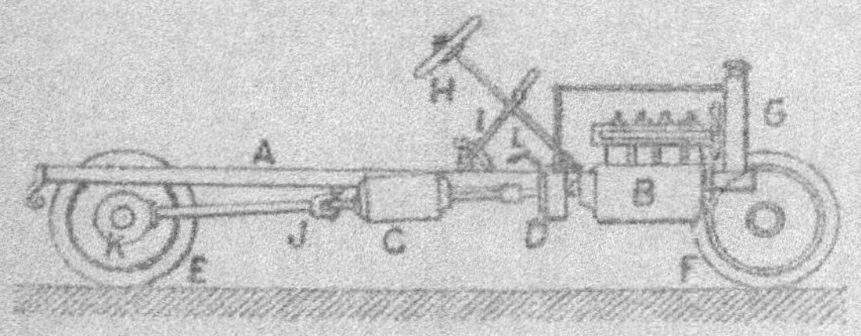

Schéma du mécanisme d'une automobile.

A. Châssis. — B. Moteur. — C. Boîte de changement de vitesse. — D. Embrayage. — E. Essieu moteur. — F. Essieu directeur. — G. Radiateur. — H. Volant de direction. — I. Levier de commande des vitesses. — J. Articulation et arbre à la cardan. — K. Pont arrière et différentiel. — L. Pédale d'embrayage.

la fin du deuxième temps du cycle. L'énergie électrique est fournie par une petite magnéto entraînée par le moteur et qui parvient aux pointes d'une *bougie* en porcelaine isolante vissée au fond de la culasse. Le moment où doit éclater cette étincelle est déterminé par un distributeur dont les positions peuvent être décalées suivant une certaine proportion, de façon à produire ce que l'on appelle *l'avance* ou le *retard à l'allumage*, correspondant à la meilleure condition selon la vitesse de rotation du moteur, qui dépend de l'effort qu'il fournit suivant le profil de la route.

Le refroidissement se fait, soit par le simple courant

d'air résultant du déplacement du véhicule et qui fouette des ailettes entourant le cylindre, soit par la circulation d'un courant d'eau dans une chemise entourant les cylindres. Cette circulation est assurée, par thermosiphon, par la différence de densité entre l'eau froide ou chaude ou, ce qui est mieux, par une pompe centrifuge ou à palettes commandée par le moteur. Cette eau perd la chaleur surabondante qu'elle emporte avec elle, en traversant les alvéoles d'un *radiateur* à grande surface de refroidissement, placé à l'avant, de façon à être balayé par le courant d'air de la marche. Un ventilateur à palettes, entraîné par courroie et placé à l'intérieur du *capot* où est enfermé le moteur, aspire cet air et rend la réfrigération plus efficace. A sa sortie du radiateur, l'eau refroidie revient à la pompe qui la refoule de nouveau dans la chemise des cylindres, et elle parcourt ainsi constamment le même circuit.

Le complément essentiel du moteur est l'appareil qui prépare le mélange combustible brûlé dans les cylindres et qui porte le nom de *carburateur*. Après divers tâtonnements pour établir un modèle définitif, on est arrivé à la disposition suivante. A chaque aspiration du piston se déplaçant à l'intérieur du cylindre, une dépression se produit à l'intérieur d'une chambre et oblige un flotteur à descendre et à démasquer, par le jeu d'un pointeau, l'ouverture d'un conduit par où arrive l'essence d'un réservoir disposé plus haut que le carburateur ou mis en charge par le jeu d'une pompe à main qui comprime de l'air au-dessus du liquide. L'essence est projetée au-dessus d'un petit champignon creusé de rainures et appelé *gicleur*. Le courant d'air d'aspiration arrive sur le côté et se charge de vapeurs d'essence. Pour corriger la faiblesse de la dépression quand le moteur tourne au ralenti, les modèles perfectionnés sont munis d'un second ajutage compensateur dont le débit est inverse de l'ajutage principal. Grâce à cet artifice, la compensation est parfaite, et les variations de pression à l'intérieur du carburateur sont sans influence sur le

Automobile moderne.

débit, et l'alimentation est parfaite à tous les régimes de marche du moteur.

Le moteur à explosions à deux ou à quatre temps, pour présenter un rendement convenable, doit tourner à une vitesse maximum déterminée. Mais, si le véhicule qui le porte ne roule pas à une vitesse uniforme, son allure étant conditionnée au profil de la route et à la puissance disponible, si l'effort nécessaire devient trop grand pour maintenir l'allure suivie, le moteur ralentit de plus en plus et finit par caler. Il est donc de toute nécessité de proportionner la vitesse de la voiture au travail de la machine, et on n'y peut parvenir qu'en interposant entre les deux un mécanisme tel que cette condition se trouve remplie. Ce mécanisme porte le nom de *boîte des vitesses*, et c'est entre le moteur et cette boîte de vitesse que se trouve ce qu'on appelle l'*embrayage*.

Le but de l'embrayage est de mettre en rapport le moteur tournant à sa vitesse normale de régime avec l'essieu qui assure la progression de la voiture, ce rapport étant établi au moyen de chaînes ou d'un arbre à engrenages d'angle partant de la boîte des vitesses et commandant le *différentiel*, combinaison de roues dentées coniques laissant à chaque roue son indépendance tout en l'obligeant à tourner sous l'action motrice. L'embrayage agit à la façon d'un attelage instantané pouvant se dételer de même. C'est ordinairement un cône qui pénètre dans le logement qui lui est réservé dans la jante du volant du moteur et s'en sépare par le jeu d'un ressort et d'une pédale.

La pièce essentielle de la boîte des vitesses qui fait suite à l'embrayage-débrayage est un pignon denté mobile, dit *baladeur*, qui peut mettre en relations des roues dentées de différents diamètres et se déplace par le jeu d'une fourchette entraînée par un levier que manœuvre le conducteur de la voiture. Il y a ordinairement quatre rapports différents permettant quatre vitesses distinctes, plus un dispositif supplémentaire permettant la *marche arrière* à vitesse réduite. Dans la quatrième vitesse, la plus grande, aucun renvoi d'engrenages ne se trouve interposé, le moteur est en prise directe sur l'essieu d'arrière par l'arbre à cardans, et la boîte de vitesses ne sert plus que de palier.

Le mécanisme de l'automobile est complété par les freins agissant sur les roues ou sur le différentiel et que le chauf-

Automobile Farman de 40 chevaux, avec conduite intérieure.

feur oblige à travailler plus ou moins énergiquement en tirant sur un levier ou appuyant le pied sur une pédale reliée au frein par un câble souple en acier.

Il est indispensable de *lancer* le moteur à explosions en lui faisant accomplir, au moment de la mise en marche, au moins les deux premiers temps du cycle : aspiration et compression, en tournant une manivelle reliée à l'arbre-vilebrequin et qui s'en dégage automatiquement à la première détente des gaz. C'est là un procédé assez ennuyeux ; aussi la manivelle ne sert-elle que de secours dans la plupart des autos à usage des particuliers, car elle est remplacée par un mécanisme de *démarrage automatique*, commandé par un bouton-interrupteur et qui envoie le courant d'une batterie d'accumulateurs dans un petit moteur électrique réversible, qui entraîne à vide le moteur à pétrole jusqu'à ce que celui-ci, fonctionnant à son tour par ses propres moyens, le transforme en dynamo qui recharge la batterie d'accumulateurs jusqu'à ce que, la charge étant suffisante, un disjoncteur automatique coupe le courant. La batterie a un autre rôle à remplir : elle assure l'alimentation des lampes électriques des phares, lanterne rouge

Camion automobile Renault de 5 tonnes.

d'arrière et plafonnier intérieur, remplaçant ainsi l'acétylène, qui ne sert plus alors que d'éclairage de secours.

Les véhicules automobiles de poids lourd, camions et tracteurs, ont leurs roues cerclées de bandages pleins en pavés de caoutchouc. Mais le caoutchouc plein ne donnerait pas la souplesse indispensable aux voitures de voyageurs, aussi ces dernières ne font-elles usage que de *pneumatiques* formés d'une *chambre à air* en caoutchouc souple, dans laquelle on comprime de l'air à 3 ou 4 kilogs de pression à l'aide d'une pompe, et d'une *enveloppe* en caoutchouc entoilé protégeant la chambre contre les aspérités du sol et la maintenant dans la jante de la roue à l'aide de *talons* s'engageant dans un *accrochage*. Le dernier perfectionnement apporté aux bandages d'autos pour accroître le confort de la suspension, est le pneu à basse pression dit *bal-*

lon, qui absorbe, bien mieux que le pneu dur, les chocs dus aux inégalités de la route.

Cette description rapide des principaux organes constituant la voiture mécanique actuelle montre de quels perfectionnements les moindres détails de ce mécanisme complexe ont été l'objet depuis l'époque des premiers phaétons à pétrole, à vapeur ou à accumulateurs de Serpollet, Tenting, Daimler, de la Hault, Jeantaud et Blanche. On peut dire que l'automobile serait parfaite, si son entretien n'était pas si onéreux par le prix du combustible qu'elle brûle et la nature de ses bandages de roues !...

CHAPITRE VI

LA NAVIGATION MARITIME

FULTON — LE MARQUIS DE JOUFFROY — FRÉDÉRIC SAUVAGE —
BRUNEL — DUPUY DE LÔME — LES BATEAUX SOUS-MARINS

La navigation à vapeur est encore une invention entièrement française, car l'histoire a établi que le premier bateau
employant la puissance motrice de la vapeur pour son déplacement est celui qui a été lancé sur la Seine, en 1773, par
le marquis Jouffroy d'Abbans. Cette tentative d'associer ce
que l'on appelait alors une « pompe à feu » avec un bateau
ne put être menée à bonne fin. Par accident ou par malveillance, — le fait ne fut pas élucidé, — le petit bâtiment
sombra avant d'avoir pu être expérimenté. Ce fut la ruine
pour l'inventeur et ses associés, et on alla jusqu'à le soup-
çonner d'avoir été l'instigateur de la catastrophe dont il
était la première victime.

Cependant le marquis de Jouffroy ne se découragea pas,
et dix ans plus tard on le voit expérimenter un bateau déjà
moins rudimentaire sur la Saône, à Lyon. Plus de dix mille
spectateurs assistaient à cet essai dont l'Académie de Lyon
dressa procès-verbal. La démonstration était décisive, con-
cluante, cependant elle demeura sans fruit pour l'inventeur et sans résultat pour le pays. Le ministre Calonne
mit des conditions inacceptables à la délivrance du privilège demandé par l'inventeur, qui fut ridiculisé à la cour

sous le surnom de *Jouffroy-la-Pompe*, à cause de sa prétention de vouloir faire accorder l'eau et le feu.

Différentes tentatives de navigation à l'aide de la vapeur furent répétées dans les années suivantes, notamment en Écosse, par Miller, Taylor et Symington, puis en Amérique par Rumsey, puis Fichte; mais les dispositions mécaniques étaient trop défectueuses pour que le problème pût être considéré comme résolu. Le dénouement des recherches de Fichte fut particulièrement navrant; car, désespéré de ne pouvoir faire admettre ses idées par ses compatriotes, ce précurseur se donna la mort en se précipitant dans les eaux de la Delaware, rivière qui traverse Philadelphie.

C'était à un Américain qu'était réservé l'honneur de réaliser le premier navire à vapeur capable d'effectuer un service régulier entre des villes éloignées situées sur les fleuves de son pays, à Robert Fulton, né en 1765 en Pensylvanie, de pauvres émigrés irlandais. Ayant perdu son père dès l'âge de trois ans, la première instruction reçue par l'enfant se réduisit à apprendre à lire et à écrire dans une école de village. Il fut envoyé très jeune à Philadelphie, où il entra chez un joaillier pour apprendre cette profession. Les occupations de son apprentissage ne l'empêchèrent pas de cultiver les dispositions remarquables qu'il avait pour le dessin, la peinture et la mécanique. Ses progrès furent tels qu'avant l'âge de dix-sept ans il était arrivé à se créer des ressources avec son pinceau. Il allait d'auberge en auberge faire des portraits et finit par s'établir peintre miniaturiste dans la ville devenue sa résidence. Étant parvenu ainsi à économiser une certaine somme, il acheta dans le comté de Washington un petite ferme où il plaça sa mère. Tel fut le début de la vie de l'inventeur. On était en 1785, et ce n'est qu'en 1807, vingt-deux ans plus tard, qu'il parvenait enfin à fournir l'éclatante démonstration de l'exactitude de ses vues sur le sujet.

Les échecs répétés que l'on avait éprouvés en Europe et aux États-Unis tenaient à deux causes : au propulseur devant faire fonction de rames et à l'insuffisance de la force motrice employée. Par des calculs plus justes et une meilleure appréciation des résistances à surmonter, Fulton parvint à éviter ces deux écueils. C'est par le secours de la théorie judicieusement transportée dans la pratique, qu'il trouva les moyens de réussir dans une entreprise où avaient échoué jusque-là un si grand nombre d'ingénieurs distingués.

Mais combien de tribulations cet obstiné chercheur eut à endurer avant de voir ses idées admises! Pas plus dans son propre pays, aux États-Unis, qu'en France ou en Angleterre, on ne croyait à la possibilité de la navigation par la vapeur, et l'on raconte que lorsqu'il fut enfin parvenu, grâce à l'aide financière d'un associé nommé Lwingston, à créer le service devant relier New-York et Albany, distants de 250 kilomètres, un seul passager osa se présenter pour le voyage de retour, personne n'ayant osé accompagner Fulton à l'aller. Ce passager était un Français nommé Andrieux. On raconte qu'étant entré dans le bateau pour régler le prix de son passage, Andrieux n'y trouva qu'un homme occupé à écrire dans la cabine. Cet homme était Fulton.

« N'allez-vous pas, lui demanda-t-il, redescendre à New-York avec votre bateau?

— Oui, répondit Fulton, je vais essayer d'y parvenir.

— Pouvez-vous me donner passage à votre bord?

— Assurément, si vous acceptez de courir les mêmes chances que moi... »

Andrieux demanda alors le prix du passage, et six dollars furent comptés pour ce prix.

Fulton demeurait immobile et silencieux, contemplant comme absorbé dans ses pensées l'argent déposé dans sa main. Le passager craignit d'avoir commis quelque méprise.

« Mais n'est-ce pas là ce que vous m'avez demandé? »

A ces mots, sortant de sa rêverie, Fulton porta ses

regards sur l'étranger et laissa voir une grosse larme roulant dans ses yeux.

« Excusez-moi, dit-il d'une voix altérée, je songeais que ces six dollars sont le premier salaire qu'aient encore obtenu mes longs travaux sur la navigation par la vapeur. Je voudrais bien, ajouta-t-il en prenant la main du passager, consacrer le souvenir de ce moment en vous priant de partager avec moi une bouteille de vin, mais je suis trop pauvre pour vous l'offrir. J'espère cependant être en état quelque jour de me dédommager si nous venons à nous rencontrer de nouveau. »

Il se rencontrèrent, en effet, quatre ans plus tard, et cette fois le vin ne manqua pas pour célébrer ce touchant souvenir.

Le gouvernement des États-Unis comprit alors tous les avantages qu'il pouvait tirer des inventions de Robert Fulton et il lui commanda une frégate à vapeur. Mais bientôt les curieux et les contrefacteurs surgirent de toutes parts pour profiter du succès enfin remporté par ce procédé de navigation. Fulton, harcelé de tous côtés, dut soutenir de nombreux procès. Il mourut de chagrin et de fatigue à peine âgé de cinquante ans.

Un sort plus lamentable encore attendait l'inventeur du propulseur idéal pour la marine : de l'hélice, qui s'est entièrement substituée aux roues à aubes ou à palettes employées par Fulton avec une machine de Watt. Frédéric Sauvage était un constructeur de Boulogne qui, reprenant les travaux d'autres chercheurs, tels que Charles Dallery, Ericsson, le capitaine Delisle entre autres, mit hors de doute la supériorité de l'hélice sur les roues à aubes. Cependant, malgré vingt années d'efforts, il n'était pas encore parvenu à exécuter des essais sur une échelle suffisante pour établir d'une manière irrécusable l'exactitude de ses assertions, tandis que les mêmes recherches étaient couronnées de succès en Angleterre. On assure que Frédéric Sauvage, en prison pour dettes à Boulogne en 1847, vit entrer dans le port un bâtiment à vapeur anglais à hélice et ce spectacle le rendit fou.

Ruiné par ses recherches, Sauvage fut arraché à la misère grâce à l'obtention d'une modeste pension obtenue du roi. Recueilli plus tard à la maison de santé de Picpus, le malheureux inventeur, qui n'avait pas recouvré la raison, mourut en 1857.

La construction des bateaux à vapeur reçut, par la suite, de grands perfectionnements grâce à la science d'ingénieurs

Le Great-Eastern.

qui s'appelaient, en France, Dupuy de Lôme, en Angleterre, Brunel, lequel établit les plans du *Great-Eastern*, qui était une merveille pour l'époque, car il ne jaugeait pas moins de 22000 tonnes de déplacement.

Dupuy de Lôme était né à Soye, près de Ploermeur dans le Morbihan, en 1816. Elève de l'École polytechnique, il entra dans le génie maritime dont il parcourut rapidement tous les grades. Ayant reçu mission d'aller étudier en Angleterre la construction des navires en fer; il fit sur la question un rapport remarquable à la suite duquel il fut chargé de la construction des premiers bâtiments en fer de la flotte française, puis des navires blindés, de façon à présenter une résistance sérieuse aux projectiles ennemis.

Nommé, en 1857, directeur des constructions navales au ministère de la Marine, Dupuy de Lôme se mit à l'étude des cuirasses de vaisseaux et on peut le regarder comme le créateur de la marine cuirassée moderne.

Isambart Kingdon Brunel, né en 1806 à Portsmouth, et mort en 1859, avait fait ses études à Paris. De retour à Londres, il aida son père dans le travail de percement du tunnel sous la Tamise, et il se spécialisa un moment dans l'édification des lignes de chemins de fer, notamment des ponts, puis attaché plus tard comme ingénieur à la compagnie du *Great-Western*, il s'appliqua à la construction des vaisseaux. Son chef-d'œuvre fut le *Great-Eastern*, mentionné plus haut, qui mesurait 209 mètres de longueur et était pourvu de roues à aubes et d'une hélice actionnées par des machines à vapeur. Ce navire, immense pour l'époque, était destiné au service d'Europe en Amérique à travers l'Atlantique, mais il n'effectua que quelques traversées. Où il fut le plus utile, ce fut pour la pose du câble sous-marin reliant l'Irlande à Terre-Neuve, en 1863, ensuite il resta au port pour n'en plus sortir.

Depuis lors, les paquebots-poste et les navires de guerre cuirassés ont vu leurs dimensions s'accroître encore et surtout leur vitesse. Les chaudières ne sont plus chauffées au charbon, ce qui nécessitait une armée de chauffeurs, mais au mazout, huile lourde de pétrole alimentant des brûleurs facilement réglables.

Pour donner un exemple des résultats obtenus par les grandes entreprises de navigation, rappelons que la *Cunard line* anglaise possède dans sa flotte trois immenses paquebots, qui sont de véritables villes flottantes : le *Mauretania*, de 31000 tonnes, l'*Aquitania*, de 46000, et le *Berengaria*, de 52000. Les installations à bord de ces navires sont réalisées avec un luxe vraiment extraordinaire, et les mesures de sécurité ont été prises avec le plus grand souci de la vie des passagers et de l'équipage. C'est ainsi que l'*Aquitania*

Transatlantique.

possède une double coque, qui augmente dans de grandes proportions la résistance à une collision avec un autre navire ou un ice-berg, ainsi que le nombre de canots à moteur, nécessaire pour assurer le sauvetage de toute la population du bord, la télégraphie sans fil et tous les engins de sécurité individuels possibles.

Les aménagements intérieurs de ces formidables bâtiments présentent un luxe merveilleux : il y a de grands salons de conversation, bibliothèques, fumoirs, jardin d'hiver, galerie-promenoir, café véranda, salles à manger avec tout le confort imaginable, jusqu'à des salles de gymnastique, de sports et une vaste piscine. Les citernes antiroulis assurent une grande stabilité même lorsque la mer est très houleuse.

On peut dire qu'un grand paquebot transatlantique ou transpacifique est un véritable hôtel muni d'appareils de propulsion assurant son déplacement d'un bord à l'autre de cet Océan, que les Américains appellent dédaigneusement la *mare aux harengs*. A la différence des palaces terrestres, construits en briques ou en pierres de taille, l'hôtel flottant a ses murs faits de plaques d'acier réunies par un nombre incalculable de rivets, et on pénètre dans ses divers étages superposés non par le bas, comme sur terre, mais par le haut. On descend au lieu de monter.

Un semblable hôtel doit avoir, comme tous les établissements similaires des continents, un directeur général : c'est le commissaire du bord, qui dirige le fonctionnement des multiples services d'un palace de pareille importance : service des cabines et du couchage, des restaurants des diverses classes et leurs approvisionnements, service des cuisines, des distractions de toute espèce à offrir aux passagers pendant la traversée. Le commissaire remplit même d'autres fonctions, entre autres celles d'officier de l'état civil en cas de décès ou de naissances survenant à bord. C'est donc un rôle fort compliqué et absorbant; cependant il entraîne de moindres responsabilités que celles assumées par le commandant du navire « le seul maître à bord après Dieu » !

Le transport de l'hôtel flottant est un problème des plus complexes. Même en temps normal, c'est une chose délicate que d'assurer le déplacement d'une masse pesant 40 ou 50 millions de kilogrammes à une vitesse qui atteint 45 kilomètres à l'heure. Lorsque la mer est démontée, que la tempête mugit, élevant des vagues monstrueuses de vingt mètres de hauteur, ou que, plus sournoisement, le temps est simplement « bouché » par une brume ou un brouillard épais, la navigation devient périlleuse et pleine de dangers. Il faut donc à la direction suprême d'un grand navire, un homme de premier ordre au point de vue technique, qui ait aussi un grand ascendant sur les hommes pour commander à un personnel nombreux et lui imposer sa volonté en cas de péril. Le commissaire, directeur de la partie matérielle de l'hôtel-restaurant, nourriture et couchage, est donc subordonné au capitaine, qui a charge de veiller à tout et demeure le maître omnipotent.

L'importance du rôle du commandant apparaît d'une façon saisissante en cas de danger ou d'accident. Tous les yeux se tournent vers lui ; c'est lui, dans le cas d'un de ces drames de la mer, malheureusement encore trop fréquents, qui dirige le sauvetage, et il ne quitte son bateau en perdition que lorsqu'il ne reste plus un seul être humain sur ses planches, héroïsme que plus d'un de ces marins a payé de sa vie. Le commandant doit donc avoir un sang-froid à toute épreuve pour ne laisser entrevoir aucune inquiétude susceptible de causer d'effrayantes paniques, et alors qu'il est intimement convaincu que la catastrophe est inévitable.

Mais laissons de côté ce point de vue, que les marins sont habitués à envisager sans y apporter plus d'importance qu'il n'est nécessaire, car on est exposé au danger dans presque tous les métiers, et nul ne connaît l'heure où il sera appelé. Bornons-nous à expliquer le fonctionnement d'un navire de ce genre pour montrer les progrès apportés dans sa machinerie surtout, depuis Fulton et Brunel. Nous prendrons, comme exemple, le plus grand transatlantique français après l'*Ile de France*, et qui porte le nom de *Paris*.

Ce navire mesure 234 mètres de long, 26 mètres de largeur au maître-couple et 46 de haut, de la quille au sommet des cheminées, ce qui représente deux fois la hauteur d'une maison de Paris. Le poids des plaques d'acier entrant dans la construction de la coque est de 27 millions de kilogs, et il a fallu 5 millions et demi de rivets pour les réunir.

L'hôtel est composé de onze étages, ou ponts en termes de marine, et c'est dans la cale, au fond du bâtiment, que sont placées les diverses machines assurant les divers services du bord : propulsion, éclairage, chauffage, frigorifiques, distribution d'eau chaude ou d'eau froide, etc. C'est tout en haut, au-dessus du pont supérieur terminant les superstructures, que se trouve la passerelle où se tient l'officier qui dirige la marche du navire. En arrière de cette passerelle est installée la cabine appelée *timonerie*, qui renferme la roue commandant les mouvements du gouvernail par l'intermédiaire d'un servo-moteur électrique, ce gouvernail présentant une surface de 25 mètres carrés et pesant 50 tonnes. Devant la roue, que manœuvre un timonier, se trouve le *compas*, boussole soigneusement compensée pour corriger l'influence due a la présence de la masse d'acier de la coque.

Au moment du départ, le commandant se tient sur la passerelle, près des porte-voix et télégraphes allant aux machines. Un officier est à l'avant et un autre à l'arrière du navire ; mais, dès que le large est atteint, il ne reste qu'un officier de service, qui est relevé de la surveillance qu'il exerce à des périodes régulières, c'est ce que l'on appelle le service de quart.

Le paquebot *le Paris*, comme beaucoup d'autres de construction plus récente, a ses chaudières chauffées, non pas à la houille, mais avec des brûleurs à mazout. Ce mode de chauffage marque un progrès très sensible car il permet d'économiser le personnel et la place toujours mesurée à bord des navires. Ce genre de combustible est aussi infiniment plus propre que le charbon.

Une installation de chauffage par l'huile minérale appelée *mazout*, qui est le produit de la distillation du naphte, comporte en principe un grand réservoir, où ce liquide est emmagasiné, et une canalisation le conduisant aux brûleurs. Sur le *Paris*, les chaudières sont au nombre de 15 et chacune est chauffée par 8 brûleurs, ce qui fait un total de 120 foyers à alimenter. Les chaudières, qui mesurent 5 m. 40 de diamètre et 6 m. 80 de long, sont disposées dans 5 grands compartiments, à raison de 3 par compartiment. Les produits de la combustion sont évacués par 3 cheminées monumentales de 3 m. 25 de diamètre placées l'une derrière l'autre.

L'énorme quantité de vapeur dégagée par les 15 chaudières est envoyée à des turbines du genre de celles que nous avons décrites à la fin du chapitre sur la machine à vapeur, et chacune de ces turbines, qui produit un effort de 11000 chevaux-vapeur, fait tourner une hélice particulière. Le navire possède trois propulseurs indépendants et un pour la marche arrière; la vitesse peut atteindre, sous la poussée simultanée de ces hélices, près de 37 nœuds ou 46 kilomètres à l'heure, ce qui réduit le temps nécessaire à la traversée de l'Atlantique du Havre à New-York à quatre jours et demi lorsque l'état de la mer est favorable. Les premiers bâtiments à vapeur à roues mettaient plus d'un mois pour effectuer ce même voyage !

La vapeur sortant des turbines, après avoir travaillé sur les divers étages d'aubes, n'est pas évacuée à l'air libre, mais envoyée à de vastes condenseurs dans lesquels des pompes puissantes maintiennent un vide relatif afin de réduire la contre-pression due à l'atmosphère et fournir une marche plus économique, puis l'eau provenant de cette condensation de la vapeur est renvoyée aux chaudières. On évite ainsi le dépôt de matières calcaires et de sels qui se produirait dans les bouilleurs si on alimentait à l'eau de mer, et il n'est besoin que de faibles additions d'eau supplémentaire pour parer aux fuites et évaporations impossibles à éviter. En fait, les générateurs sont alimentés à l'eau douce, incapable de les entartrer à la longue.

Le chauffage au mazout présente, avons-nous dit, de grands avantages sur le charbon. En effet, il suffit de 120 hommes à la chaufferie au lieu de 280, et le combustible occupe beaucoup moins de place que la houille, ce qui a permis de loger, à bord du *Paris*, 200 passagers de plus. Le chargement du liquide à bord s'opère très rapidement, et, autre avantage, le paquebot peut emporter la quantité de mazout nécessaire pour le voyage aller et retour, alors qu'avec le charbon il eût fallu recharger entre les deux traversées.

A côté de l'installation mécanique nécessaire à la propulsion du bâtiment il est d'autres services secondaires très importants, tels que ceux de l'éclairage, de la distribution d'eau chaude et la ventilation. Or, l'éclairage est assuré par près de 8000 lampes électriques disséminées partout ; l'eau chaude est envoyée aux radiateurs du chauffage central, aux baignoires des chambres de bains, aux cuisines, etc. Les ventilateurs à commande électrique permettent de renouveler l'air entièrement quarante fois par heure dans toutes les parties du bateau, salons, cabines, etc. Chaque passager reçoit ainsi 60 mètres cubes d'air frais par heure, quelle que soit la salle où il séjourne. Les lois de l'hygiène sont donc parfaitement observées.

L'hôtel du *Paris* peut recevoir 3900 personnes : 560 passagers de première classe, 468 de seconde, 2210 de troisième et 662 employés : officiers, matelots, mécaniciens, électriciens, garçons et maîtres d'hôtel, femmes de chambre, cuisiniers, services divers. L'approvisionnement de vivres pour la durée du voyage est donc très considérable. Le pain est fabriqué à bord, dans une boulangerie parfaitement organisée, et le service des boissons est l'objet de tous les soins, car la concurrence que se font les lignes de paquebots entre elles exige que la table soit particulièrement soignée.

Tout l'ensemble de cet immense bateau est partagé en 15 compartiments étanches, pouvant être isolés les uns des autres par des portes à fermeture instantanée en cas d'accident, la manœuvre s'opérant de la passerelle du commandant et par son ordre. On peut donc limiter l'importance d'une voie d'eau et maintenir la flottabilité de la vaste construction.

Il a fallu, pour réaliser la construction de ces gigantesques carènes, un outillage très puissant, des formes de radoub et des bassins de dimensions suffisantes pour les recevoir et les réparer, des machines-outils formidables pour découper les tôles d'acier, leur donner les contours voulus, les joindre les unes aux autres. Tout, dans des vaisseaux modernes est à une échelle démesurée, depuis les machines auxiliaires pour la manutention des marchandises jusqu'aux ancres, dont les chaînes seules pèsent des milliers de kilogrammes. Les grands paquebots modernes et les cuirassés sont les chefs-d'œuvre de l'industrie.

Mais l'homme n'a pas voulu se contenter de parcourir les océans à une allure que ne pourraient atteindre les plus puissants cétacés. Il a cherché à naviguer au sein de la masse même des eaux, et l'histoire de la navigation sous-marine est non moins attachante que celle de la navigation de surface, quoiqu'elle soit de création bien plus récente et n'a été pleinement réalisée que dans les premières années du xx⁰ siècle.

Les premières expériences de navigation sous-marine dont l'histoire fait mention paraissent remonter à l'année 1625, où un Hollandais, nommé van Drebbel, essaya, en présence du roi d'Angleterre, un bateau plongeur mû par des avirons. Il ne paraît pas que l'engin ait fourni des résultats bien satisfaisants, car il ne fut donné aucune suite à cette idée, ce qui n'a rien d'étonnant si l'on songe aux moyens rudimentaires dont on disposait à l'époque de Louis XIII et à l'ignorance complète où l'on était des difficultés de toute nature qu'il s'agissait de surmonter. C'est à cette ignorance qu'il faut attribuer le naufrage d'un autre inventeur, nommé Day, en 1660, dans le port de Yarmouth. Après s'être lentement immergé avec son bateau, Day disparut à jamais, et périt, victime de son invention.

Fulton, avant de s'attacher définitivement à la réalisation de la navigation à vapeur, avait porté ses idées sur la navigation sous-marine, et il expérimenta avec succès, en

Le Goubet.

1804, un bateau : le *Nautilus*, qu'il préconisait déjà comme une redoutable machine infernale contre les navires de surface. Il donna des preuves incontestables de la valeur de sa construction en s'immergeant à volonté pour revenir ensuite à la surface, et en faisant sauter, à l'aide de mines fixées sous la coque, des carcasses de vieux navires hors de service ; cependant il ne put convaincre le ministre de la Marine de Napoléon, l'amiral Decrès, et il abandonna ses recherches dans ce sens pour en revenir à la navigation de surface.

Parmi les savants qui se sont appliqués, au cours du XIX° siècle à résoudre les multiples problèmes de la navigation sous-marine, il convient de citer l'ingénieur Brun et le contre-amiral Bourgois, en 1863; le lieutenant espagnol Péral, M. Villeroi, le capitaine Montgéry, et enfin l'ingénieur en chef Gustave Zédé, dont le bateau *le Gymnote*, donna, en 1888, des résultats des plus encourageants. Ce modèle ne mesurait cependant que 17 mètres de longueur sur $1^m,80$ de largeur et ne jaugeait que 30 tonneaux. Il dépassait cependant sensiblement les dimensions adoptées par Goubet, ancien élève des écoles d'arts et Métiers, qui s'était passionné également pour cette question et était parvenu à établir, dès 1881, un premier modèle de 6 tonneaux. Le principe de ces deux modèles était tout différent; dans le premier, l'immersion était obtenue par l'effort même de la propulsion; le sous-marin conservait quand même un excès de flottabilité capable de le ramener automatiquement à la surface de l'eau en cas d'accident, tandis que, dans le *Goubet*, l'immersion était produite en annulant cette flottabilité par introduction d'un lest d'eau dans un réservoir. C'était donc un véritable ludion, et, comme tel, dénué de stabilité pendant la plongée.

Un sérieux progrès fut apporté dans cet ordre d'idées par le lieutenant de vaisseau Laubeuf qui, avec le *Narval*, en 1890, donna la véritable formule du bateau submersible absolument autonome.

Jusque-là, les sous-marins ne possédaient qu'un moteur unique, fonctionnant par le courant électrique fourni par une batterie d'accumulateurs. Ils se trouvaient donc liés à leur station de charge et leur rayon d'action était forcément des plus restreints puisque, dès que l'on avait dépensé la moitié de la provision d'énergie emportée, il fallait obligatoirement faire demi-tour et regagner le port. C'était la un très sérieux défaut, qui limitait à une faible distance de la base le parcours d'un semblable navire. Dans le *Narval*, il n'en était plus de même, le navire étant muni de deux moteurs, l'un à pétrole pour la navigation en surface, l'autre électrique à accumulateurs, réservé pour la marche en plongée. De plus, grâce à la propriété précieuse de la *réversibilité* des moteurs électriques, ceux-ci, actionnés par le moteur à explosion se transformaient en dynamos capables de recharger la batterie d'accumulateurs. Il résultait de cette disposition que le rayon d'action n'était limité que par la capacité des réservoirs de pétrole et que le bateau n'avait plus à se préoccuper de trouver à terre l'énergie électrique épuisée après un court trajet.

Désormais, la cause était entendue, et l'on ne construisit plus que des sous-marins autonomes à double propulsion, et les améliorations portèrent sur les questions de rapidité d'immersion, de stabilité de route et surtout d'orientation, car il ne faut pas oublier que l'eau est fort peu transparente. Jusque vers dix mètres au-dessous de la surface des vagues, le capitaine du bateau peut inspecter l'étendue qui l'entoure à l'aide du tube du périscope; mais, au-dessous de cette profondeur, il doit guider sa course d'après les indications d'un gyroscope et de la boussole, pour conserver la direction prise au moment de la plongée.

La plongée, sur tous les bateaux sous-marins, comporte une opération préliminaire consistant à diminuer la flottabilité du bateau en admettant de l'eau de mer dans des compartiments appelés caisses de flottabilité ou *water-ballasts*, jusqu'à annulation presque complète de cette flottabilité. Le bateau s'immerge ensuite en inclinant des gouvernails ou ailerons horizontaux, au nombre de un, deux ou trois paires suivant la longueur de la carène. Sous la poussée de son propulseur, le long fuseau descend ensuite en plan incliné, son axe longitudinal oblique jusqu'à la profondeur désirée, où il ne peut séjourner qu'à la condition d'avancer, autrement son excès de flottabilité le ramènerait automatiquement à la surface.

Depuis que le premier submersible, *le Narval*, a fait la preuve de sa supériorité sur tous les systèmes précédents,

les chantiers maritimes de toutes les nations ont abandonné le sous-marin pur à coque unique, laquelle se comportait très mal pendant la navigation en surface pour peu que
la mer fût agitée. Dans le sous-marin pur, destiné à naviguer le plus souvent en plongée, qu'il soit pourvu d'un
unique moteur électrique ou de deux moteurs pour assurer
la recharge de la batterie d'accumulateurs, les water-ballasts, ou caisses à eau équilibrantes, sont placés à l'intérieur
de la coque, qui affecte la forme d'un long cylindre se terminant par des pointes coniques à l'avant et à l'arrière. Il
faut donc donner à cette coque, qui subit l'effet de la pression extérieure de l'eau, une grande épaisseur, par suite
un poids considérable. La construction est toute différente
dans les submersibles. Ceux-ci ont une double coque :
l'une, intérieure, à parois épaisses qui doit résister à la
pression de l'eau pendant l'immersion, et présente une section circulaire ou elliptique ; l'autre extérieure, assez éloignée de la première, plus mince et présentant la forme la
plus convenable pour la navigation en surface.

En immersion, la situation des water-ballasts à l'extérieur de la coque résistante a les conséquences suivantes :
si un choc quelconque déchire la tôle extérieure, le sous-
marin ne subit aucune altération de son poids et de ses
conditions d'équilibre par la raison que les water-ballasts
sont complètement remplis dans la marche en plongée et
restent en communication constante avec la mer par les
ouvertures de prise d'eau. Les tôles extérieures ne subissent donc aucune pression et peuvent être minces
comme celles d'un torpilleur. En donnant à la carène de
cette coque extérieure les profils reconnus comme se prêtant le mieux au déplacement au sein du liquide, on peut
assurer une vitesse assez élevée au navire pendant son
déplacement en surface.

Lorsque fut présenté, en 1897, par son inventeur, le projet du torpilleur submersible, qui est aujourd'hui resté seul
en usage, beaucoup de personnes, et notamment des offi-

ciers de marine qui connaissaient cette navigation pour
l'avoir pratiquée à bord des petits sous-marins à moteur
électrique, affirmèrent qu'un engin ainsi doté d'une coque
de torpilleur ne pourrait jamais plonger convenablement.
L'expérience seule pouvait prononcer, et elle prouva que
ces compétences se trompaient et que l'inventeur Laubeuf
avait vu juste. Les submersibles naviguent à la surface
comme les navires de mer ordinaires en raison de la forme
de leur coque et ils plongent tout aussi bien que les sous-
marins à coque unique en forme de long cigare. De plus, ils
fournissent des vitesses de marche auxquelles ces derniers

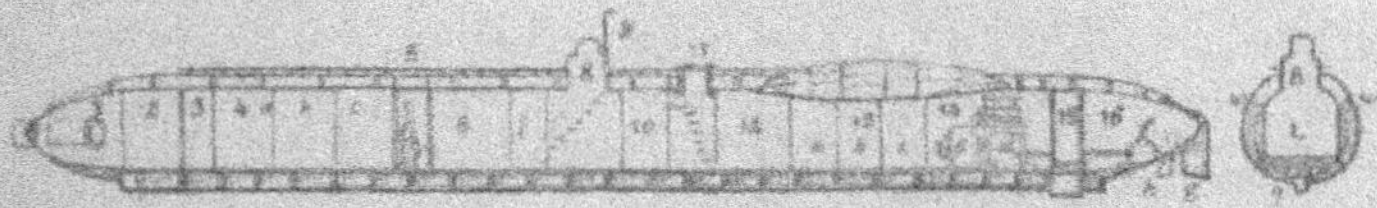

Coupe longitudinale et transversale d'un sous-marin moderne.

1. Tube lance-torpille. — 2. Magasin. — 3. Cabines. — 4. *a, b, c.* Cabines d'officiers. —
5. Puits à canon longue portée. — 6. Salle des accumulateurs. — 7. Cuisine. — 8. Kiosque
de commandement. — 9. Périscope. — 10. Chambre de manœuvres. — 11. Grand trou
d'homme d'accès. — 12. Carré de l'équipage. — 13 *a, b, c.* Cabines des chefs de service
(sous-officiers). — 14. Chambre des machines. — *e.* Moteur électrique. — *d.* Moteur à
pétrole Diesel. — 15. Écluse de sortie. — 16. Annexe de la chambre des machines. —
f. Palier de butée. — *g.* Gouvernail *h.* Hélice.

L. Coupe de la carène. — W, W. Water-ballasts latéraux. — Q. Quille.

ne sauraient prétendre. Ces qualités se sont accrues avec
le tonnage, l'augmentation de la flottabilité et de la sécurité, et par l'adoption de superstructures diminuant la
résistance à l'avancement ; aussi tous les pays qui possèdent une marine ont-ils adopté le submersible et abandonné le sous-marin à un seul système de propulsion.

On avait employé au début la machine à vapeur à chauffage par brûleurs au pétrole système Seigle, mais devant
les inconvénients présentés par la vapeur, on lui a substitué le moteur à combustion interne genre Diésel, fonctionnant d'après l'un des cycles à 2 ou à 4 temps. Comme ces
moteurs consomment des huiles lourdes, il n'y a aucun
danger d'explosion, et la dépense n'est que de 200 à

220 grammes de carburant par cheval et par heure de marche.

Ce moteur thermique est uniquement employé pour la navigation en surface. On le débraye quand le bateau va plonger et l'hélice est actionnée alors par un moteur électrique alimenté par une batterie d'accumulateurs. Tous les submersibles actuels ont un double appareil propulseur : deux Diésel, deux moteurs électriques et deux hélices. La puissance du Diésel est proportionnelle au déplacement du navire et peut atteindre 2400 chevaux dans les types de 15 à 1800 tonneaux. La vitesse maximum enregistrée a été de 23 nœuds (42 kilomètres à l'heure) en surface pour certains submersibles anglais de fort tonnage. Elle n'est que de 18 nœuds pour les navires français de 1100 tonneaux et de 12 nœuds en plongée.

Les sous-marins et submersibles sont des engins uniquement destinés à la guerre, et l'on se rappelle l'usage qui en a été fait récemment par l'Allemagne qui s'était un instant flattée de vaincre les alliés par l'emploi de cette arme redoutable contre les navires de surface, cuirassés ou non. Mais une autre conquête de la science : l'hydraviation vint apporter un moyen efficace de lutter contre ces adversaires qui pouvaient disparaître et devenir rapidement invulnérables sous une certaine épaisseur d'eau, et la guerre sous-marine s'en trouva fortement entravée.

Un des détails les plus importants et sur lesquels a dû se porter l'attention des officiers de marine pour rendre ce genre de bateaux plus offensifs en se soustrayant ensuite aux coups de son adversaire, est la rapidité avec laquelle un submersible naviguant en surface peut plonger.

Il doit d'abord démonter divers appareils extérieurs, rabattre les rambardes, les mâts de T. S. F., les manches de ventilation, les pièces d'artillerie, stopper les moteurs thermiques, les débrayer, obturer tous les capots, orifices de prise d'air et de dégagement des gaz, ouvrir les prises d'eau des water-ballasts, enfin régler la flottabilité et l'assiette du navire suivant les diminutions de poids subies au cours d'une croisière : consommation de vivres, d'eau potable, d'huile lourde combustible ou de graissage, enfin des munitions dépensées dont certaines sont très pesantes, par exemple les torpilles.

Alors qu'au début il fallait près de vingt minutes pour procéder à ces diverses opérations et passer de la navigation en surface à la navigation en plongée, ou inversement, il suffit aujourd'hui de 30 secondes pour les sous-marins jusqu'à 250 tonnes, et d'une minute pour ceux de 650 tonnes et au-dessus. Le retour à la surface, même en naviguant à 60 mètres de profondeur, ce qui est à peu près le maximum auquel puissent descendre ces navires, s'effectue dans le même temps.

L'armement des grands sous-marins, outre les torpilles automobiles, dont ils ont un approvisionnement en rapport avec leurs dimensions, comporte des canons à tir rapide, d'un calibre allant de 88 à 305 millimètres. On conçoit quelle est la puissance offensive d'un bâtiment ainsi armé et si difficile à combattre.

Mais le sous-marin peut encore être appliqué à des buts pacifiques et plus utilitaires que la destruction de paquebots et de cuirassés. Un Américain, M. Simon Lake, a imaginé, dans le but d'explorer le fond de la mer, afin d'établir des prélèvements précis et de recueillir des épaves utilisables, un sous-marin qu'il a appelé *l'Argonaute*, et muni de tout un outillage perfectionné pour exécuter ces travaux. L'*Argonaute* est muni de roues comme une automobile, de façon à rouler sur le fond des rades et des ports, d'une hélice de propulsion actionnée par un moteur à pétrole, et il comporte un sas à air, ou écluse, permettant aux scaphandriers de passer de l'intérieur du bateau à l'extérieur pour exécuter divers travaux et rentrer ensuite. Cet agencement, parfaitement combiné a fourni des résultats intéressants, cependant l'entreprise de Simon Lake ne lui a suscité aucun imitateur en Europe, où pourtant les épaves ne manquent pas, par exemple celle du *Lusitania*, coulé par 75 mètres de profondeur à quelques kilomètres à peine des côtes d'Angleterre.

Un ingénieur français du plus haut mérite, Ernest Bazin, né à Angers, en 1826, et mort en 1898, avait imaginé dans ce même but, en 1865, un explorateur sous-marin, sorte de cloche à plongeur hermétiquement close et contenant un observateur pouvant être descendu à des profondeurs de plusieurs centaines de mètres. Cet engin fut employé à la recherche des fameux galions enfouis dans la baie de Vigo; aujourd'hui il n'aurait plus d'intérêt depuis que l'on possède des scaphandres permettant à un homme de descendre impunément à ces profondeurs et d'y travailler.

CHAPITRE VII

LES BALLONS ET LA NAVIGATION AÉRIENNE

LE PROFESSEUR CHARLES — HENRI GIFFARD
LE CAPITAINE RENARD — SANTOS-DUMONT — ZEPPELIN

Le premier ballon a été lancé dans les airs, le 5 juin 1783, par les frères Joseph et Étienne Montgolfier. Ce sont eux qui ont ouvert à l'homme le chemin de l'espace, mais le véritable inventeur de l'aérostation a été le professeur de physique Charles, qui a créé de toutes pièces l'aérostat à gaz, lequel s'est complètement substitué dès son apparition au ballon à air chaud beaucoup moins pratique. Le professeur ignorait d'ailleurs la nature du gaz qui avait été employé par ses devanciers; il savait seulement qu'il était plus léger que l'air ambiant, et c'est ce qui lui avait suggéré l'idée de recourir au gaz hydrogène, ou air inflammable, qui venait d'être découvert et reconnu par le savant anglais Cavendish.

Le professeur Charles était né à Beaugency, en 1746, et il est mort à Paris, en 1822. En 1783, il donnait des cours très suivis à son cabinet de physique du Louvre, et ses expériences fort ingénieuses sur la dilatation des gaz et surtout sur l'électricité, que les travaux de Franklin et de l'abbé Nollet commençaient à faire connaître, avaient attiré l'attention des savants; aussi fut-ce à lui que l'on s'adressa pour répéter l'expérience faite à Annonay, en présence des États généraux du Vivarais par les frères Montgolfier.

8

Une première tentative, à l'aide d'un ballon perdu de petite taille ayant parfaitement réussi et considérant, d'autre part, les dangers et les inconvénients présentés par l'air dilaté par la chaleur, Charles inventa le ballon tel qu'il existe encore aujourd'hui, sauf quelques perfectionnements de détail, c'est-à-dire l'enveloppe imperméable au gaz hydrogène, le filet auquel la nacelle est suspendue par l'intermédiaire d'un cercle de charge, le lest, que l'on jette pour alléger le ballon et monter, la soupape que l'on ouvre pour laisser échapper le gaz et descendre, l'ancre, pour arrêter la course du ballon à la descente, enfin le baromètre, qui permet de connaître à tout instant la hauteur atteinte. On n'a guère ajouté à cet agencement que le *guide-rope*, longue corde traînant sur le sol pour équilibrer le ballon près du sol, le *panneau de déchirure*, pour vider instantanément le ballon de son gaz à l'atterrissage, et les stabilisateurs maritimes de Sivel, Renoir et Hervé.

Charles fit donc construire, d'après ses idées, un ballon sphérique en soie vernie de 8^m50 de diamètre et 320 mètres cubes de capacité, capable d'enlever deux voyageurs comme la montgolfière de 2000 mètres cubes, qui avait été nécessaire pour transporter les deux premiers hommes ayant osé se confier à cette frêle machine : le physicien Pilâtre de Rozier et le marquis d'Arlandes. Les difficultés furent nombreuses pour arriver à produire avec les moyens primitifs de l'époque le volume d'hydrogène nécessaire au gonflement. Une lumière ayant été imprudemment approchée trop près d'un des tonneaux où le gaz était produit par action de l'acide sulfurique sur de la ferraille, la barrique éclata comme une bombe. Mais tous ces déboires, toutes ces inquiétudes furent oubliées quand, le 1er décembre 1783, le soleil éclaira au milieu du jardin des Tuileries le dôme mobile du ballon entièrement gonflé. Une foule immense, évaluée à quatre cent mille personnes au moins, c'est-à-dire aux deux tiers de la population de Paris à cette époque, s'accumula sur tous les points d'où l'aérostat était visible.

C'est en présence de cette multitude que le professeur
Charles, accompagné de Robert jeune, l'un des constructeurs de l'appareil, s'envola vers les nuages, dix jours
après la première ascension d'un ballon monté : la montgolfière de Pilâtre et d'Arlandes, à la Muette.

Les frères Montgolfier.

Devant ce spectacle inouï, paradoxal, d'homme pouvant
parcourir un domaine qui semblait à jamais réservé aux
oiseaux, toutes les incrédulités furent brisées, et l'on raconte que la maréchale de Villeroi, octogénaire, tomba à
genoux en s'écriant :

« Rien n'est plus impossible à l'homme!... On trouvera un jour le secret de ne plus mourir, mais, hélas! quand je serai morte! »

Le ballon toucha terre dans une prairie près de l'Isle-Adam, à neuf lieues de Paris. Charles déposa à terre son jeune compagnon et repartit. Délesté de ce poids relativement considérable pour son volume, l'aérostat rebondit à 3300 mètres, où l'aéronaute assista à un nouveau coucher de soleil avant de regagner le sol sans encombre une demi-heure plus tard.

Chose curieuse : l'homme qui créa de toutes pièces l'aérostat et l'inaugura ne remit jamais les pieds dans une nacelle, et quand il mourut, à l'âge de soixante-dix-sept ans, membre de l'Académie des sciences et bibliothécaire de l'Institut, son nom n'éveillait plus guère de souvenirs. *Sic transit!...*

Cette aversion subite envers une invention qui lui avait donné la célébrité a donné lieu à bien des hypothèses, et la raison qui la motivait n'a été découverte que tout récemment dans des documents conservés à la bibliothèque de l'Académie, et voici ce qu'a dit le professeur :

« On parvint à changer insidieusement une souscription publique ouverte pour couvrir les frais de l'expérience en une opération particulière. Quand mon ballon disparut au sein des nuages qui semblaient l'attendre pour le soustraire à la persécution, qui n'eût cru que les haines avaient disparu avec lui? Cela ne fit qu'exciter l'envie. Après mon ascension, la calomnie aiguisa de nouveau ses traits! » Et voilà pourquoi Charles abandonna sa création, persuadé qu'il n'y a de bonheur pur et durable que dans l'obscurité et le silence.

Les ballons venaient à peine d'être imaginés que l'on crut qu'ils allaient donner sans grande difficulté la possibilité d'évoluer à son gré par la voie des airs.

À ce navire plus léger que les vents,
Qu'on se hâte d'ajouter la rame ou la voile;
Que d'un art tout nouveau le secret se dévoile,

écrivait en 1784 le poète Gudin de la Brenellerie. Mais la
chose était plus complexe qu'on l'imaginait, et il n'a pas
fallu moins d'un siècle tout entier pour transformer le ballon sphérique de Charles en aéronat dirigeable. Trois
étapes partagent l'his-
toire de ce progrès :
l'application d'un mo-
teur et d'un propul-
seur à un ballon par
Henri Giffard, en 1852,
le premier voyage en
circuit fermé par les
capitaines du génie
Renard et Krebs, en
1883, la réalisation des
dirigeables de grand
volume et à grande
vitesse par Torrès,
Spiess, Julliot et le
comte Zeppelin, vers
1903.

J.-A.-C. Charles, d'après Boilly.

Henri Giffard, dont le nom restera inscrit avec justice au
panthéon des hommes qui ont été utiles à leur pays, naquit
à Paris, en 1825. C'était un de ces esprits d'élite comme il
en surgit quelquefois des couches profondes de la nation. Il
fit ses études au collège Bourbon, mais dut les interrompre
à la suite de revers de famille. Attaché en qualité de dessinateur aux bureaux du premier chemin de fer de Paris à
Saint-Germain, à l'âge de dix-sept ans, son ambition était
de conduire les locomotives et les faire rouler sur les rails
à la vitesse maximum imposée par les règlements, vitesse
dont souriraient les voyageurs d'aujourd'hui. Il parvint à
réaliser son désir, et son plus grand plaisir consistait, une

fois sa besogne de dessinateur terminé, à monter sur les machines pour sentir le rude contact du vent soulevant ses cheveux pendant la marche du train.

C'est quand il fut blasé sur cette sensation, qu'il songea à se mesurer avec les fils d'Éole, dans le domaine dont la nature semble leur avoir donné l'empire exclusif. Ce fut le premier inventeur de ballon dirigeable qui comprit la nécessité de bien connaître le fluide à vaincre, avant de construire quoi que ce fût. Henri Giffard commença donc par se familiariser avec le milieu aérien où il voulait naviguer à son gré, et il n'exécuta pas moins d'une dizaine d'ascensions à l'Hippodrome de Paris, les premières avec les frères Godard, les autres seul. Il fut même en butte à la jalousie de certains professionnels du ballon qui, pour se venger, lui jouèrent plus d'un tour. Ainsi, un jour, voulant ouvrir la soupape pour attérir, Giffard s'aperçut que les clapets en avaient été cloués. Heureusement le vent était faible et aucun accident n'en résulta au moment de l'atterrissage.

En même temps qu'il se livrait à ces premiers essais, le jeune homme, lié avec des élèves de l'École centrale, terminait son instruction technique. Doué d'une rare persévérance, il étudiait sur les cahiers de classe de ses amis, suivait de chez lui les mêmes cours, se formait seul et devenait sans diplôme ingénieur en même temps qu'eux. Il avait compris que la fantaisie devait être bannie sévèrement des constructions aérostatiques; que la forme de chaque agrès, le poids de l'enveloppe et sa résistance devaient être calculés avec autant de précision que la tôle d'une chaudière de locomotive, et il résolut d'appliquer à ses appareils de locomotion aérienne les principes rigoureux de physique et de mécanique avec lesquels ses études l'avaient familiarisé.

Ce fut alors qu'avec l'aide de ses deux amis de l'École centrale, MM. David et Sciama, Giffard put construire et essayer, en 1852, le premier ballon dirigeable vraiment scientifique, avec propulseur à hélice actionné par une ma-

chine à vapeur. A force de courage et de persévérance,
cet aérostat en forme de fuseau, de 2500 mètres cubes de
volume, fut édifié, et l'expérience eut lieu le 24 septembre à
l'Hippodrome de Paris, qui avait fourni le gaz pour le gonflement. Mais, ce jour-là, le vent soufflait avec violence, et
la machine ne put que louvoyer sans remonter le courant.
On crut à un nouvel échec, mais l'ingénieur n'était pas

Le ballon de Pilâtre de Rozier traversant la Seine à Passy,
d'après une estampe du temps.

découragé. Une autre invention, celle de l'injecteur alimentaire permettant de supprimer les pompes dans les locomotives, lui ayant apporté la fortune, il recommença son
expérience en 1855, avec un ballon de 3200 mètres, plus
allongé que le premier et possédant une machine à vapeur
plus puissante. Cependant la vitesse imprimée par l'hélice
à la carène aérienne se trouva encore insuffisante, et, de
plus, ce long fuseau était peu stable. Une catastrophe faillit terminer l'essai : la pointe du ballon se redressa presque
verticalement, le filet glissa à la surface de l'enveloppe et

les aéronautes, — Giffard était accompagné cette fois d'un aide, le cordier Gabriel Yon, — n'eurent que le temps d'éteindre le feu sous la chaudière, d'ouvrir en grand tous les robinets d'échappement, et de regagner le sol au milieu d'un nuage de vapeur et de fumée. A peine arrivés à terre, le ballon s'échappa de son filet et alla retomber un peu plus loin, rompu en deux tronçons. Les voyageurs avaient échappé de peu à une mort horrible.

Il faut franchir un espace d'une vingtaine d'années pour arriver au premier voyage d'un ballon dirigeable revenant à son point de départ. Dans cet intervalle se place une expérience non sans intérêt, exécutée par le créateur de la marine à vapeur cuirassée, l'ingénieur Dupuy de Lôme à l'aide d'un ballon beaucoup moins allongé que ceux de Giffard, mais n'ayant, pour actionner l'hélice, que la force musculaire des hommes d'équipage. La stabilité fut parfaite, mais cette fois encore le vent était trop violent, et le ballon dut lui obéir, sa vitesse propre étant trop insuffisante pour lui permettre d'entrer en lutte avec lui.

Charles Renard, né à Lamarche dans les Vosges, en 1847, et mort en 1903, était sorti de l'École d'application de Metz et nommé lieutenant du génie en 1870. Revenu au dépôt des fortifications en 1873 et promu capitaine, il exécuta plusieurs ascensions en ballon libre et montra ses capacités d'inventeur en substituant à l'antique méthode des tonneaux pour préparer le gaz hydrogène, le principe de la circulation continue infiniment plus pratique et plus rapide. L'Établissement aérostatique ayant fonctionné pendant la première République à Meudon jusqu'à ce que Napoléon le supprimât, avait été rétabli et le capitaine Renard nommé directeur. L'officier, se rappelant des services rendus par les ballons captifs de 1792 aux armées, étudia un matériel très perfectionné de ballons militaires d'observation, qui devait rester en service jusqu'à la guerre de 1914, où ils furent remplacés par les *drachens,* ou *saucisses,* pouvant s'élever quelle que fût la vitesse du vent.

Mais l'idée fixe du capitaine Renard était de réaliser une nef aérienne réunissant la stabilité de l'appareil de Dupuy de Lôme à la plus grande puissance motrice possible, et, à cet effet, il inventa un modèle particulier de pile chimique à électrodes d'argent platiné et de zinc actionnant un moteur électrique de 9 chevaux. Il avait comme collaborateur un ingénieur de grand mérite, le capitaine Krebs.

Ce ne fut pas sans grandes difficultés que les deux officiers parvinrent à leur but. Grâce à l'intervention de Gambetta, ils obtinrent le vote d'un crédit de 200000 fr. pour la construction du dirigeable, qui fut construit et garé tout gonflé dans un hangar assez vaste pour le recevoir et où il put attendre le temps favorable pour sortir. Ce fut le 9 août 1884 que le dirigeable *la France* effectua, avec ses deux créateurs à bord, son premier voyage en circuit fermé, de Chalais-Meudon à Villacoublay et retour. Ce succès eut un retentissement universel, et l'on peut faire partir de cette date mémorable l'ère de la direction aérienne à l'aide d'aéronats à moteur mécanique.

Les capitaines Renard et Krebs avaient démontré scientifiquement que le problème de la dirigeabilité des aérostats n'était nullement une utopie ainsi que l'avaient affirmé de nombreux savants, et, avec une enveloppe d'un volume moindre que celle du ballon-poisson de Giffard, 1850 mètres cubes, ils avaient pu enlever une machine assez puissante pour communiquer au système une vitesse propre de 6^m,50 par seconde en air calme, soit 23 kilomètres à l'heure environ.

Pour rendre la navigation aérienne définitivement pratique, il suffisait désormais de perfectionner ce qu'avaient imaginé Giffard, Dupuy de Lôme et Renard, de façon, tout en conservant les avantages acquis, d'accroître la vitesse propre des navires de l'air pour leur permettre de lutter contre la majorité des vents régnants et sortir presque par tous les temps. Ce fut à quoi s'appliquèrent les successeurs des chercheurs qui viennent d'être nommés.

L'industrie de la construction mécanique avait fait de sérieux progrès; l'automobile commençait à prendre de l'extension : on songea à lui emprunter le système de moteur qui faisait son succès, et les dirigeables, à partir de l'année 1898, eurent désormais tous des moteurs à essence pour actionner leurs propulseurs.

Le Brésilien Alberto Santos-Dumont, né en 1873, fut le premier à reprendre la suite des travaux de Renard et Krebs, mais ses efforts ne furent pas heureux au début, en raison des dispositions insuffisantes de la partie aérostatique proprement dite. A plusieurs reprises, les tentatives se terminèrent par des naufrages, tantôt dans le bois de Boulogne, tantôt sur les toits de la capitale. Mais le jeune sportsman était d'un caractère obstiné; il recommença toute la série des recherches déjà effectuées par ses devanciers, mais enfin, avec son ballon n° XI il parvint à effectuer en une demi-heure le trajet de 11 kilomètres environ des coteaux de Saint-Cloud à la tour Eiffel et retour, remplissant ainsi les conditions imposées pour le prix Deutsch de cent mille francs. Au point de vue sportif, le fait était remarquable, mais le progrès scientifique était peu important; car, avec un ballon bien moins volumineux et une force motrice plus considérable, Santos-Dumont n'obtint pas une vitesse propre sensiblement supérieure à celle atteinte vingt ans auparavant par le ballon *la France*.

C'est à la même époque, en 1901, qu'un ingénieur, dont le nom est devenu tristement célèbre, le comte von Zeppelin, procéda aux premiers essais de son modèle sur le lac de Constance. Ce type de dirigeable se distinguait de ceux que Julliot et Torrès construisaient alors en France en ce qu'il se composait d'une carcasse rigide en aluminium, recouverte d'une carapace imperméable, la sustension étant assurée par une série de ballonnets indépendants, disposés les uns à la suite des autres à l'intérieur de cette carcasse métallique. Les Allemands se sont glorifiés par suite d'avoir été les premiers à réaliser la direction des ballons, mais les recherches des historiens sur ce sujet ont démontré à l'évidence que les principes essentiels de ce genre de navigation ont été énoncés dès 1784 dans un mémoire présenté à l'Académie des sciences par le lieutenant du génie Meusnier. L'idée du dirigeable rigide est également française. Dès l'année 1873, M. Spiess avait pris, en effet, un brevet pour un dirigeable possédant les trois caractéristiques des futurs zeppelins, c'est-à-dire la double enveloppe, la charpente rigide et la force ascensionnelle fournie par des ballons distincts enfermés à l'intérieur de cette carapace.

Mais en quoi consistait donc ce fameux problème de la direction des ballons, considéré si longtemps comme une utopie et qu'il a fallu un siècle pour résoudre?... Nous allons l'expliquer brièvement ici.

Un ballon que l'on veut rendre mobile dans toutes les directions, quel que soit le côté d'où souffle le vent, doit lutter contre celui-ci, ou plus exactement contre la force qui entraîne l'appareil en équilibre dans l'air. Le vent n'existe pas pour l'aéronaute en tant que force sensible, puisque le ballon fait corps avec la masse d'air qui l'entraîne, mais qui fait fuir plus ou moins vite sous ses pieds, la terre comme un radeau immense, emportant loin de lui montagnes, rivières, villes et villages et avec eux le point qu'il voudrait atteindre.

Le vent, qui, pour un observateur debout sur le sol, se manifeste par des efforts qui ont fait employer les expressions de *force* et de *violence* du vent, n'existe pas sous ces formes pour l'aéronaute. Il consiste simplement pour lui en un déplacement qui, à un moment donné et dans la limite de la région parcourue par le ballon, peut être considérée comme rectiligne et uniforme. Qu'un ballon soit retenu au sol par des cordes, il subit, comme tout ce qui tient au sol, l'effort exercé par l'air en mouvement sur toutes les surfaces qu'il frappe, et c'est même cet effort qui entrave et limite l'usage des ballons captifs sphériques. Mais qu'on délivre l'appareil de ses liens, qu'on l'abandonne librement dans l'atmosphère, à l'instant même tout s'apaise pour ceux qui occupent sa nacelle; le calme le plus complet succède aux plus violentes secousses, l'aérostat emporté par l'ouragan le plus rapide semble voguer au sein d'une atmosphère subitement figée, et, sauf, lorsqu'il passe d'une couche d'air animée d'une grande vitesse de translation dans une autre circulant moins rapidement, on ne ressent aucune sensation de vent. La fumée d'une cigarette s'élève verticalement alors qu'on voit au-dessous de soi les arbres se courber sous la poussée de la tempête, et sur la mer démontée, les navires à vapeur lutter péniblement contre les rafales.

Le vent n'existe donc pas pour le voyageur aérien, et tout se passe, que le ballon soit ou non dirigeable, comme si l'on était immobile. Si le ballon est dirigeable, il pourra donc se déplacer dans tous les sens dans cet air toujours calme comme si le vent n'existait pas, car il ne change rien à la situation de l'appareil. Tout se passe, nous le répétons, comme si, l'atmosphère étant immobile, c'était le sol tout entier qui fuyait sous l'aérostat avec une vitesse égale à celle du vent mais dans une direction inverse à celui-ci.

Il résulte de ces considérations que la condition essentielle à réaliser pour rendre un ballon dirigeable consiste à le pourvoir d'un appareil propulseur assez énergique pour qu'il puisse avancer avec une vitesse supérieure à celle des vents traversant l'atmosphère, de façon qu'il puisse toujours gagner un point déterminé du sol qui semble fuir sous la nacelle. Or cette vitesse dépasse rarement 15 mètres par seconde. Par conséquent, si un aérostat possède un moyen de propulsion lui assurant cette vitesse de déplacement, il demeurera fixe au-dessus du point de la terre d'où il se sera élevé. S'il est doué d'une vitesse propre de 20 mètres, il avancera, dans la direction d'où vient le vent, de 5 mètres par seconde. S'il navigue dans la même direction que le vent, les deux vitesses s'additionneront alors qu'elles se retranchent dans le sens contraire, et par rapport au sol il s'éloignera du point du départ avec une allure de 35 mètres par seconde. Tout se ramène donc à une question de vitesse propre, et par conséquent de force motrice.

Or, les moteurs sont proportionnellement d'autant moins lourds qu'ils sont plus puissants, et d'autre part le volume d'un ballon s'accroît infiniment plus vite que ses dimensions linéaires, et c'est pourquoi il est plus avantageux d'employer des appareils de grand volume pouvant emporter des machines plus puissantes; il en résulte que la vitesse propre est beaucoup plus élevée, ce qui permet aux ballons dirigeables de sortir presque par tous les temps et regagner leur garage-abri.

Alors que Giffard employait la machine à vapeur, d'ailleurs seule connue de son temps, que Dupuy de Lôme, craignant les dangers du feu, se contentait du moteur humain, et que Tissandier, puis Renard et Krebs, recouraient à l'électricité, tous les constructeurs qui les ont suivis, à commencer par Santos-Dumont, ont uniquement employé le moteur à essence que le développement de l'automobile avait perfectionné. Le petit tableau ci-dessous résume les progrès effectués à ce point de vue.

La machine à vapeur de Giffard pesait, par cheval, 50 kilogs et avait une consommation de charbon et d'eau évaluée à 69 kilogs par cheval et par heure.

Le moteur électrique Krebs et Renard, 40 kilogs par cheval et 25 kilogs par cheval heure.

Le moteur à pétrole Santos-Dumont, 35 kilogs par cheval et 35.500 kilogs par cheval heure.

Le moteur des dirigeables souples Zodiac, 7 kilogs par cheval et 7.500 kilogs par cheval heure.

Le moteur des derniers zeppelins (Maybach), 4 kilogs par cheval et 4.220 kilogs par cheval heure.

On voit de quelle importance ont été ces améliorations.

Alors que le volume des premiers ballons dirigeables souples construits en France pendant les premières années du xxᵉ siècle ne dépassait pas 6000 mètres cubes, la taille des rigides du comte Zeppelin allait sans cesse en s'accroissant depuis 11000 jusqu'à 80000 mètres cubes et davantage. En même temps que la partie aérostatique, la partie mécanique allait se perfectionnant dans ses moindres détails, et même le confort offert aux passagers. Dans les grands navires de l'air tels que le R. L. 3, qui fit la traversée de l'Atlantique, depuis l'usine de construction de Friedrichshafen sur le lac Constance jusqu'à son port d'attache, Lakehurst aux États-Unis, ce confort est des plus remarquables.

Tous les instruments et appareils nécessaires au pilotage et à la navigation sont disposés dans une cabine spéciale, dite de pilotage, suspendue en dessous et à l'avant de la carène. Cette cabine est éclairée par de nombreuses baies vitrées permettant de voir dans toutes les directions le panorama des pays survolés. Une échelle donne accès dans une longue galerie aménagée d'un bout de la quille de l'aéronat à l'autre. On gagne ainsi la nacelle à passagers qui fait suite à celle de pilotage et qui possède un aménagement des plus luxueux rappelant celui des salons des paquebots de la *Hambourg Line* : panneaux de velours rouge capitonnés, tapis épais, glaces, bronzes, rideaux mobiles. Cette cabine peut recevoir trente personnes. D'autre part, l'équipage du navire aérien comporte vingt-quatre hommes ayant chacun leur spécialité.

Le pilote prend place à l'avant de la première nacelle, et derrière lui se trouve son second, chargé de régler la route dans le sens de la hauteur. Les divers instruments de contrôle sont placés devant ces deux pilotes ; le plus important est le compas gyroscopique Amschütz à répétiteur, enfermé dans un carter rempli d'hélium pour diminuer les frottements. Ce répétiteur transmet électriquement les diverses déviations à un cadran. Les ordres sont transmis depuis la cabine de pilotage aux nacelles contenant les moteurs par un transmetteur mécanique et aux arrimeurs par le téléphone.

La cabine de T. S. F. se trouve en arrière et à gauche de la nacelle de commandement. Elle contient un poste de

200 watts ayant une portée de 2500 kilomètres ; la longueur d'onde peut varier entre 500 et 3000 mètres. L'antenne, disposée en éventail, comporte trois câbles de 120 mètres de longueur. Le générateur d'électricité pour l'entretien du poste est commandé par un petit moteur particulier.

La conduite d'un dirigeable présente une grande analogie avec celle d'un bateau sous-marin, car, de même que ce dernier, le ballon est entièrement plongé dans le milieu où il évolue. Son équilibre est réglé par le jeu de gouvernails ou *ailerons*, disposés à l'arrière avec un *empennage* formé de grands panneaux verticaux dont l'extrémité est mobile pour jouer le rôle de gouvernail de direction, les ailerons constituant le gouvernail de profondeur pour la montée et la descente. La vitesse propre peut atteindre 115 kilomètres à l'heure.

Le complément essentiel de tout dirigeable est le garage où il peut être abrité au repos, en le garantissant ainsi du vent, et des intempéries ; mais ces constructions, forcément de vastes dimensions, sont très coûteuses à établir, et c'est ce qui a limité, tout au moins en France, le développement de la navigation aérienne au moyen de ces appareils. C'est pour éviter cette dépense onéreuse que l'on a songé à remplacer les hangars par des *mâts d'amarrage*, au sommet desquels le ballon vient s'attacher par la pointe avant, la carène se plaçant d'elle-même dans le lit du vent comme le ferait une girouette.

Cependant ce mode de campement des dirigeables n'est pas parfait, ainsi que l'ont montré deux exemples, l'un pour le *Shenandoah*, en Amérique, l'autre pour le R. L. 3, en Angleterre. La tempête causa, en effet, la rupture du système de verrouillage et l'arrachage de l'étoffe. Le ballon, parti à la dérive, ne fut que difficilement ramené à son hangar-abri pour être réparé.

Le dirigeable semble résoudre d'une façon définitive le problème de la navigation aérienne, mais les multiples catastrophes qui jalonnent l'histoire de cette invention attestent tragiquement la vulnérabilité de ces immenses nefs aériennes. On n'a qu'à rappeler la fin malheureuse de la plupart des Zeppelins, le naufrage du *Dixmude*, ancien L 72, livré à la France en vertu des clauses du traité de Versailles, et qui fut foudroyé, le 18 décembre 1924, entraînant dans le gouffre de la Méditerranée cinquante hommes d'équipage commandés par le lieutenant de vaisseau Duplessis de Grenédan, dont seul le corps fut retrouvé, enfin du *Shenandoah*, cité plus haut.

Il est triste de constater que, dans la plupart des cas, un incident peu important en lui-même a amené l'embrasement immédiat du ballon, anéantissant en quelques instants une construction de plusieurs millions, ensevelissant dans un effroyable incendie les infortunés passagers. Une seule étincelle, le contact avec des câbles électriques de haute tension, une décharge atmosphérique ont causé la destruction de ces grands dirigeables sur lesquels on fondait tant d'espoir. Tous ces méfaits ont été imputables à la présence de l'hydrogène, gaz éminemment inflammable, remplissant les ballonnets et fournissant la force ascensionnelle nécessaire. C'est pourquoi on a cherché à remplacer ce corps dangereux par un autre gaz de faible densité et qui fût à la fois ininflammable et inexplosible, et on a trouvé l'hélium.

L'hélium est un gaz très rare, qui existe dans certains minéraux, tels que la clévéite, où l'a découvert le chimiste anglais Ramsay, en 1898 et dans les sources radio-actives de l'État d'Oklahoma aux États-Unis. Les Américains ont monopolisé l'extraction de ce produit, qui donne une puissance ascensionnelle d'environ 1 kilogramme par mètre cube, à peine inférieure d'un dixième à celle de l'hydrogène, et ils l'ont utilisé pour le gonflement de leurs dirigeables. Mais alors, c'est la tempête qui est intervenue pour causer la destruction de leurs aéronefs, malgré leur vitesse de 115 kilomètres à l'heure permettant l'espoir du retour au hangar-abri.

Ballons sphériques et dirigeable.

En dépit de ces catastrophes répétées, on peut croire que les dirigeables ne seront pas à jamais abandonnés malgré l'avènement de leurs rivaux, les appareils plus lourds que l'air, et que l'on parviendra à rendre leur usage moins dangereux grâce à l'expérience si durement acquise et qui permettra d'éviter dans l'avenir d'autres malheurs.

Si nous voulons maintenant résumer les résultats obtenus par l'aérostation au cours du xixe siècle, nous rappellerons succinctement les records, comme on dit aujourd'hui, des voyages aériens effectués avec les ballons sphériques et les dirigeables, dans les deux sens, c'est-à-dire le parcours horizontal et la hauteur atteinte.

Jusqu'en 1870 le plus long parcours exécuté par un aérostat avait été celui du ballon-poste *la Ville d'Orléans*, monté par Rolier et Bezier et qui atterrit en Norvège, à 1200 kilomètres de Paris, record qui ne fut battu qu'en 1898, par Mallet et Castillon de Saint-Victor, de Paris à Vestervik (Suède) 1350 kilomètres.

En 1900 cette distance fut portée à 1925 kilomètres par M. de la Vaulx et Castillon, qui atterrirent en Russie près de Kiev. Elle fut plusieurs fois approchée dans les années qui suivirent, lors des concours pour la coupe Gordon Bennett, notamment par Hawley, mais ce n'est qu'en 1912 qu'elle fut dépassée, par Dubonnet d'abord, qui parcourut 1958 kilomètres, puis par Bienaimé et Leblanc avec 2191 et 2000 kilomètres.

En 1913, Rumpelmayer, accompagné de Mme Goldschmidt, allait de la Motte-Breuil, près de Compiègne, à Voltchy Jar, ayant couvert 2420 kilomètres, mais quelques mois plus tard ce chiffre fut dépassé deux fois de suite par des aéronautes allemands : Kaulen d'abord qui, parti de Bitterfeld en Allemagne, alla descendre en Russie, à 2827 kilomètres, et ensuite Berliner, qui franchit le cap des 3000 kilomètres en allant d'une seule traite en, 47 heures, de Bitterfeld à Kirkishav, à l'est de Perm. Depuis cette époque, aucune ascension n'a atteint pareille étendue, sauf par les dirigeables, notamment le R L 3, de Friedrichshafen à Lakehurst, 4100 kilomètres en 53 heures.

En ce qui concerne l'altitude, ce sont les sphériques qui se sont élevés le plus haut. L'altitude de 7000 mètres fut atteinte pour la première fois par les aéronautes Robertson et Lhoëst, en 1803, puis par Gay-Lussac l'année suivante et enfin par Barral et Bixio, en 1850. Glaiser et Coxwell, en 1862, dépassèrent 8000 mètres, puis ce furent Sivel et Crocé-Spinelli, en 1874. Ces derniers devaient périr l'année suivante au cours d'une autre ascension en compagnie de Gaston Tissandier, à bord du *Zénith* de funèbre mémoire, car ce dernier revint seul de l'expédition.

Les 9000 mètres furent franchis en 1894 par le physicien allemand Berson d'abord, qui devait, avec le capitaine Süring, s'attribuer le record définitif de la hauteur à l'aide d'un ballon de 8400 mètres cubes gonflé à l'hydrogène et qui les emporta jusqu'à 10800 mètres en 1901, hauteur à laquelle touchèrent presque en 1913 Bienaimé, Senoucques et Schneider, qui atteignirent 10500 mètres. Mais la palme revient malgré tout à un simple ballon-sonde non monté, lancé par l'Observatoire de Pavie et qui s'éleva à la stupéfiante hauteur de 38000 mètres.

Nous terminerons ce chapitre par l'histoire d'une invention connexe à celle des ballons et qui a été réalisée à la même époque : le parachute encore utilisé aujourd'hui comme la bouée de sauvetage des aviateurs.

Bien qu'on attribue généralement l'idée du parachute à l'aéronaute Jacques Garnerin, né à Paris en 1769, il faut reconnaître que l'idée d'une vaste surface, tente ou parasol, pouvant freiner considérablement la chute d'un corps pesant abandonné à lui-même dans l'espace avait déjà été entrevue, notamment par Léonard de Vinci et l'architecte italien Fauste Veranzio, qui en ont tracé des croquis. En 1873, à Montpellier, le physicien Sébastien Lenormand avait même osé se jeter du haut de la tour de l'observatoire de cette ville cramponné au manche d'un vaste parasol. Mais c'est Garnerin qui a fourni la première démonstration expérimentale de l'efficacité de ce moyen en se laissant tomber d'une grande hauteur, après s'être séparé du ballon qui l'avait enlevé avec son appareil.

En se déployant, le parachute prit un mouvement d'oscillation si effrayant qu'un cri d'épouvante échappa aux spectateurs et que des dames se trouvèrent mal. Cependant la descente s'opéra sans accident et l'expérimentateur reprit terre dans la plaine de Monceau, d'où il revint au parc rassurer les assistants, qui lui témoignèrent toute l'admiration que méritait son courage.

Pendant tout le XIXᵉ siècle, le parachute ne servit qu'à corser l'intérêt des « fêtes aérostatiques » dont l'ascension d'un ballon monté constituait la principale at-

Parachute, d'après une estampe
du XVIIᵉ siècle.

traction. Avant de larguer la corde retenant la coupole de soie suspendue au flanc du ballon, le pilote de celui-ci ouvrait la soupape et se mettait en descente. Le parachute se déployait alors progressivement, et ce n'était qu'après qu'il s'était entièrement ouvert que les deux appareils se séparaient l'un de l'autre.

La dernière guerre a mis en évidence l'utilité du parachute, et bien des observateurs montant des ballons captifs ont dû la vie à cet instrument justement dénommé le *sauveteur aérien*, par l'aéronaute Capazza. Lorsqu'un projectile ennemi avait incendié l'aérostat, l'occupant de la nacelle sautait dans le vide et regagnait le sol soutenu par la vaste surface concave formant frein.

Le parachute a été l'objet de recherches attentives au cours des dernières années qui viennent de s'écouler et son emploi est devenu réglementaire dans l'armée. Il n'est même pas de réunion ou de *meeting* d'aviation où ne soit donné le spectacle de hardis parachutistes, des jeunes filles quelquefois, qui lorsqu'un avion file à plus de 100 kilomètres à l'heure se précipitent dans le vide en déclanchant le système de déploiement de leur parachute grâce auquel ils regagnent le sol sans le moindre danger, ce qui fournit la démonstration de l'efficacité de ce curieux et utile appareil.

CHAPITRE VIII

L'AVIATION

LES PRÉCURSEURS — LES HOMMES VOLANTS — PÉNAUD
LILIENTHAL — MOUILLARD — FERBER — CHANUTE — WRIGHT
ADER — LANGLEY — BLÉRIOT — FARMAN

Bien longtemps avant que les frères Montgolfier n'eussent
lancé leur aérostat à air chaud au-dessus des coteaux
d'Annonay, de nombreux chercheurs s'étaient efforcés de
combiner un mécanisme pouvant permettre à l'homme de
s'élever librement dans l'air et d'y évoluer à son gré.
Depuis la fable de Dédale et d'Icare, l'histoire a enregistré
de nombreux essais, constamment terminés par des échecs
et des accidents, comme ceux de J.-B. Dante de Pérouse,
Olivier de Malmesbury, le danseur de corde Allard, le
chanoine Desforges, dont la machine semblait d'autant
plus coller au sol qu'il en agitait plus désespérément les
ailes, le serrurier Besnier de Sablé, le marquis de Bacque-
ville et d'autres encore, persuadés que le vol humain était
possible.

On y croyait d'ailleurs encore au xixᵉ siècle, et plusieurs
hommes volants ont été la victime de leur confiance en
des conceptions chimériques, tels de Groof à Londres,
en 1879, qui tomba de mille pieds de haut lorsque la corde
qui le rattachait à un ballon eut été larguée par l'aéronaute, et qui se fracassa les os dans cette chute effroyable.

La première démonstration scientifique du principe de l'aviation : l'ascension d'une machine dans l'air remonte à l'année 1783, et fut donnée devant l'Académie des sciences par deux inventeurs nommés Launoy et Bienvenu. C'était la combinaison de deux hélices en plumes mises en rotation par le jeu d'un arc en baleine forçant en se débandant l'axe de ces hélices à tourner comme une toupie. C'était le principe de ce qu'on a appelé depuis l'*hélicoptère*, mais toute l'attention se portait alors sur les expériences de Montgolfier et du professeur Charles, et on n'accorda aucune attention à ce que l'on considérait comme un simple jouet.

Cette idée devait être reprise plus tard, en 1863, par un autre chercheur, M. Ponton d'Amécourt, auquel étaient venus se joindre deux autres personnalités : G. de la Landelle, ancien officier de marine et le photographe Nadar. Ces trois personnes, convaincues que l'hélice ascensionnelle était la clé de la navigation aérienne, s'associèrent pour fonder ce qu'ils appelèrent le *triumvirat hélicoptéroïdal*, et ils lancèrent dans le public le fameux manifeste de l'*autolocomotion aérienne*, qui causa une sensation profonde dans le monde entier et les aida à fonder la *Société française de navigation aérienne* qui existe encore aujourd'hui. Voici ce que disait, entre autres, ce manifeste :

« Pour lutter contre l'air, il faut être spécifiquement plus lourd que lui.

« De même que, spécifiquement, l'oiseau est plus lourd que l'air dans lequel il se meut, ainsi l'homme doit exiger de l'air son point d'appui. Pour commander à l'air au lieu de lui servir de jouet, il faut s'appuyer sur lui et non pas lui servir d'appui. En locomotion aérienne comme ailleurs on ne s'appuie que sur ce qui résiste. L'air nous fournit amplement cette résistance, l'air qui renverse les murailles, déracine les arbres centenaires et fait remonter par le navire les plus impétueux courants.

« La première nécessité, pour l'autolocomotion aérienne

est donc de se débarrasser d'abord absolument de toute espèce d'aérostat. Ce que l'aérostation lui refuse, c'est à la dynamique et non à la statique qu'il faut le demander. C'est l'hélice, la *sainte hélice*, comme l'a dit un jour un mathématicien illustre, qui va nous emporter dans les airs; c'est l'hélice qui entre dans l'air comme la vrille dans le bois emportant avec elle, l'une son moteur, l'autre son manche. Veuillez supposer des pales de matière et d'étendue suffisantes pour supporter un moteur quelconque vapeur, éther, air comprimé, etc., que ce moteur ait la permanence des forces employées dans les usages industriels, et en le réglant à votre gré, comme le mécanicien fait de sa locomotive, vous allez monter, descendre ou rester immobile dans l'espace selon le nombre de tours de roue que vous demanderez par seconde à votre machine. Nous ne nous aviserons pas de fixer, même approximativement, la rapidité future des appareils. Que la pensée cherche seulement à évaluer, d'aussi loin que ce soit, la marche probable d'une locomotive glissant dans les airs sans déraillements possibles, sans mouvement de lacet, sans le moindre obstacle; — supposez que cette locomotive se rencontre dans sa route au milieu et dans le sens d'un de ces courants qui font jusqu'à 30 et 40 lieues à l'heure, — additionnez ensemble ces données formidables et votre imagination va reculer en ajoutant encore à ces vitesses vertigineuses la rapidité d'une machine tombant dans un angle de descente de 4 à 5000 mètres par gigantesques zigzags et faisant le tour du monde en quelques enjambées fantastiques!... »

Cet énoncé était séduisant, mais les promoteurs de l'hélicoptère à grande vitesse négligeaient le point essentiel qui était le moteur. Or, en 1863, il n'existait aucun moteur léger, et en fait il a fallu arriver à l'année 1923, c'est-à-dire un laps de soixante années, pour voir un appareil à hélices ascensionnelles quitter le sol en emportant son conducteur. Pendant ce long espace de temps, on n'a pu réussir à enlever que des modèles de taille réduite et non montés, tel que celui des frères Dufaux, que gardent les galeries du Conservatoire des arts et métiers, et l'hélicoptère de l'ingénieur italien Forlanini, qui, en 1878, s'éleva à une quinzaine de mètres de hauteur. Dans ce système, le moteur à deux pistons actionnant les hélices par un train d'engrenages d'angle, recevait de la vapeur à haute pression d'une chaudière qui restait à terre, alors que dans celui à moteur à pétrole des frères Dufaux, l'hélicoptère emportait son moteur.

C'est donc par un moyen tout différent, utilisant de toute autre manière la force portante de l'air à laquelle le triumvirat hélicoptéroïdal voulait faire appel, que l'on est parvenu à créer la navigation aérienne mécanique ou aviation, qui recourant à un principe nettement différent de l'aérostation, dite principe du *plus léger que l'air*, est appelée par suite *plus lourd que l'air*. La sustention de la machine volante dans l'espace résulte de son déplacement rapide; c'est la composante de sa vitesse avec la résistance opposée par l'air à son avancement, et cette sustention est due, comme dans les cerfs-volants, à l'action de l'air sur une surface, que celle-ci se déplace rapidement par rapport à l'air immobile ou qu'elle demeure fixe alors que c'est l'air qui souffle plus ou moins fort et glisse sous la partie inférieure de cette surface.

L'idée des machines volantes mécaniques est aussi vieille que le monde, peut-on dire, mais ce n'est qu'en 1809 que l'on trouve dans le *Journal de Nicholson* publié en Angleterre, une première étude théorique des appareils plus lourds que l'air. Elle était due au mécanicien Cawley, qui établit le plan d'une machine devant fonctionner d'après ce principe, et cette machine fut réalisée sous forme de modèle à échelle réduite par Henson, en 1848. C'est le premier *aéroplane* connu. Il comportait deux vastes surfaces planes disposées à droite et à gauche d'une cabine contenant la machine à vapeur actionnant des hélices dont la traction devait obliger les plans à glisser sur l'air, leur bord antérieur un peu plus élevé que l'arrière. Une vaste surface triangulaire pouvant s'incliner dans tous les sens et disposée derrière les plans horizontaux était destinée à jouer le rôle de régulateur de vol et de gouvernail équilibreur.

Il est inutile d'ajouter que cet appareil ne fut jamais construit à la grandeur voulue pour pouvoir soulever une personne et que, s'il l'eût été, il n'aurait certainement pas pu quitter le sol en raison de l'absence de tout dispositif rationnel d'équilibre. Il en fut de même pour tous les aéroplanes qui furent édifiés dans la suite, et dont les plus remarquables furent ceux de Tatin et du professeur américain Langley, construits et expérimentés en 1896. Le premier, qui fut établi avec la collaboration du professeur Richet, atteignait un poids de 33 kilos pour une envergure de 6m.60. Il vola parfaitement sur un parcours de 140 mètres, à l'allure de 18 mètres par seconde, mais alors un déséquilibre se produisit qui amena sa chute. L'autre, expérimenté au-dessus du Potomac, en Amérique, possédait deux paires de plans, non pas superposés, mais placés l'une derrière l'autre, le long d'une ossature médiane renforcée par des haubans et tendeurs en fils d'acier. L'appareil, avec son moteur et ses hélices pesait 19 kilos ; il parcourut un trajet de 1200 mètres en 90 secondes, résultat considéré encore comme insuffisant, car l'essai ne fut pas renouvelé. Cependant le professeur Langley avait vu juste en affirmant que le plan était la première forme de sustenteur qu'il convenait d'étudier et qu'il y avait un apprentissage spécial du vol à faire avant que l'homme pût raisonnablement songer à se servir de ce genre de machines.

Or, déjà cette manière de procéder avait été entrevue et expérimentée par un modeste marin français, Jean-Marie Le Bris, en 1856, comme l'a raconté dans un livre intéressant le collaborateur de Nadar dans le triumvirat hélicoptéroïdal, G. de la Landelle.

« Le Bris, dit-il, était un de ces intrépides marins bretons prompts à se précipiter dans tous les dangers, infatigables à la peine, opiniâtres en leurs travaux, admirables d'énergie et de dévouement. Il avait une imagination ardente et s'éprit d'assez bonne heure de l'idée de fabriquer un oiseau artificiel capable de le porter, dont il mettrait les ailes en mouvement à l'aide de leviers et d'un système de pouliage. Il jouissait alors d'une modeste aisance. Aventureux et enthousiaste comme il l'était, il la compromit dans la construction d'un premier appareil demeuré légendaire : — légère nacelle munie de deux grandes ailes et d'une queue, et qu'il ne tarda pas à expérimenter avec une admirable confiance.

« L'envergure des ailes de cette machine n'était pas moindre de 15 mètres, ce qui correspondait à une surface d'environ 20 mètres carrés. L'inclinaison des ailes par rapport au corps de l'oiseau, qui mesurait 4 mètres de longueur, était modifiable à l'aide d'un levier.

« Un jour, à Tréfeuntec, non loin de Douarnenez, il fit remorquer son appareil par une charrette attelée d'un bon trotteur. Ayant manœuvré son levier pour donner la meilleure inclinaison aux ailes et le vent étant très vif, l'oiseau s'enleva subitement comme un cerf-volant, et une corde flottante ceignit le conducteur de la voiture assis sur le siège, et l'entraîna dans les airs à plus de cent mètres de hauteur. L'aviateur improvisé, qui criait miséricorde, fit l'office du poids nécessaire au succès d'une expérience qui, malheureusement, ne fut jamais renouvelée dans les mêmes conditions.

« Le Bris, par humanité, avait dû l'interrompre. Il déposa à terre sans difficulté son homme épouvanté par cette ascension subite et qui du reste n'eut aucun mal, car l'oiseau lui-même redescendit sans avarie sérieuse, seule l'extrémité d'une des ailes fut légèrement endommagée en heurtant le sol. »

Le marin breton ne poussa pas plus loin ses essais, mais

il avait semé une idée féconde, qui devait être reprise une dizaine d'années plus tard par un mécanicien allemand, Otto Lilienthal. Entre temps, certains travaux théoriques de la plus haute importance avaient été soumis à l'Académie des sciences par Alphonse Penaud, qui réussit, dès l'année 1872, le premier modèle d'aéroplane ayant pu voler par ses seuls moyens. Ce *planophore* comportait deux plans sustenteurs et équilibreurs disposés l'un derrière l'autre sur un roseau servant d'épine dorsale. Une hélice à deux pales, actionnée par un faisceau de caoutchouc tordu, assurait la propulsion.

Penaud, malheureusement, mourut très jeune, en 1876, au moment où il se proposait d'étudier les dispositions à donner à un aéroplane à moteur; toutefois ses travaux ne tombèrent pas dans l'oubli et furent utilisés avec fruit par ses continuateurs. Il résulta donc que deux principes s'imposèrent pour la construction d'un appareil plus lourd que l'air.

1° La méthode due à Le Bris, et dont Lilienthal s'inspira;

2° La théorie de la sustention due à Penaud.

S'appuyant sur ces principes, deux écoles se manifestèrent : l'une voulant d'abord apprendre à voler en complétant les essais ébauchés par Le Bris; l'autre, prétendant, d'après les théories de Penaud, construire immédiatement des machines volantes.

C'est en 1867, à Auklam en Poméranie, que le mécanicien Lilienthal s'apprit à guider la trajectoire décrite par un planeur de grande surface auquel il se suspendait par les bras. Son but était d'étudier les mouvements de l'air afin de déterminer les réflexes à l'équilibre et établir les conditions de stabilité à réaliser pendant le vol. Durant trente années consécutives, Lilienthal poursuivit ses expériences et exécuta plus de deux mille vols à l'aide de surfaces de différentes formes, d'ailes simples ou doubles avec gouvernail. Il était ainsi parvenu à surmonter de nombreuses difficultés. Ces glissades sur l'air, qui n'étaient que de 15 mètres au début, arrivèrent à dépasser 800 mètres, lorsque, le 9 août 1896, au cours d'un vol, la rupture subite d'un hauban tendeur entraîna le capotage et la chute du planeur d'une hauteur d'une dizaine de mètres. L'expérimentateur eut la colonne vertébrale rompue dans cette chute et il mourut quelques heures plus tard.

Or, à cette époque, un ingénieur de souche française, installé en Amérique, Octave Chanute, s'occupait à rassembler tous les documents sur l'aviation qu'il pouvait se procurer, et c'est ainsi qu'il fut à même de connaître et d'apprécier les travaux de certains chercheurs, notamment d'Auguste Mouillard, professeur de dessin au Caire, qui avait fait les observations les plus curieuses sur le vol des grands oiseaux planeurs, notamment celle du gauchissement de l'extrémité des ailes des vautours traçant de larges orbes dans le ciel d'Égypte. Chanute résolut de vérifier l'exactitude de ces données; il construisit d'après ces indications plusieurs appareils successifs, qu'il fit essayer par des jeunes gens plus lestes qu'il ne l'était en raison de son âge, par un nommé Herring d'abord, ensuite par deux frères établis constructeurs de cycles à Dayton, dans l'Ohio : Wilbur et Orville Wright.

Instruits des travaux de leurs prédécesseurs, méthodiques et énergiques, ces deux frères apprirent d'abord à se familiariser avec le vol sans moteur comme l'avait fait Lilienthal, mais, au lieu de se tenir engagés à mi-corps entre les ailes, ils se tinrent couchés horizontalement entre elles. Cette simple modification les obligea à doter leur appareil d'un plan équilibreur disposé en avant des ailes, qu'ils doublèrent en superposant les plans dans le sens vertical, imaginant ainsi les premiers biplans. Ces ailes pouvaient se gauchir en sens inverse l'une de l'autre, ce qui paraissait indispensable pour faciliter les virages, et ils en augmentèrent peu à peu les dimensions qui passèrent de 15 mètres carrés à 25, puis 28, ce qui leur permit, en 1902, d'exécuter des vols de plus de 100 mètres d'étendue.

Forts de leur expérience, aguerris dans la connaissance des mouvements de l'air, ils osèrent alors passer au vol mécanique.

En 1903, après quelques essais avec un appareil de 50 mètres carrés et un moteur de 22 chevaux, les Wright réussirent un premier vol d'une minute avec une vitesse de 18 mètres par seconde, soit 50 kilomètres à l'heure.

L'année suivante, ils exécutèrent leur premier vol en circuit fermé sur environ 5 kilomètres de développement, et en 1905, ayant arrêté la forme définitive de leur appareil, ils portèrent l'étendue de leurs vols à 50 kilomètres franchis en 38 minutes. A ce moment, désireux de cacher ce qu'ils croyaient être un secret et se croyant très en avance sur les autres chercheurs, les deux frères résolurent

de monnayer leur invention, mais quand ils se présentèrent en France, où ils cherchaient à vendre leurs brevets, ils furent fort étonnés de se voir bientôt égalés puis surpassés. Que s'était-il donc produit dans notre pays depuis dix ans? Il s'était produit qu'un autre appareil avait volé, dont l'inventeur s'appelait Clément Ader.

Ader, né à Muret en 1840, avait constamment porté ses idées vers la navigation aérienne, et il voulait doter la France de ce progrès, car il était convaincu que sera maître du monde celui qui sera le maître incontesté de l'air. Tout d'abord il exerça avec autorité la profession d'ingénieur, puis, lorsque le téléphone fut connu et commença à se répandre, il imagina un modèle à haut rendement, qui fut adopté par les services des Postes et Télégraphes de plusieurs nations. Ader résolut de consacrer la fortune qu'il avait acquise à la réalisation du rêve de ses jeunes années et un premier essai, en 1891, lui parut assez encourageant pour se lancer dans la construction de l'*avion*, que l'on peut admirer au Conservatoire des arts et métiers, dépositaire de ce modèle historique.

La forme de cet aéroplane rappelait celle d'une gigantesque chauve-souris de 15 mètres d'envergure. Son poids, en ordre de marche, était de 300 kilogs; ses propulseurs, deux hélices à quatre pales en plumes actionnées par un moteur à vapeur de 20 chevaux, qui était une véritable merveille de construction, toutes ses pièces ayant été taillées dans des blocs d'acier fin, de telle sorte que le poids ne dépassait pas 3 kilogs par cheval.

Dans l'essai officiel devant une commission de généraux nommée par le ministère de la Guerre qui subventionnait l'inventeur et devait décider de l'adoption ou du rejet de l'invention, la chaudière à haute pression fut allumée et, après quelques instants, l'*Avion*, guidé par son constucteur, s'élança sur une piste tracée au milieu du champ de manœuvre de Satory. Les roues supportant la machine quittèrent le sol, et l'oiseau artificiel libre de toute entrave s'élança dans l'espace que balayaient les rudes rafales d'automne, — on était en octobre 1897. Un coup de vent plus violent le déporta loin de la piste. Craignant un accident, Ader diminua la pression pour se rapprocher du sol en virant, mais les roues ayant mal pris le contact avec le terrain, l'extrémité d'une des ailes vint toucher le sol et se rompit ainsi que les propulseurs. Le pilote ne fut pas blessé, mais cette expérience ne fut pas moins considérée comme un échec; le ministère cessa toute subvention et l'inventeur, qui avait dépensé sa fortune et vingt ans de sa vie à ces recherches, dut abandonner son œuvre à demi achevée...

Avion moderne.

Quelle destinée prodigieuse devait être celle de cet homme qui, tout enfant, ne rêvait déjà que de conquérir les airs et devait y parvenir à force de science et de ténacité. Et comme il avait vu, en 1870, sa patrie envahie, meurtrie, vaincue, il songe que peut-être son invention pourra être le salut de cette patrie. Il veut doter la France de cette cuirasse. On l'écoute sans comprendre. Il se fait pressant, on détourne la tête. Il clame, il supplie, alors on le juge encombrant et on l'écarte... Les ans passent. D'autres chercheurs, ses cadets, peinant sur les mêmes voies subissent les mêmes épreuves ; mais en un monde qui a progressé : la matière est de meilleure qualité, moins indocile, mieux asservie, les esprits commencent à admettre qu'il pourrait avoir raison, et même l'enthousiasme vient, stimule, féconde. Les heureux, ceux qui ont enfin réussi, sont acclamés, fêtés ; lui demeure isolé. A peine s'il laisse protester ceux que blesse l'oubli et qu'irrite l'iniquité. Sa pensée n'a point varié : la France d'abord !

Les combats aériens de 1914 montrent aux moins clairvoyants que le créateur de l'avion avait vu juste. Il ne s'attarde point cependant à montrer sa sagesse incomprise ou dédaignée. Il poursuit sa croisade jusqu'à son dernier souffle, n'acceptant un hommage que pour en espérer plus de puissance à ses adjurations. Et quand la mort vient le prendre, le 3 mai 1925, on retrouve sur sa table de travail, à côté du binocle et du crayon provisoirement déposés, un calcul ébauché relatif à « l'avionnerie ». Il était dans sa quatre-vingt-cinquième année.

Mais il n'y avait pas en France qu'Ader ayant foi dans la possibilité de la navigation aérienne au moyen de machines plus lourdes que l'air. D'autres chercheurs s'étaient attaqués à ce difficile problème, entre autres le capitaine Ferber qui, dès 1896, reconnut les avantages des méthodes suivies par Lilienthal et voulut les poursuivre en réalisant avant tout des appareils stables.

Les raisonnements mathématiques amenèrent le capitaine

à adopter la forme à deux voilures superposées, comme devaient le faire un peu plus tard les frères Wright, et il obtint les mêmes résultats que l'initiateur allemand avec davantage de stabilité. Ferber passa sans plus tarder à l'édification d'un biplan à moteur; hélas! il ne disposait que d'un 6 chevaux, puissance insuffisante! Il eût fallu un moteur de 20 chevaux au moins, mais les crédits lui furent refusés pour l'achat du moteur « Antoinette » de cette puissance. Personne ne se présentant pour l'aider pécuniairement, l'officier ne put reprendre ses essais qu'en 1908, et l'on vit alors l'aéroplane, construit en 1905 et non modifié, traverser en vol tout le champ de manœuvres d'Issy, résultat qui eût pu être fourni trois ans plus tôt, avant l'arrivée des Wright en France.

Or, en 1906, des nouvelles étaient arrivées d'Amérique mentionnant, d'après des témoins oculaires, les vols effectués par les élèves de l'ingénieur Chanute. Fallait-il laisser aux États-Unis la gloire de mettre l'aviation au point?... Plusieurs de ceux qui étaient au courant de ces questions dans notre pays, Archdeacon et Santos-Dumont entre autres, ne voulurent pas admettre cette conclusion humiliante, et le dernier nommé, que ses expériences de ballons dirigeables avaient rendu populaire en France, se tourna aussitôt vers l'aviation. Il fit construire un appareil rappelant de loin les dispositions données à ses cerfs-volants cellulaires par l'Australien Hargraves, le monta sur un train de roues pour lui permettre de rouler sur le sol avant de s'envoler sous la traction d'une hélice actionnée par un moteur de 24 chevaux. Le 12 novembre 1906, Santos-Dumont franchissait par ce moyen 220 mètres, continuant ainsi l'œuvre d'Ader, qui avait franchi un peu plus de 300 mètres dix ans auparavant.

Parmi les précurseurs de l'aviation, avant Ader et Chanute, il est juste de rappeler les essais malheureux du créateur de l'hydravion, l'ingénieur Kress, qui, en 1901, faillit trouver la mort en cherchant à s'élever avec un aéroplane

monté, non sur un chariot destiné à rouler sur le sol, mais
sur une coque de bateau très légère.

Lors de son expérience, qui eut lieu sur le lac de Kulm-
bach en Autriche, l'aviateur avait mis ses moteurs en
marche à toute vitesse, déjà la coque se déjaugeait et émer-

Moteur d'aviation Panhard et Levassor de 450 chevaux

geait au-dessus de la nappe liquide quand, sans que rien
eût pu le faire prévoir, l'appareil se déséquilibra, chavira,
et coula instantanément à fond. Kress fut entraîné; mais,
grâce à un vêtement de sauvetage qu'il avait revêtu, il
revint à la surface et put être secouru. Le malheureux
inventeur, qui était âgé de plus de soixante-dix ans, était
en pitoyable état, cependant il ne se montrait aucunement
découragé; son appareil fut repêché et il déclara qu'il était

prêt à recommencer, ce qui prouve bien que, dans tout aviateur vraiment convaincu, il y a l'étoffe d'un héros et d'un martyr et qu'un inventeur est capable de sacrifier sans hésiter sa vie à ce qu'il croit être la vérité et à ce qu'il juge susceptible de l'amener au triomphe de ses idées. Cependant, doit-on ajouter, combien se trompent de bonne foi et, au lieu de faire progresser la science, retardent l'heure du succès définitif par leur entêtement dans des projets sans issue!...

On ne saurait faire l'historique, même sommaire, d'une conquête aussi importante que l'est celle de l'océan atmosphérique sans mentionner encore les travaux d'un chercheur qui en fut l'un des pionniers. En 1908, M. Esnault-Pelterie, après quelques essais infructueux d'un planeur à deux surfaces superposées, revint au type préconisé par Alphonse Pénaud, au monoplan, et il essaya à Buc un avion pour lequel il avait construit un moteur spécial. Il exécuta un vol de 1 200 mètres d'étendue à 30 mètres au-dessus du sol, mais il se blessa gravement à l'atterrissage, n'ayant pu manœuvrer à temps la commande de l'allumage de son moteur.

Un autre pionnier de l'aviation, à qui revient incontestablement l'honneur d'avoir, en traversant le premier en avion le détroit du Pas-de-Calais, donné la preuve éclatante que l'aéroplane pouvait constituer un instrument de transport rapide et pratique, c'est l'ingénieur Louis Blériot, pilote de la première heure et qui n'expérimenta pas moins de douze modèles successifs avant d'arriver au résultat espéré. Avec une ténacité inlassable, à chacune des chutes terminant des vols de quelques minutes, il répétait : « Je recommencerai! » et se remettait à l'œuvre sans se décourager. Il méritait plus que quiconque de réussir, et c'est ainsi qu'il est devenu l'un des chefs incontestés de la construction aéronautique moderne. C'est à partir de l'année 1909, où eurent lieu les premiers voyages de ville à ville, où s'illustrèrent Henri Farman, Latham, Curtis, Blériot,

Delagrange et leurs émules, que la navigation aérienne par les aéroplanes a pris tout son essor et a pu être utilisée quelques années plus tard dans le cataclysme mondial de 1914.

Nous avons retracé par quels efforts patients et longuement poursuivis pendant toute la durée du XIXe siècle les

Moteur à refroidissement par air *Jupiter* pour avion (Sté Gnome et Rhône).

inventeurs sont parvenus à réaliser des machines volantes dont l'usage est devenu assez pratique pour permettre des voyages prolongés pendant des milliers de kilomètres et assurer des services de transports publics entre des capitales éloignées avec une vitesse qui laisse loin en arrière les paquebots et les trains de chemins de fer les plus rapides. Il ne nous reste plus, pour terminer, qu'à dire quelques mots des navires de l'air perfectionnés, en usage aujourd'hui, et qui ont succédé aux appareils à cellule du début, ironiquement appelés *cages à poules* par les aviateurs.

Un avion moderne se compose donc des parties suivantes :

Les surfaces assurant la sustention, et composant la cellule ;

Les appareils assurant l'équilibre et la direction ;

Les dispositifs permettant l'envol et l'atterissage ou amerrissage ;

L'appareil moteur et propulseur.

La construction métallique tend de plus en plus à se substituer à la construction en bois uniquement employée au début de l'aviation. Des alliages nouveaux, tels que le *duralumin*, permettent de ramener le poids des pièces au minimum tout en leur assurant toute la résistance voulue, et c'est grâce à ces progrès dans la métallurgie que l'on est parvenu à construire des avions entièrement métalliques, ce qui a permis de supprimer les montants, traverses, tendeurs, etc., usités autrefois et qui opposaient une grande résistance à l'avancement.

Les plans ou ailes constituant la cellule et qui s'appuient sur l'air pendant le vol sont fixés à droite et à gauche d'une carène, ou *fuselage*, formée de longerons reliés par des entretoises, le tout étant habillé d'une étoffe légère ou recouvert de feuilles minces de bois contreplaqué. Les ailes sont composées d'une charpente solide faite d'une suite de fermes de profil spécial, de manière à donner une plus grande épaisseur au bras antérieur qu'au bord de sortie. Lorsque l'avion comporte deux plans superposés, ces plans sont reliés par des montants verticaux appelés *chandelles*.

Le procédé primitif de gauchissement des ailes par torsion a été remplacé par des volets mobiles montés sur pivots ou *ailerons*, disposés au bout des ailes sur le bord de sortie. Une commande permet de les incliner en sens inverse l'un de l'autre et d'assurer la stabilité de l'aéroplane pendant les virages.

L'arrière du fuselage porte un *empennage* contribuant à maintenir la rectitude du vol. Il est composé de deux surfaces, l'une verticale, l'autre horizontale, à la suite desquelles se trouvent des panneaux mobiles qui sont les gouvernails, le premier servant à la direction à droite ou à gauche, le second au déplacement en hauteur, ce qui lui fait donner le nom de *gouvernail de profondeur.*

Les avions terrestres ont leur fuselage supporté par deux roues dont l'essieu est muni de puissants amortisseurs : c'est le chariot d'atterrissage. Les hydravions, qui prennent leur départ d'une surface liquide sur laquelle ils viennent

Moteur d'aviation Renault de 300 chevaux.

se reposer, leur vol terminé, ont leur chariot remplacé par des flotteurs, ou c'est leur coque elle-même, en forme de carène de navire, qui remplit cet office.

Le moteur, qui représente en quelque sorte le cœur de l'oiseau mécanique, est un moteur à essence fonctionnant d'après le cycle à quatre temps, et dérivé du type utilisé pour les automobiles, modifié en raison des résultats à atteindre. On a beaucoup employé, au début, les moteurs rotatifs, dont les cylindres étaient disposés comme les rayons d'une roue et se refroidissaient en tournant rapidement sur eux-mêmes, mais aujourd'hui on leur préfère les moteurs fixes à refroidissement par circulation d'eau, qui présentent une très grande endurance et sont capables de tourner de longues heures sans défaillance.

Comme la taille des avions est allée en s'accroissant de plus en plus, il a fallu les doter d'unités motrices de plus en plus puissantes, et, pour parer à l'arrêt accidentel, à la *panne*, venant paralyser subitement le fonctionnement, employer plusieurs moteurs travaillant simultanément. C'est ainsi que l'on a établi des avions *bimoteurs*, *trimoteurs* et même *quadrimoteurs*. L'arrêt subit d'un ou même de deux de ces organes ne met pas en péril l'aéroplane, qui peut continuer son vol avec le ou les moteurs en bon état. La puissance des moteurs d'avions va de 80 à 600 chevaux-vapeur par unité, et le poids descend quelquefois au-dessous de 1 kilogramme par cheval, le rêve des partisans de l'hélicoptère de 1863 qui réclamaient « le cheval-vapeur dans un boîtier de montre », comprenant bien que la question d'un moteur léger était fondamentale pour rendre l'aviation possible.

Les organes propulseurs sont toujours des hélices, attelées directement ou par l'intermédiaire d'un dispositif d'engrenages démultiplicateurs, sur l'arbre moteur. Ces hélices sont en bois verni ou en acier profilé et comportent deux palettes, plus rarement quatre ; elles agissent par traction et sont placées, en conséquence, en avant du fuselage et des *bords d'attaque* des plans sustenteurs. Leur diamètre et leur *pas* sont calculés d'après la puissance qu'elles reçoivent et la vitesse à atteindre.

Le moteur est disposé derrière l'hélice dans la pointe avant du fuselage ou carlingue, où prend place le pilote dans les appareils dits *monoplaces*. Dans les gros avions de transport, tel que les *Goliath, super-Goliaths* et *Sabena* des frères Farman ou les Handley-Page, la carlingue, de grandes dimensions, constitue une grande et luxueuse cabine comportant douze ou seize fauteuils d'osier pour les passagers. Le pilote occupe une estrade surélevée au milieu, et la queue du fuselage contient un compartiment pour les dépêches de la poste et les colis de messageries, une cabine de radio-télégraphie et un lavabo.

Le pilote a devant lui tous les instruments de mesure, les indicateurs et les commandes agissant sur les divers organes de l'avion, c'est-à-dire : l'*altimètre*, lui indiquant la hauteur à laquelle il vogue ; le *compte-tours* du moteur, la

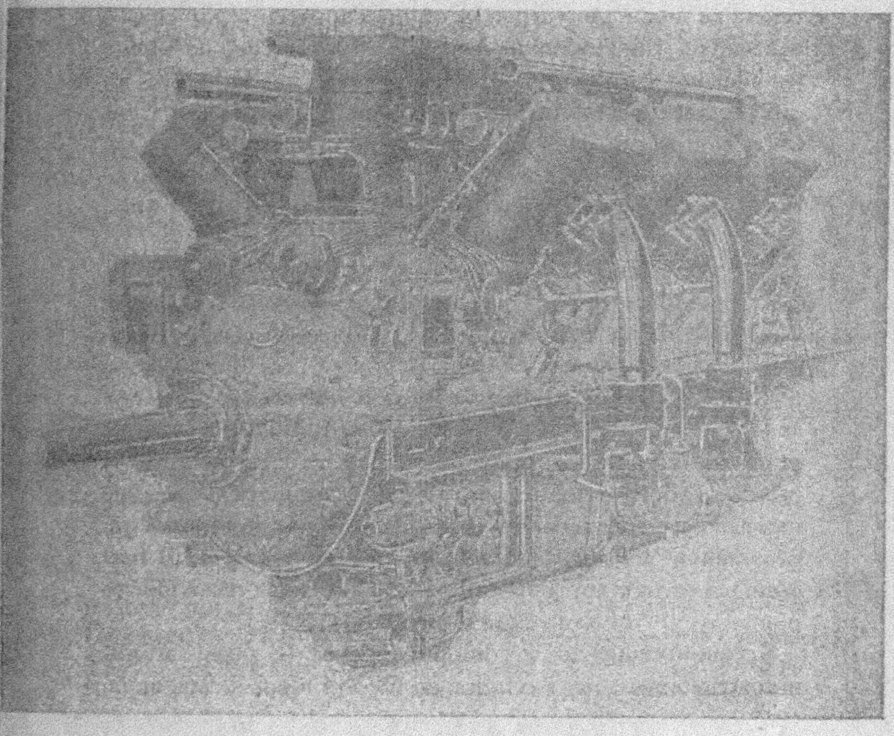

Moteur d'avion Farman de 700 chevaux.

boussole, les manomètres, le contact d'allumage, les manettes d'admission des gaz et d'avance, enfin le *manche à balai* et le *palonnier*, ce dernier se manœuvrant avec les pieds.

Le *manche à balai*, qui est remplacé dans certains types d'avions par un volant dont l'axe peut osciller à volonté d'avant en arrière autour d'une articulation fixe. Il commande les mouvements du gouvernail de profondeur dans un sens, et celui des ailerons dans un sens perpendiculaire. En tirant le manche vers lui, le pilote abaisse le gouvernail de profondeur, ce qui oblige l'avion à se cabrer et à monter; en le repoussant au contraire en avant, il relève ce même gouvernail et oblige l'appareil à piquer et à descendre. En l'inclinant à droite ou à gauche, on oblige les ailerons à s'abaisser en sens inverse l'un de l'autre, ce qui permet de rétablir l'équilibre transversal quand il vient à être compromis dans un virage ou par un remous. Enfin, en agissant sur le palonnier, on oblique le gouvernail de direction à droite ou à gauche de son plan normal et on oblige l'avion à suivre cette impulsion et changer sa route.

Ces principes semblent fort simples, mais il ne faudrait pas en déduire que la conduite d'un avion soit aussi aisée que celle d'une automobile. Le pilote aérien n'a pas à s'occuper uniquement, comme le fait le chauffeur, de sa direction à droite et à gauche; il doit *barrer* dans les trois sens pour maintenir son équilibre longitudinal, transversal et en direction, et, à moins de fatigue cérébrale intense et rapide, il doit actionner ses diverses commandes presque inconsciemment, sous l'influence instantanée de réflexes qui déclanchent automatiquement chaque mouvement. Il faut donc un certain apprentissage et des aptitudes particulières pour devenir un bon pilote d'avion.

Si maintenant nous voulons exposer le point atteint industriellement par l'aviation en France, nous dirons qu'en 1918 les services de fabrication employaient 186 000 ouvriers, alors qu'en 1910 il n'y avait que 31 usines de constructions d'aéroplanes. Ce que les meetings, les courses et les « coupes » diverses n'auraient pu réaliser qu'en un temps très long, la guerre l'obtint sous la pression de la nécessité, et les améliorations réalisées permirent, au lendemain de l'armistice, et pour utiliser le stock de matériel devenant sans emploi, de créer l'aviation commerciale.

Un système de locomotion quelconque permettant les

transports en commun, forcément moins coûteux que le transport individuel, ne présente d'intérêt à notre époque qu'autant qu'il répond à deux conditions primordiales d'établissement : la régularité du service et la sécurité. Celle-ci exige que la machine volante soit parfaitement stable, avec des moteurs peu sujets à des défaillances, enfin de maniement sûr aux instants de l'envol et de l'atterrissage. Le principal danger de la navigation aérienne c'est la brume, restreignant la visibilité du sol, mais on peut y parer par l'usage de la T. S. F. et des câbles-guides de Loth. Il est indispensable que les routes suivies par les services réguliers d'avions soient équipées au sol et pourvues de repères guidant les pilotes, de phares puissants, de manches à vent indiquant la direction du vent, enfin de terrains d'atterrissage et d'aéro-gares bien outillées.

Enfin, un point de première importance réside dans l'organisation d'un service météorologique complet, en relations avec les observatoires, et centralisant toutes les indications utiles à transmettre aux aérogares et aux pilotes qui, constamment en communication auditive avec le sol par radiotéléphonie, seront avertis de l'état de l'atmosphère dans les régions vers lesquelles ils se dirigent. Ces conditions sont d'ailleurs observées déjà dans la plupart des aéroports, et les grandes entreprises de transports aériens : *Aircraft*, *Air-Union*, *Sabena*, etc., qui desservent régulièrement les grandes capitales de l'Europe, s'y sont conformées et possèdent un outillage qui répond à ces nécessités.

L'aviation commerciale, en raison de la rapidité qu'elle assure aux communications entre des pays très éloignés, l'impose en raison de cette supériorité de vitesse, non seulement aux passagers pressés, mais pour les lettres urgentes, les marchandises précieuses et peu encombrantes. Dans les pays neufs dépourvus de lignes de chemins de fer coûteuses à établir, l'avion peut précéder l'établissement de routes terrestres ou fluviales et constituer ainsi le précurseur de la locomotive ou du *steam-boat*.

La seule difficulté qui retarde le développement de l'aviation de transport, c'est le prix de revient encore fort élevé de la tonne kilométrique, qui est tel que, sans de larges subventions des États, les compagnies en service ne pourraient se soutenir et seraient obligées de cesser leur exploitation. Mais on peut espérer que l'on triomphera de ces difficultés lorsque les avions voleront constamment avec leur maximum de charge normale et travailleront ainsi à plein rendement.

On ne saurait douter de l'avenir réservé à la navigation aérienne quand on considère la route qu'elle a parcourue en moins d'un quart de siècle et des progrès réalisés. Tandis qu'en 1909, le « record » de distance de Wright était de 110 kilomètres et celui de la hauteur de 125 mètres, en 1925, des aviateurs américains ont fait le tour du monde par la voie des airs, ainsi que le commandant italien de Pinedo. Pelletier d'Oisy s'est élevé à 9500 mètres d'altitude, et l'adjudant Bonnet a atteint la vitesse extraordinaire de 448 kilomètres à l'heure! On peut supposer sans exagération que, dans un temps prochain, ainsi que l'a prédit l'as des as, le capitaine Fonck, on ira d'Europe aux États-Unis en une journée en volant à cette vitesse à une altitude de plus de 10 kilomètres, où la résistance de l'air se trouve considérablement réduite.

Nous conclurons en formulant l'espérance que la parole prophétique d'Ader, le « père de l'aviation », ainsi qu'on l'a justement nommé, se réalisera et que la France, qui a créé l'aérostation avec Montgolfier et Charles, l'aéronautique avec Giffard et Renard, l'aviation avec Penaud, Mouillard et Ferber, conservera la maîtrise de l'atmosphère afin d'assurer la sécurité de ses frontières et l'intégrité de son territoire. La supériorité montrée par les constructeurs et les pilotes français sur leurs rivaux étrangers est un réconfort pour notre esprit et nous fait envisager avec confiance le résultat des compétitions commerciales futures.

CHAPITRE IX

L'ÉLECTRICITÉ

VOLTA — AMPÈRE — FARADAY — JACOBI — GRAMME
MARCEL DEPREZ — G. PLANTÉ — PACINOTTI — L. GAULARD

Alexandre Volta naquit à Côme, en 1745, et montra de bonne heure les plus remarquables dispositions pour l'étude des sciences, particulièrement de la physique, si bien qu'après avoir été simple professeur, il fut nommé, en 1775, à l'âge de trente ans à peine, régent de l'École royale de sa ville natale. Il s'occupa surtout de recherches sur le fluide mystérieux qui faisait l'objet de l'attention de tous les savants de son époque, l'électricité, et imagina l'électrophore et le condensateur statique, puis l'eudiomètre et le *pistolet*, qui a gardé son nom et permettait de combiner l'hydrogène et l'oxygène et les ramener à l'état de vapeur d'eau par l'effet d'une étincelle électrique jaillissant au sein du mélange.

Une chaire de physique ayant été créée en 1779 à l'Université de Pavie, il fut invité à l'occuper jusqu'en 1819. De 1780 à 1782, il visita la France, l'Angleterre, la Hollande et l'Allemagne et concourut avec Lavoisier et Laplace à la recherche des causes qui donnent naissance à l'électricité atmosphérique, recherches qui donnèrent lieu à d'amères revendications entre le savant italien et ses deux collègues français.

C'est vers 1792 qu'il commença ses expériences sur la

singulière observation faite par son compatriote Galvani des mouvements excités dans les membres d'une grenouille dépouillée par l'interposition d'un arc métallique entre deux parties différentes du tronc, et ce sont ses remarques qui le conduisirent, par d'habiles inductions, à imaginer le premier générateur connu d'électricité dynamique, la *pile voltaïque*, qui a ouvert le champ immense des découvertes dans ce domaine alors presque inconnu. A la suite de cette merveilleuse invention, Volta fut appelé à Paris par Napoléon Ier, en 1801, et celui-ci le nomma sénateur d'Italie. Volta mourut, en 1827, à quatre-vingt-deux ans justement chargé de gloire et d'honneurs.

La théorie imaginée par Volta pour expliquer les phénomènes constatés par Galvani était fort simple et il l'avait résumée comme suit :

« Lorsque deux métaux différents sont en contact l'un avec l'autre, par suite de ce contact, par l'effet de cette hétérogénéité de nature, il y a développement d'électricité. »

Le savant physicien attribuait donc les mouvements des muscles de la grenouille non à une électricité propre à l'animal, comme le croyait Galvani, mais à la simple action du contact de deux métaux différents. En ce point il se trompait aussi comme l'anatomiste de Bologne, et c'est un autre physicien italien, Fabroni, qui trouva l'explication exacte du phénomène en donnant la théorie chimique de la pile voltaïque et montrant que l'électricité résultait de l'action oxydante due à l'air humide sur les métaux constituant l'arc avec lequel on produisait les contractions observées sur la grenouille écorchée.

Cependant cette explication, qui contredisait à la fois les théories de Galvani et de Volta, passa presque inaperçue au début, et ce ne fut que bien des années plus tard que son exactitude fut reconnue.

De quoi donc était composé ce premier générateur de courant électrique qui fournissait des résultats si différents

de ceux des machines électrostatiques à plateaux de verre
seules connues jusqu'alors pour produire ce qu'on appelait
l'électricité?...

Tout simplement d'une série de disques de cuivre et de
zinc séparés les uns des autres par des rondelles de drap
imbibé d'une solution d'acide et superposés les uns par-
dessus les autres en une haute colonne maintenue entre
trois baguettes de verre verticales implantées dans un socle

Alexandre Volta.

de bois. C'est cette disposition qui lui fit donner par son
inventeur le nom de *pile à colonne*.

Cette disposition primitive était fort incommode, aussi
songea-t-on bientôt à la modifier. Les disques furent remplacés par des plaques, et l'on constitua un *élément* de pile
en disposant une plaque de cuivre et une plaque de zinc
séparées l'une de l'autre dans une tasse ou tout autre récipient rempli d'eau acidulée. On composait une *batterie*
en réunissant les uns aux autres un plus ou moins grand
nombre de ces éléments. L'une des plus puissantes batteries connues fut celle établie, en 1807, pour la Société

11

Royale de Londres, et qui se composait de deux mille couples de plaques, d'un décimètre carré de surface chacune. Avec cette source de courant, le grand chimiste anglais, Humphry Davy, découvrit l'*arc voltaïque*, et analysa plusieurs sels métalliques dont il fixa la composition.

Le courant électrique résultant de la décomposition de l'eau par l'action d'un acide sur un métal, dès que la réaction s'affaiblissait, l'acide étant neutralisé et formant du sulfate de zinc, il se dégageait des bulles d'hydrogène venant entourer comme d'une gaine isolante la plaque métallique inattaquée, et alors le courant devenait de plus en plus faible. C'est pour combattre cet effet désastreux, appelé *polarisation de la pile*, que de nombreux inventeurs cherchèrent à combiner des réactions ou des dispositions évitant ou retardant cette fâcheuse polarisation. C'est ainsi que Grove imagina la pile à deux liquides à électrode de platine, remplacée plus tard par le charbon de cornue, amélioration due au chimiste allemand Bunsen, que Poggendorff remplaça l'eau acidulée par une solution de bichromate de potasse, que Becquerel composa la pile au sulfate de cuivre, simplifiée plus tard par Daniell, puis Callaud, que Leclanché recourut au peroxyde de manganèse, Marie-Davy au sulfate de mercure. On peut évaluer à plus de deux mille le nombre de systèmes de piles, dérivés de l'invention de Volta et qui ont vu le jour dans le cours du XIXᵉ siècle et sont aujourd'hui tombés en complète désuétude par suite du développement pris par les distributions d'énergie à domicile.

Cependant, ce phénomène de la polarisation des piles chimiques fut mis à profit par un jeune savant qui s'était déjà fait connaître par des recherches originales : Gaston Planté. Ayant remarqué que c'était le plomb qui présentait le maximum de polarisation, Planté eut l'idée ingénieuse de la produire volontairement et d'en tirer parti ensuite.

Né à Orthez (Basses-Pyrénées), en 1834, Gaston Planté fit ses études au lycée Charlemagne, à Paris, puis, après avoir obtenu le grade de licencié ès sciences, il se livra tout entier, dès l'année 1855, à l'étude de l'électricité. En 1860, à peine âgé de vingt-six ans, il présentait à l'Académie des sciences un rapport où il exposait l'invention de la *pile secondaire*, ou accumulateur. Cette découverte aurait suffi à elle seule à illustrer dans le monde entier le nom de Planté, mais il ne devait pas se borner à cette conquête unique, et quelques années plus tard il fit connaître sa *machine rhéostatique*, composée par la réunion d'un certain nombre de condensateurs de mica accouplés en série, comme les éléments d'une batterie de piles primaires ou secondaires.

Avec ces deux inventions, Gaston Planté avait entre les mains les éléments d'une fortune ; il n'y vit qu'une source de travail, et il les utilisa pour essayer de reproduire avec leur aide les grands phénomènes naturels : les éclairs, la foudre globulaire, la grêle, les aurores polaires, dont les causes demeuraient mystérieuses. Il parvint à imiter, grâce à un flux d'électricité de haute tension, les feux variés des aurores boréales, le

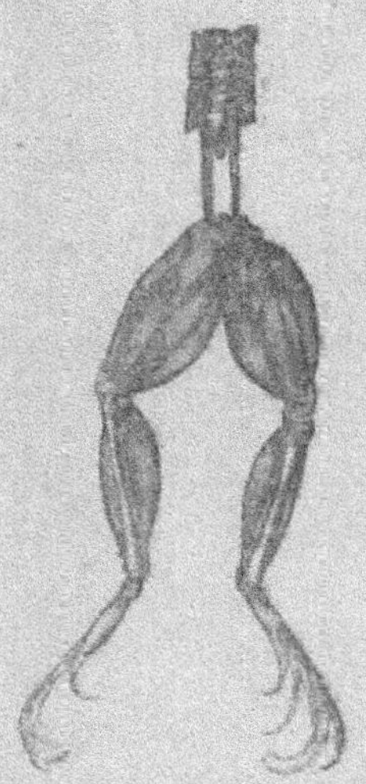
Grenouille dépouillée.

globe de l'éclair en boule dans sa marche capricieuse, les gouttelettes d'eau, principes de la grêle, et se montra un précurseur dans la théorie électromagnétique de l'univers. Toutes ces expériences et toutes ces vues philosophiques, il les exposa dans deux ouvrages qui ont marqué dans la science : les *Recherches sur l'électricité* et les *Phénomènes électriques de l'atmosphère*.

Inventeur, expérimentateur, écrivain, philosophe, Gaston Planté réunissait ces différents caractères au plus haut point. Il avait les larges conceptions de l'inventeur, l'imagination ardente et les vues profondes du penseur. Dans

les expériences, ou dans la construction de ses appareils,
il prévoyait en même temps les détails et l'ensemble, la
cause et les effets, les principes et les déductions.

Il est juste de reconnaître que plus heureux en cela que
la plupart des hommes qui ont enrichi la science d'aperçus
nouveaux et féconds, Planté vit son mérite reconnu et consacré par des distinctions de tous genres : lauréat de l'Académie des sciences et décoré de la plupart des ordres français et étrangers. L'illustre Hervé Mangon avait dit de lui
au ministre du Commerce d'alors : « Je ne crois pas exa-
gérer en affirmant que M. Planté est un des plus grands
inventeurs de notre temps ! »

Après le savant, il faut admirer l'homme dont le désintéressement était tel, qu'il ne retira jamais aucun bénéfice
pécuniaire de ses inventions et ne conservait de ses revenus
que l'indispensable. C'est ainsi qu'il donna en entier son
prix de 10000 francs et vendit sa grande médaille d'or, qu'il
considérait comme un capital improductif, pour en distri-
buer le montant aux pauvres.

Gaston Planté donnait la dernière main à un travail sur
le magnétisme terrestre, lorsqu'au début de 1889 un affai-
blissement de la vue, causé par les décharges brillantes de
ses appareils vint lui faire craindre la cécité absolue. Il
s'initia aussitôt à la méthode des aveugles pour pouvoir
continuer quand même ses études, quand, le 21 mai, une
congestion séreuse le foudroya dans son jardin de Bellevue.
Il disparaissait ainsi dans toute la plénitude de son talent
et causant une perte irréparable à la science.

La différence que présente l'électricité dégagée par les
réactions chimiques dans les piles primaires à acides avec
celles des machines statiques à frottement, c'est que, dans
celles-ci l'électricité n'apparaît que sous forme de *charges*
de très haute tension, se répandant à la surface des conducteurs, tandis que, dans les piles, elle s'écoule avec une très
faible tension, comme ferait un courant d'eau circulant dans
une conduite ; la *force électromotrice* résultant des réactions

chimiques mises en jeu ne dépasse pas 2 *volts* (unité de force électromotrice) dans les piles, alors que la tension des charges statiques, elle, dépasse souvent 50000 volts, mais avec une intensité insignifiante : quelques millièmes d'ampère au plus (unité d'intensité), alors que le débit des piles atteint plusieurs ampères.

En 1821, on ne connaissait d'autres moyens d'obtenir de l'électricité que les piles et les machines statiques. C'est alors qu'un physicien anglais, Michel Faraday, né à Newington-Butts, près de Londres, en 1791, porta ses recherches sur un phénomène constaté quelques années auparavant par le professeur danois Œrsted, l'action exercée par un aimant sur l'aiguille aimantée, et commença, concurremment avec Am-

Pile de Bunsen composée de quatre éléments.

père, en France, l'étude des phénomènes électromagnétiques, qui eut des conséquences imprévues sur le développement ultérieur de toute l'électrotechnique.

Au début de sa carrière, Faraday avait suivi les leçons d'Humphry Davy, à qui il avait envoyé ses rédactions en le sollicitant de l'aider à sortir de la position précaire où il se trouvait. Davy l'accepta comme aide-préparateur de ses cours et l'emmena avec lui dans un voyage d'études au pays de Volta, en Italie. Les premiers travaux de Faraday se portèrent sur la liquéfaction des gaz, considérés alors comme permanents et il liquéfia ainsi l'acide carbonique, le protoxyde d'azote et le chlore. Ce fut ensuite qu'il s'engagea dans l'étude de l'électricité et formula les théories de l'électromagnétisme, ou action des aimants sur les courants électriques, et de ces courants sur les aimants. En 1823, il formula le principe auquel il a donné son nom et qui constitue la loi principale de l'électrolyse. En 1832, il découvrit les phénomènes de l'induction, produits dans un circuit métallique par un courant, par un aimant ou par la terre, et émit une théorie nouvelle de l'électrisation par influence.

Les deux dernières découvertes de Faraday furent celles de l'action exercée par un aimant sur la lumière polarisée et celle du diamagnétisme. Elles datent de 1845. Le grand physicien devait encore rester de longues années l'une des lumières de la science et le membre le plus écouté de la Société Royale de Londres, car il ne disparut qu'en 1867, après avoir illustré son pays et enrichi la science d'observations précieuses.

André-Marie Ampère, dont la gloire éclipse celle du savant anglais, naquit à Lyon, en 1775, et dès sa plus tendre jeunesse il montra une faculté prodigieuse d'assimilation et de travail. Aucune science ne restait en dehors de sa dévorante activité. Il savait le latin, le grec et l'italien, possédait à fond la physique, la chimie, la mécanique rationnelle, la géométrie, les mathématiques transcendantes et s'était adonné avec une véritable passion à la philosophie. C'était un esprit universel, qui se répandait sur tous les sujets en y laissant la trace de son originalité, de sa finesse et de sa puissance. Il était aussi poète, et on a de lui des œuvres rimées appartenant à tous les genres. Il composa un poème sur l'histoire naturelle et ébaucha une poésie épique sur Christophe Colomb et la découverte de l'Amérique. Il écrivit des tragédies, des comédies, des sonnets et des charades et laissa un très grand nombre de pièces de vers empreintes de sentiment et animées d'une noble inspiration. Nous n'avons plus aujourd'hui, comme l'a très justement fait remarquer Figuier dans une étude sur ce grand homme, de ces organisations merveilleuses, capables de s'exercer dans tous les genres de la littérature, des sciences et des arts. La nécessité ou l'habitude de se confiner dans une section spéciale et unique de la science fait qu'on ne peut plus prétendre à ces connaissances encyclopédiques qui n'étaient pas rares chez les hommes d'autrefois.

En 1801, Ampère, pour vivre et assurer l'existence de sa jeune femme et de son enfant, qui devait un jour continuer brillamment son père et devenir membre de l'Institut, Ampère avait accepté la place modeste de professeur de physique au lycée de Bourg, qu'il abandonna

Batterie secondaire de Gaston Planté.

l'année suivante pour le même emploi, à Lyon, où il retrouva sa petite famille. Mais sa femme était atteinte d'une redoutable maladie de poitrine, la phtisie, et elle succomba, en 1804, emportant avec elle le bonheur du pauvre savant.

C'est alors qu'il se décida à venir à Paris, où le mathématicien Delambre lui fit obtenir le poste de répétiteur d'analyse à l'École polytechnique, qu'il échangea bientôt pour celui de professeur. C'est à ce sujet que l'on a rappelé les nombreuses distractions dont il était coutumier, à la grande joie de ses élèves. « Il ne manquait jamais, a dit Arago, quand il avait terminé une démonstration au tableau, d'essuyer les chiffres avec son mouchoir et de remettre dans sa poche le torchon traditionnel, après s'en être toutefois préalablement servi. »

On le vit une fois prendre le fond d'un fiacre pour un tableau noir, y tracer à la craie des formules mathématiques et suivre le tableau ambulant pendant un quart d'heure sans s'apercevoir de la marche du fiacre. Un autre jour, il avait écrit sur sa porte, pour éviter des visites : « M. Ampère est sorti, » puis il était sorti lui-même en oubliant son parapluie. Comme la pluie commençait à tomber, il revint sur ses pas, mais les mots qu'il avait écrits sur sa porte l'arrêtèrent, et après avoir inutilement sonné, il partit sous la pluie sans réfléchir qu'il avait la clé dans sa poche. Enfin, alors qu'il se rendait à son cours, il remarqua sur son chemin un petit caillou qui attira son regard et dont il examina un moment avec admiration les bigarrures. Tout à coup, le souvenir de la leçon qu'il doit donner revient à sa mémoire, il tire sa montre de son gousset, puis, s'apercevant que l'heure approche, il double précipitamment le pas, remet avec soin le caillou dans sa poche et lance sa montre par-dessus le parapet du pont des Arts. Le souvenir de ces distractions, excusables chez cet homme de génie, a souvent été rappelé.

Ampère a écrit sur des sujets tellement divers, que ce chapitre ne suffirait pas à les énumérer, mais nous devons nous borner à ses recherches sur la physique.

C'est en 1820 qu'Ampère découvrit les lois des actions que les courants exercent les uns sur les autres et qui ont conservé le nom de *lois d'Ampère*. On connaissait depuis plusieurs siècles déjà la propriété de l'aiguille aimantée de se tourner constamment vers un point voisin du pôle nord géographique, mais la cause de cette direction constante était demeurée mystérieuse, et la science des aimants, ou *magnétisme*, n'existait pas. Or, ce n'est que par hasard qu'Œrsted, dont nous avons plus haut mentionné le nom, observa, en 1819, que cette aiguille déviait fortement jus-

qu'à se mettre en croix avec sa direction ordinaire lorsqu'on en approchait un aimant. Dès que la nouvelle de
cette observation parvint à Paris, Ampère fut frappé du
fait et s'empressa, non seulement de répéter l'expérience
d'OErsted, mais de la varier de toutes les manières possibles,
et, en moins de quelques jours, il en déduisit les principes,

Gaston Planté, inventeur de l'accumulateur.

qui ont servi de fondement à l'électromagnétisme, d'où
découlent toutes les applications connues : l'électro-aimant,
la télégraphie et la machine dynamo-électrique.

Pendant plusieurs semaines après la communication que
fit Ampère à l'Académie des sciences des résultats obtenus, les savants français et étrangers affluèrent à son modeste laboratoire de la rue des Fossés-Saint-Victor, afin
d'assister à la répétition de ces curieuses expériences.

Ampère n'avait pas été absolument étranger à la grande découverte d'Arago, relative à l'aimantation artificielle du fer et de l'acier par un courant électrique, et il a prévu, avec une rare clairvoyance, sans cependant réaliser ses vues, la possibilité d'appliquer ces phénomènes aux transmissions de mouvements à distance, c'est-à-dire d'établir des communications par l'électricité, ou télégraphie.

Le grand savant, qui ne cessa pas un instant de travailler et d'exercer ses fonctions de professeur, puis d'inspecteur général de l'Université, venait de publier un ouvrage magistral : *la Classification des sciences*, quand il dut partir pour sa tournée annuelle de 1836. Sa santé donnait de vives inquiétudes, mais son fils et ses amis pensèrent que le climat du Midi lui serait favorable. Ces espérances furent cruellement déçues. Ampère arriva mourant à Marseille. Une affection de poitrine déjà ancienne dont il souffrait s'était aggravée et compliquée d'une congestion cérébrale. Malgré les soins qui lui furent prodigués au collège de Marseille, où tout le monde éprouvait pour lui la plus respectueuse tendresse, il expira, le 10 juin 1836.

Quand on étudie la vie du génial observateur des lois de l'électromagnétisme, on éprouve autant de sympathie pour l'homme que d'admiration pour le savant. Ampère a laissé un des plus frappants exemples de l'universalité du savoir humain. L'homme, qui terminait sa vie par la codification des connaissances scientifiques de son temps, a laissé la démonstration manifeste qu'un homme peut posséder toutes les sciences, non seulement d'une façon superficielle, mais en allant au fond des choses. Tel est le véritable caractère d'Ampère considéré comme savant. Quant aux qualités de son cœur, elles étaient parfaites. Sa tendresse pour ses amis était sans borne, et il étendait sa sympathie à l'humanité entière. De même qu'à dix-huit ans il avait inventé une langue universelle destinée à faire de tous les hommes des frères, à cinquante, il composait un ouvrage de morale et de philosophie où il cherchait à dissiper les causes s'op-

posant au bonheur de l'humanité en général. Enfin, comme
beaucoup de grands hommes, et malgré sa science profonde, Ampère était sincèrement religieux, et toute sa vie
il resta attaché aux croyances de son enfance.

C'est l'année suivant la mort d'Ampère que fut réalisée
une application nouvelle du courant de la pile, qui a donné

Ampère.

naissance, par la suite, à des ouvrages imprévus de l'électricité : la galvanoplastie. Déjà, il est vrai, au lendemain de
l'invention de Volta, deux physiciens anglais, Nicholson et
Carlisle, avaient réussi à décomposer l'eau par le courant,
et remarqué que les fils, plongés dans le liquide de l'appareil, se recouvraient de concrétions métalliques, mais ils
n'avaient su tirer aucune conséquence de cette remarque.
Ce fut aussi presque par hasard qu'en 1837, le physicien
allemand Moritz Hermann de Jacobi, né à Potsdam en 1801,

et qui occupait une chaire de professeur à l'université de
Dorpat, reconnut l'action de transport d'un métal sur un
autre corps par l'action du courant de la pile. Par une coïncidence singulière, cette découverte fut faite presque simultanément par un autre chercheur, Spencer, de Liverpool,
mais c'est à Jacobi qu'est resté le mérite de l'utilisation
pratique de ce phénomène.

On raconte que le savant allemand, qui s'occupait de
recherches ayant pour but de perfectionner la pile au sulfate de cuivre de Daniell, avait remarqué, sur le cylindre de
cuivre formant le pôle négatif de cet élément, un dépôt
cristallin de cuivre, qu'il attribua d'abord à la mauvaise qualité du cylindre. Il se plaignit de cette malfaçon à l'ouvrier
qui avait fabriqué ces pièces, mais celui-ci s'en défendit
énergiquement, ce qui conduisit Jacobi à examiner de plus
près la pièce critiquée, et il reconnut avec surprise que ces
dépôts reproduisaient exactement les coups de lime et de
marteau donnés sur la plaque constituant le pôle positif.
Ainsi, le sel de cuivre, en dissolution dans le liquide de
l'élément, avait été transporté, atome par atome, d'un pôle
de la pile à l'autre par l'action du courant !...

Ce fut un trait de lumière pour le professeur, bien que les
Allemands ne brillent pas ordinairement par l'intuition. Il
s'empressa de vérifier le bien fondé de sa supposition en une
suite d'expériences, et reconnut qu'il ne s'était pas trompé.
Une nouvelle propriété de l'électricité était reconnue : celle
de produire des décompositions chimiques et de transporter un métal sur un autre ou sur une surface préalablement
rendue conductrice en l'enduisant de plombagine. Cette
découverte de la galvanoplastie devait avoir des conséquences immenses et permettre la reproduction économique d'une foule d'objets, la dorure, l'argenture, le nicke-
lage des pièces de toutes formes et de toutes grandeurs
jusqu'aux statues les plus colossales, enfin elle devait être
le point de départ de toutes les transformations électrochimiques dites *par voie humide*.

L'électrochimie, *par voie sèche*, et l'électrométallurgie
devaient résulter, — mais plus d'un demi-siècle plus tard, —
d'une autre invention des plus remarquables : le *four électrique*, mais, auparavant il fallait imaginer un procédé, une
machine capable de fournir les torrents d'électricité qui
devenaient nécessaires. C'est en se basant sur les lois de
l'électromagnétisme et de l'induction, établies par Ampère,
Arago, Faraday et Lenz que furent alors imaginées successivement les machines *magnéto*, puis *dynamo-électriques*.

La première réalisation qui fut faite des principes énon-

Cuve à argenture électrique.

cés par ces savants date de l'année 1832, est due à un constructeur, nommé Pixii, qui eut l'idée de faire tourner devant
les faces d'un électro-aimant en fer à cheval un aimant
naturel à deux branches. L'électro-aimant était constitué
par un barreau de fer recourbé en U et recouvert de plusieurs couches de fil de cuivre enroulées en spires serrées.
Chaque fois que les faces polaires de cet aimant s'appro-
chaient de celles de l'électro, le fil recouvrant celui-ci était
parcouru, ainsi que le prouvait la déviation de l'aiguille
d'un galvanomètre intercalé, par un courant électrique
d'induction de très courte durée. Lorsque les faces polaires
s'écartaient, un second courant aussi instantané se mani-
festait, mais il circulait en sens inverse du premier.

Cette disposition défectueuse des pièces fut intervertie peu après par Clarke, qui rendit l'aimant permanent fixe et fit tourner devant ses branches les bobines de l'électro-aimant. En multipliant le nombre d'aimants, qu'il disposa radialement sur un bâti de fonte, M. Nollet, professeur de physique à l'École militaire de Bruxelles, composa, en 1845, une machine magnéto-électrique à courants redressés par l'intermédiaire d'une pièce ingénieuse appelée *commutateur* qui permettait aux courants de circuler toujours dans le même sens dans le circuit conduisant aux appareils d'utilisation, qui étaient des lampes à arc voltaïque destinées à l'éclairage des phares.

La question resta stationnaire jusqu'en 1865, où parut la machine de Wilde, qui comportait déjà les organes essentiels des machines dynamo-électriques modernes : l'électro-aimant inducteur et la bobine induite formée d'un cylindre de fer doux entaillé et contenant un gros fil de cuivre plusieurs fois enroulé sur lui-même longitudinalement. Cette disposition avait été indiquée d'abord par un physicien allemand, Hefner-Alteneck, mais elle est plus connue sous le nom de ses constructeurs Siéméns frères.

L'idée originale de Wilde avait été d'utiliser les courants fournis par une machine magnéto de faibles dimensions pour *exciter* et rendre actif l'électro-aimant d'une machine ne comportant pas d'aimants permanents comme la première, l'influence magnétique de ceux-ci étant fournie par la magnéto. C'était ce que l'on appela plus tard une machine dynamo-électrique à *excitation séparée*, disposition excellente pour faciliter le réglage des unités de grande puissance, mais qu'on ne tarda pas à simplifier dès qu'on se fut aperçu que le fer, constituant la masse des noyaux de ces électros inducteurs, contenait toujours des traces de magnétisme, dit *rémanent*. Dès lors, il suffisait d'emprunter à la machine elle-même une partie du courant qu'elle fournissait pour *exciter* les électro-aimants et créer le champ magnétique dans lequel devait se mouvoir la bobine tournante.

Enfin Malherbe... non, Gramme vint, et créa, en 1870, la première machine dynamo vraiment industrielle, dont l'apparition marque le début de l'ère des emplois de l'électricité dans des proportions que l'on n'eût osé prévoir, car

Machine de Wilde.

cette machine fournissait des courants continus puissants et applicables à une foule d'usages.

Zénobe Gramme naquit à Jehay-Bodegnée, en Belgique, en 1826. Simple ouvrier menuisier, et fort peu instruit, il travailla quelque temps, chez un de ses compatriotes, Van Malderen, alors directeur de la Société l'*Alliance* de

Bruxelles, et il fut frappé des effets produits par les machines construites dans les ateliers de cette entreprise. Il résolut de venir à Paris, à l'âge de près de quarante ans et d'y compléter, tout en travaillant de son métier pour gagner sa vie, l'instruction spéciale qui lui manquait.

Il avait transformé en atelier-laboratoire la cuisine de son modeste logement ; et là il s'acharnait à reproduire d'après les indications du traité de physique de Ganot, seul ouvrage à la portée de son intelligence, les phénomènes de l'électro-magnétisme et de construire la machine qu'il rêvait. Ce ne fut pas, comme on peut le penser, sans de grandes difficultés de toute espèce, matérielles et autres, que ce simple ouvrier sans instruction parvint à s'assimiler les connaissances théoriques indispensables, et à traduire ses idées personnelles en réalisations concrètes. Mais avec de la persévérance, comme disait avant lui Stephenson, on parvient au but, et ce fut ce qui arriva. Quand enfin sa dynamo *auto-excitatrice* fit enfin son apparition et montra que son fonctionnement était parfait sans l'intervention d'aucun aimant permanent, les savants crièrent au paradoxe et déclarèrent qu'elle agissait en dehors des lois qui codifiaient les phénomènes électriques, mais on reconnut bientôt qu'il ne s'agissait que d'une fausse interprétation des faits.

Déçus, les adversaires du nouveau système se rejetèrent sur d'autres moyens de le décrier, et ils prétendirent qu'il n'était qu'une simple copie d'un modèle déjà connu depuis des années, mais n'ayant fourni aucun résultat : le moteur électrique Pacinotti. La chose était exacte, l'induit imaginé par Gramme, et auquel il avait donné le nom d'*anneau*, reproduisait les dispositions de l'appareil du savant italien, mais il est inutile d'ajouter que Gramme n'était pas pour cela un plagiaire, car il avait totalement ignoré l'existence du moteur Pacinotti, qui existe encore comme pièce historique dans les vitrines du laboratoire de l'Université de Pise. Il y a des rencontres d'idées curieuses et qui se repro-

duisent fréquemment dans l'histoire des inventions; nous
en aurons encore une preuve plus tard, dans l'invention du
téléphone.

L'organe litigieux était l'induit de la dynamo, auquel

Machine Gramme.

Gramme avait donné la forme d'un *anneau*, alors que celui
imaginé par Siemens avait celle d'un *tambour*. Les fils soumis à l'action inductrice des
électro-aimants étaient roulés
par sections séparées, toutes
de même importance comme
longueur de fil et nombre de
spires autour d'un noyau magnétique en forme d'anneau.
Chaque section, ou *bobine*,
était reliée par un fil soudé
à la lame d'un commutateur,

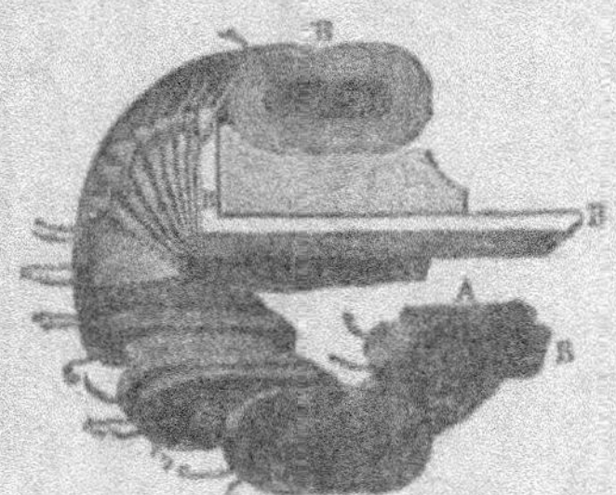

Anneau de Gramme.

ou *collecteur*, et la réunion de toutes ces lames sur un bloc
de matière isolante formait un cylindre sur lequel frot-

12

taient deux balais diamétralement opposés l'un à l'autre, et qui recueillaient chacun la totalité des courants produits dans chaque moitié de l'anneau pour les conduire aux bornes de départ et de là au circuit d'utilisation.

La dynamo fournit donc, par la disposition donnée à ses organes, du courant continu circulant toujours dans le même sens comme celui d'une pile ou d'un accumulateur, mais le souci du bon isolement de ses différentes parties empêche de dépasser un certain chiffre dans la valeur de la tension de ces courants. On emploie alors des machines sans collecteurs, fournissant des courants alternatifs de tension élevée, et qui possèdent la précieuse propriété de pouvoir subir toutes les transformations possibles de tension et d'intensité suivant le résultat à atteindre. Toutefois, cette application a été laborieuse, et l'ingénieur qui a inventé les *transformateurs statiques*, Lucien Gaulard, perdit la raison, tant il eut à lutter contre la mauvaise volonté de ses adversaires et de ses contradicteurs.

Une des grandes applications de l'électricité a été son application comme force motrice, et particulièrement à la traction des véhicules sur voies ferrées, tramways et chemins de fer. Les initiateurs de ce progrès ont été les ingénieurs Hippolyte Fontaine et Marcel Deprez, le premier, né à Dijon en 1833, l'autre dans le département du Loiret, en 1843. Fontaine, qui appartenait aux cadres de l'administration de la Compagnie du Nord, et s'intéressait tout particulièrement aux applications industrielles de l'électricité, se trouva mis en rapport avec Gramme. Une société fut fondée, dont M. Fontaine fut nommé administrateur, et, en 1873, à une exposition qui eut lieu à Vienne, fut exécutée la première expérience sérieuse mettant en évidence le principe de la réversibilité de la machine dynamo-électrique Gramme.

La réversibilité est la propriété présentée par une machine de reproduire en sens contraire le phénomène qu'elle utilise. Ainsi, pour la dynamo, si on lui fournit du travail sous forme de mouvement, elle transforme ce travail en courant électrique. Inversement, si l'on fait traverser les enroulements de fil de cette machine par un courant, elle

Marcel Deprez.

se met à tourner et fournit un travail utilisable. Dans le premier cas, c'est une génératrice; dans l'autre, c'est une réceptrice ou un moteur.

Jusqu'à l'apparition de la dynamo, tous les moteurs électriques présentés utilisaient la propriété attractive des
électros-aimants, et on avait donné à ceux-ci dans ce but
toutes les formes imaginables. Tantôt, ils attiraient des

Le tramway électrique Siemens pendant l'exposition d'électricité de 1881.

palettes de fer placées à la périphérie d'une roue qu'ils
obligeaient à tourner, tantôt ils agissaient sur une armature dont le mouvement alternatif était transformé en mouvement circulaire par le jeu d'une bielle articulée sur une
manivelle. Des centaines de brevets furent pris, de 1832
à 1890, pour des dispositifs quelquefois originaux ; mais,
comme on ne connaissait alors que les piles pour alimenter

les électros, les résultats demeurèrent constamment insuf-
fisants. Jacobi, l'inventeur de la galvanoplastie, Davidson,
Page, Gaiffe, Froment ne parvinrent pas à obtenir un rendement économique de leurs modèles et on y eût renoncé
si la dynamo n'était venue apporter une solution.

Quelques essais furent encore exécutés de 1873, à 1882,

Groupe turbo-alternateur, 6000 kw., installé à la Compagnie d'électricité
de Marseille.

à l'aide des machines Gramme, notamment par MM. Chré-
tien et Félix, à la sucrerie de Sermaize pour mouvoir une
charrue et une grue, et, en 1879, MM. Siemens et Halske
établirent à l'exposition de Berlin un petit chemin de fer
dont les wagonnets étaient tirés par une locomotive électrique; mais c'est en 1882 que Marcel Deprez transporta
pour la première fois à plusieurs kilomètres de distance,
à l'exposition de Munich, le courant d'une dynamo Gramme

actionnée par une machine à vapeur. C'était le premier pas vers le transport de l'énergie à distance.

Les résultats obtenus étant encourageants, M. Deprez poursuivit cette étude, et, en 1888, il transportait depuis Creil jusqu'à Saint-Denis, à l'aide d'une dynamo spéciale donnant un courant de 6300 volts de tension, une puissance de 55 chevaux avec un rendement de 48 pour 100. Cette expérience ne coûta pas moins de 500000 francs à la Compagnie du Nord, qui avait subventionné le savant.

M. Marcel Deprez était un mathématicien de premier ordre, et il ne s'est pas illustré seulement par ses travaux sur le transport de l'énergie à distance par l'électricité, mais aussi par des recherches originales sur nombre d'autres sujets, tels que les lois du frottement, l'équivalent mécanique de la chaleur et la thermodynamique, le mouvement circulaire, obtenu par les mouvements vibratoires, l'étude des champs magnétiques, etc. Il inventa un électro-dynamomètre de précision, un régulateur de vitesse, et, ayant remarqué les variations brusques d'aimantation de certains métaux, il émit l'idée de la possibilité de transformer directement la chaleur en électricité, qui sera peut-être un jour prochain le moyen le plus économique d'obtenir cette énergie. M. Deprez fut nommé membre de l'Académie des sciences en 1886, et professeur d'électricité industrielle au Conservatoire des arts et métiers en 1890. Il est mort, en 1918, laissant la mémoire d'un chercheur sagace et d'un grand travailleur.

Depuis cette époque, la question du transport de l'électricité à toutes distances a fait de très grands progrès, et on a utilisé cette énergie pour la commande des machines de toute espèce et la traction des véhicules. Mais le problème pratique consistait, lorsque la distance séparant la réceptrice de la génératrice devient considérable, à restreindre autant que possible la résistance offerte au passage du courant par les fils conducteurs reliant les machines, ce qui nécessite l'élévation de la tension du courant. Les dynamos ne se

prêtant pas aux tensions élevées, on fut conduit à employer
les courants alternatifs, de préférence au courant continu,
et surtout les courants alternatifs polyphasés, c'est-à-dire
décalés les uns par rapport aux autres d'une certaine quantité. Une première installation fut réalisée, en 1891, entre
Lauffen et Francfort, en Allemagne, par M. Brown à l'aide
des courants triphasés, et depuis cette époque et grâce à la
découverte des *champs magnétiques tournants*, par l'électricien italien Ferraris et le professeur américain Tesla, la
plupart des installations d'énergie utilisent des moteurs à
champ tournant alimentés à des centaines de kilomètres de
distance, par des courants polyphasés transformés jusqu'à
100000 et même 150000 volts de tension, pour rendre leur
transport économique, et ces applications se multiplient de
plus en plus dans tous les pays pour le plus grand avantage des industries dont le courant électrique est l'âme.

CHAPITRE X

LA LUMIÈRE ET LA CHALEUR ÉLECTRIQUE

HUMPHRY DAVY — DE CHANGY — ARCHEREAU — G. TROUVÉ
RUHMKORFF — MOISSAN

Davis Guilbert, l'un des membres les plus distingués de
l'ancienne *Société Royale de Londres*, passait un jour dans
les rues de Penzance, petite ville du comté de Cornouailles,
lorsqu'il aperçut, assis sur le seuil d'une porte, un jeune
homme à l'attitude méditative et recueillie. Ce jeune homme,
qui portait le nom d'Humphry Davy, remplissait dans la
boutique de l'apothicaire Borlase les modestes fonctions de
préparateur. Frappé de l'expression de ses traits, Guilbert
l'aborda et ne tarda pas à reconnaître en ce débutant le
germe des plus heureux talents. Sorti, en effet, d'une très
obscure origine, et malgré des conditions défavorables, le
futur herboriste avait accompli, sans secours et dans l'isolement de ses réflexions, quelques travaux qui dénotaient
pour les sciences physiques les dispositions les plus remarquables.

Guilbert était lié à cette époque avec le docteur Beddoes,
chimiste et médecin estimé qui venait de fonder à Clifton,
petit bourg situé aux environs de Bristol, un établissement
connu sous le nom d'*Institution pneumatique*, consacré à
étudier les propriétés médicales des gaz et qui renfermait
un laboratoire pour les expériences de chimie, un hôpital
pour les malades destinés à être soumis aux inhalations

gazeuses et un amphithéâtre pour les leçons publiques. Il avait été élevé à l'aide de souscriptions publiques, et l'illustre mécanicien James Watt, qui en était l'un des principaux actionnaires, était le constructeur des appareils servant à la préparation et à l'administration des gaz. Pour diriger son laboratoire, le docteur Beddoes avait besoin d'un chimiste habile. Guilbert n'hésita pas à proposer cette place à son jeune protégé, et c'est ainsi que, le 1er mars 1798, Humphry Davy, à peine âgé de vingt ans, quitta l'obscure boutique où s'était écoulée le début de sa jeunesse et vint s'initier à une carrière où tant de gloire l'attendait.

C'est dans cette institution que Davy commença par étudier sur lui-même l'action produite par certains gaz, notamment le protoxyde d'azote, qui fut appelé aussi gaz

Expérience de Davy.

hilarant, parce que son inhalation provoquait des rires immodérés. La réputation de l'établissement commençait à se répandre et il devenait le lieu de nombreuses réunions. Les malades et les oisifs affluaient chez le docteur; la présence des deux poètes renommés, Coleridge et Southey, ajoutait à ces réunions un charme particulier, et Davy trouvait dans la fréquentation de ces hommes célèbres un heureux aliment à ses goûts littéraires.

Mais le comte de Rumford venait de créer à Londres l'Institution Royale, destinée à propager toutes les découvertes scientifiques applicables à l'industrie et aux arts. Il fit venir de Clifton le chimiste, qui fut nommé membre de la Société en 1803, et en devint plus tard le président. Or, dès 1801, ayant été pourvu de l'outillage voulu, et en premier lieu d'une batterie de piles puissantes, composée de 2000 éléments, Humphry David observa que, si l'on termine les conducteurs extrêmes de la batterie dont tous les éléments sont couplés par leurs pôles de nom contraire, en série unique pour additionner la force électromotrice de chacun d'eux, par des crayons taillés dans du charbon de bois, il jaillit entre les pointes de ces charbons maintenues à une certaine distance l'un de l'autre, une lumière éblouissante présentant l'apparence d'un fuseau légèrement arqué, auquel il donna le nom d'*arc voltaïque*.

Peu après, en 1807, et toujours à l'aide de ce générateur d'électricité, il parvint à décomposer de nombreux corps considérés jusqu'alors comme simples : le potassium et le sodium entre autres, et il formula cette idée hardie pour son temps que l'affinité chimique n'est autre que l'énergie des pouvoirs électriques opposés. Il démontra que le chlore était un corps simple et détruisit la théorie de Lavoisier sur la formation des acides. Sa découverte ultérieure du fluor et de l'iode vint bientôt confirmer ses vues.

Davy inventa ensuite la lampe de sûreté, à galerie de toile métallique pour les mineurs, que Georges Stephenson avait également imaginée un peu auparavant, sans que ces deux grands hommes qui s'ignoraient eussent connaissance de leurs travaux réciproques. Mais la santé de l'illustre chimiste, qui avait été comblé de tous les honneurs et fait baronnet, en 1818, allait déclinant. Pendant les hivers de 1827 et de 1828, qu'il passa en Italie, où il s'occupait des fouilles d'Herculanum, il écrivit un livre : *les Derniers jours d'un philosophe*, qui fut appelé par Cuvier l'œuvre d'un Platon mourant et où l'on retrouve les douces rêveries qui avaient enchanté sa jeunesse. Il mourut à Genève, en 1829, à peine âgé de cinquante ans, et sa veuve fonda en souvenir de lui un prix de chimie que l'Académie de Genève décerne tous les deux ans.

La découverte de l'effet produit par l'étincelle électrique jaillissant entre des pointes de charbon ne constituait qu'une expérience de laboratoire, car Davy avait été obligé de produire cette décharge dans le vide, les cônes de charbon de bois dont il se servait étant promptement consumés. La pensée d'utiliser pour l'éclairage ce curieux phénomène appartient au physicien français Léon Foucault qui, en 1844, fit le premier l'expérience publique de la lumière électrique par l'arc voltaïque. Foucault réussit à rendre pratique cette source éclatante de rayons par un choix judicieux des charbons employés comme conducteurs en substituant aux cônes de charbon de bois de Davy des baguettes taillées dans le char

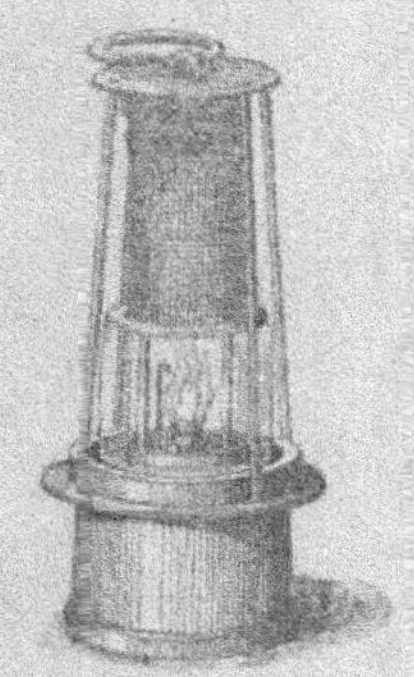

Lampe Davy.

bon très dur, sorte de graphite, qui se dépose à la longue sur les parois intérieures des cornues où l'on distille la houille pour produire le gaz d'éclairage.

En même temps, Foucault était parvenu à assurer la permanence de la lumière à l'aide d'un mécanisme automatique commandé par le courant lui-même et auquel il donna le nom de *régulateur*. La pièce essentielle était un électroaimant traversé par le courant et qui assurait le rapprochement des pointes des charbons à mesure de leur usure. Ce dispositif fut bientôt perfectionné par les constructeurs Deleuil, Duboscq, Loiseau, Gaiffe, Serrin et Archereau, dont les expériences, place de la Concorde, et sur différents autres points de la capitale attirèrent l'attention générale.

Mais on ne disposait alors que de la pile chimique comme générateur de courant, et l'usage de ce puissant moyen d'éclairage se trouvait limité, en raison de son prix de revient élevé et de sa complication, à certains usages particuliers, notamment aux effets lumineux dans les théâtres, et à l'éclairage de chantiers et lieux souterrains.

L'apparition de la dynamo donna une nouvelle impulsion à ce procédé d'éclairage, et des centaines de modèles de *lampes à arc*, à réglage automatique, furent imaginés et mis en service de 1873 à 1900. Un physicien russe Jablochkoff eut même l'idée de supprimer tout mécanisme en disposant les baguettes de charbon parallèlement, en les séparant par un isolant, ou *colombin* fusible. Les bougies Jablochkoff étaient alimentées avec des dynamos fournissant des courants alternatifs, de façon que l'usure des baguettes fût la même. Ce système eut un instant de grande vogue, puis il fut supplanté par la lampe à *semi-incandescence*, à l'air libre, inventée simultanément par Werdermann et par Reynier, et ensuite par les lampes à incandescence dans le vide qui se perfectionnaient de plus en plus. Jablochkoff rentra dans son pays après quelques autres tentatives infructueuses pour développer son invention et il mourut à Saratov, en 1894.

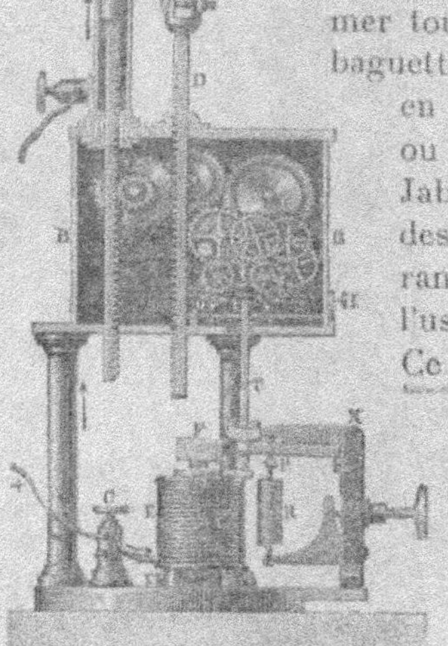
Régulateur Foucault.

Le plus simple des régulateurs à arc fut celui imaginé

par Archereau et où l'attraction d'un électro-aimant était contrebalancée par un simple contrepoids. Archereau, né à Saint-Hilaire-de-Vouhis, en Vendée, en 1819, et mort à Paris en 1893, était doué d'un esprit prodigieusement inventif, ce qui ne l'empêcha pas de terminer sa vie dans une affreuse misère, lot de nombreux inventeurs plus doués pour les créations originales que pour le commerce et ne sachant pas tirer parti de leurs conceptions, lesquelles font la fortune de ceux qui ont su les appliquer. C'est à lui que l'on

Moteur électrique asynchrone.

doit l'idée des vidanges atmosphériques, des agglomérés de poussières de charbon et leur moulage sous forme de briquettes et de boulets ovoïdes, devenus la base d'une fructueuse industrie, la formule de ciments pour agglomérer les pierres artificielles et encore bien d'autres améliorations de moindre importance et susceptibles cependant d'enrichir leur inventeur. Mais Archereau dédaignait ces contingences et il n'avait d'autre souci que d'inventer du nouveau...

Alternateur avec son excitatrice.

On attribue généralement à Édison l'idée de la lampe à incandescence, mais la vérité historique est que c'est un de ses compatriotes, William Starr qui, dès 1845, réalisa le premier modèle, d'ailleurs fort imparfait, de brûleur électrique basé sur ce principe fécond. Envoyé de Boston à Londres par Peabody pour soumettre son invention à Faraday, nous apprend le professeur Turpain, Starr reçut les félicitations de l'illustre savant à qui il montra un ensemble de vingt-six lampes à filament dans le vide, qu'il porta à l'incandescence deux par deux par le courant d'une batterie de piles. Il avait choisi, paraît-il, ce nombre qui paraît bizarre pour représenter les vingt-six États composant l'Union américaine à cette époque. L'invention aurait peut-être pu se développer dès ce moment, mais Starr fut trouvé mort dans sa cabine, le lendemain du jour où il s'était réembarqué pour revenir en Amérique.

Treize ans plus tard, ce procédé fut réinventé par l'ingénieur français de Changy, qui ne connaissait pas même le nom de son précurseur. M. de Changy établit un spécimen de sa lampe et, comme il était ingénieur d'un charbonnage belge, il la proposa aux directeurs de l'entreprise pour l'éclairage des galeries de mines, mais il fut détourné de son projet par son ingénieur en chef qui craignait qu'un semblable système empêchât

Groupe électrogène Renault pour l'éclairage domestique.

de déceler la présence du grisou dans l'exploitation souterraine. Il ne fut donc donné aucune suite à cette proposition qui eût cependant mérité un examen plus approfondi.

Comme devait le faire Édison, l'ingénieur de Changy avait porté son choix sur des filaments obtenus par tréfilage d'une pâte de plombagine agglomérée avec de l'argile plastique et qu'il cuisait ensuite en très fines baguettes réunies à leur sommet. Un peu plus tard, il utilisa avec le même succès des fibres végétales calcinées en vase clos. C'était parfait, mais l'invention arrivait trop tôt et ne fut pas appréciée à sa valeur. On était en 1858, et la dynamo n'existait pas encore pour fournir économiquement le courant devant porter les filaments à l'incandescence.

Ce qui fit, en 1875, le succès de la lampe à filament de bambou d'Édison, c'est que ce dernier avait dès ce moment étudié et construit tout l'appareillage nécessaire aux installations d'éclairage électrique par ce système : dynamo géné-

Bijoux électriques de Gustave Trouvé.

ratrice à haut rendement, supports de lampes, interrupteurs, coupe-circuits, isolateurs, en rapport avec la puissance à transmettre. Aussi le nouveau procédé se développa-t-il rapidement pour l'éclairage public ou privé, non seulement aux États-Unis mais en Europe. La lampe à incandescence, qui permettait la division en nombreux foyers de faible puissance lumineuse de l'éclat éblouissant des régulateurs à arc voltaïque ou des bougies, fournissait la solution la plus heureuse de l'éclairage des habitations.

et les compagnies gazières tremblèrent un moment devant l'apparition de cette concurrente qui menaçait de leur enlever leur clientèle. L'invention du manchon à oxydes de terres rares, par le docteur Auer, les sauva heureusement en permettant de lutter à forces égales avec l'électricité, le manchon à incandescence abaissant la consommation du gaz dans une proportion considérable tout en produisant la même intensité lumineuse que les anciens becs papillons, ou Bengel, avec cheminée de verre.

Depuis cette époque, la lampe électrique à incandescence a reçu encore d'importants perfectionnements, qui ont abaissé de plus des trois-quarts sa consommation de courant à égalité de lumière fournie. Ce progrès est dû à la substitution de certains métaux, tels que le tantale, le tungstène et l'osmium au carbone dans la composition des filaments. Un dernier perfectionnement, dû à l'électricien américain Langmuir, a encore diminué cette consommation d'énergie. Elle consiste à placer le filament métallique, non plus dans une ampoule de cristal où on a pratiqué le vide, mais dans une atmosphère de gaz neutre de très faible pression, telle que l'azote. On donne à ces derniers modèles le nom de lampes *demi-watt*, car telle est leur consommation par bougie décimale lumineuse réellement dégagée.

Divers autres systèmes de foyers électriques ont paru au cours de ces dernières années, par exemple : l'*arc au mercure*, de Cooper Hewitt, les tubes au néon de Georges Claude et la lampe Nernst à bâtonnet réfractaire, mais aucun, à part le néon, n'est parvenu à supplanter la lampe à filament métallique, qui est répandue aujourd'hui à des millions d'exemplaires dans le monde entier.

Nous avons parlé tout à l'heure de l'inventeur français Archereau: nous devons mentionner également un de ses émules, aux idées non moins riches et fécondes. On l'a dit et répété bien des fois avec raison, car c'est la vérité, la France est la patrie d'élection des inventeurs. Le génie de la race la porte à innover, à chercher constamment du nou-

Projecteur électrique.

veau, de l'inconnu, quitte ensuite à ne pas pousser les choses plus loin, une fois la démonstration fournie de l'exactitude d'une idée. D'autres peuples ensuite, dépourvus de cette aptitude à trouver, savent par contre tirer admirablement parti de ces créations : tels les Anglais et surtout les Allemands, qui ont fondé de puissantes et fructueuses industries sur des inventions ayant vu le jour en France, mais où elles avaient été dédaignées tout d'abord.

Oui, les inventeurs français sont légion, et on trouve des noms français au début de toutes les grandes conquêtes sur la matière dont s'enorgueillit le génie humain. Ce livre le prouve amplement, mais combien de ces chercheurs ont obtenu de leurs contemporains la considération qu'ils méritaient et la juste récompense de leurs efforts? Ceux-là sont le petit nombre; le nom de la plupart d'entre eux est inconnu et oublié : l'ingratitude et l'indifférence, quand ce n'est pas la colère et la haine, voilà ce qu'ont récolté le plus souvent ceux qui ont essayé de faire avancer le char du progrès!

Nous avons connu bien des inventeurs au cours de notre carrière et nous rappellerons ici le souvenir d'un homme que l'on peut rattacher à cette lignée de chercheurs obstinés et qui représentait le véritable type de l'inventeur avec ses qualités et aussi ses défauts, Gustave Trouvé, né le 1er janvier 1839, à la Haye-Descartes, dans une maison située juste en face de celle où vécut, au xviie siècle, le grand philosophe Descartes.

Gustave Trouvé était bien l'homme de son nom, il avait pris pour devise l'exclamation attribuée à l'illustre mathématicien de Syracuse, Archimède : « *Eurêka*, j'ai trouvé! » (G. Trouvé). Et toute sa vie il y demeura fidèle, en opérant des trouvailles souvent fort ingénieuses, principalement dans le domaine de l'électricité.

Élève de l'École des arts et métiers d'Angers, le jeune Tourangeau montra une rare habileté manuelle en ce qui concernait le travail des métaux, aussi eut-il l'idée, en 1866, de venir se fixer à Paris et d'y organiser un atelier d'horlogerie et de mécanique de précision. La célébrité lui vint rapidement à la suite de la création d'une série de très ingénieux bijoux électro-mécaniques : des peignes, des épingles de cravates surtout, où il déploya une incroyable adresse : tête de mort roulant des yeux et remuant la mâchoire, lapin battant du tambour, oiseau de paradis agitant les ailes, etc. Peu après, ses appareils de chirurgie :

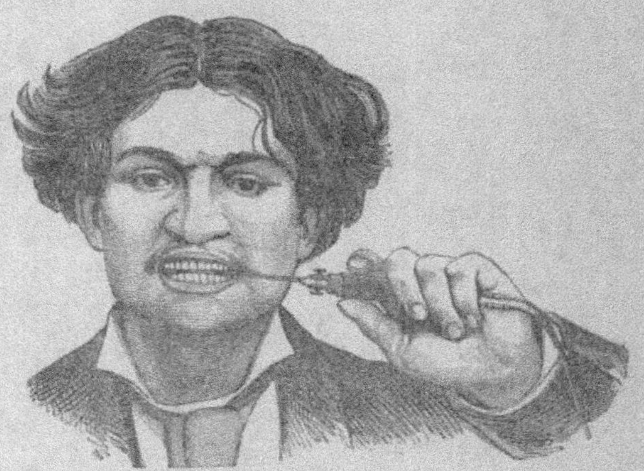

Les dents rendues transparentes par le polyscope.

polyscope électrique assurant le diagnostic dans les maladies de la gorge, de l'œil, ou de l'oreille, explorateur et extracteur de corps étrangers, photophore frontal et bien d'autres encore, montrèrent toute son habileté de mécanicien et d'électricien.

Vers 1879, ayant imaginé de nouveaux modèles de piles au bichromate de potasse à liquide sursaturé donnant un courant très énergique sous un poids restreint, il construisit un tricycle automobile, puis un canot électrique qui évolua sur la Seine avec plusieurs passagers à son bord. Ce canot, pourvu d'un gouvernail-moteur-propulseur, alimenté

par ses batteries, attira fort l'attention générale, et ce fut
à la suite de ce succès que Trouvé reçut des propositions
assez singulières.

Un syndicat d'industriels et de spéculateurs américains
s'était formé dans le but d'exploiter commercialement
toutes les inventions que pourrait réaliser celui que l'on
appelait l'Édison français. L'habile créateur des bijoux

Le bateau Trouvé sur la Seine.

électriques accepta, à la condition qu'il lui fût versé une
provision de 125 dollars (750 francs au cours du temps) par
semaine jusqu'à réunion par le syndicat du capital jugé
nécessaire pour l'exploitation. Cette rente lui fut servie assez
longtemps tandis que les démarches financières se pour-
suivaient aux États-Unis. Mais finalement le projet échoua,
le président du syndicat s'étant ruiné dans un coup de
bourse trop aventureux à New-York.

G. Trouvé reprit donc le compas et la lime et se remit à
inventer et à construire de nouveaux instruments de phy-

sique de toute espèce. Il prit ainsi successivement plus de trois cents brevets, qu'il ne put d'ailleurs tous faire passer dans le domaine pratique. Au nombre des modèles originaux qu'il réalisa, il convient de citer son oiseau mécanique, volant par la détente des gaz; l'*auxanoscope*, appareil de projections électriques pour vues transparentes et objets opaques; son fusil à guidon lumineux; sa canne éclairante, enfin ses fontaines lumineuses de salon.

S'étant blessé au pouce en manœuvrant une petite scie à métaux probablement salie de microbes infectieux, l'infatigable chercheur vit la gangrène se mettre dans la plaie. N'ayant pas voulu se résigner à se faire opérer et enlever le doigt malade, qui lui était indispensable pour travailler, la maladie se généralisa et Gustave Trouvé mourut, le 26 juillet 1902, à l'âge de soixante-deux ans, laissant le souvenir sinon d'un grand savant, du moins d'un esprit ingénieux, d'un ouvrier adroit et surtout d'un brave et digne homme, d'un commerce sûr et agréable.

Mais revenons-en aux applications de l'énergie électrique, à la production de la chaleur, dont la lampe à incandescence dans le vide est d'ailleurs un premier exemple, car le rayonnement lumineux résulte de la très haute température à laquelle le filament est porté par suite de la résistance qu'il oppose au passage du courant. Ce qui fait même la supériorité économique des filaments métalliques sur ceux de carbone primitivement employés, c'est qu'ils peuvent être portés sans inconvénient à une température beaucoup plus élevée et qui atteint 1800 degrés. Or, plus un corps est chaud et davantage il rayonne de lumière, ainsi que des expériences très précises l'ont prouvé.

Les lois thermiques relatives aux courants électriques ont été découvertes et formulées par un compatriote de Faraday, le physicien James Prescott Joule, né à Salford, en 1818, et mort à Sale, près de Manchester, en 1889. Joule avait obtenu le diplôme de docteur de l'Université d'Édimbourg, et ès sciences physiques et mathématiques de l'Université de Leyde. Membre de la Société Royale de Londres, comme Humphry Davy, il présida, en 1873, le congrès de l'Association britannique, tenu à Bradford. Ses ouvrages sur la théorie mécanique de la chaleur sont classiques.

Les lois de Joule relatives à la transformation de l'électricité en chaleur s'énoncent comme suit : 1° La quantité de chaleur dégagée dans l'unité du temps par le passage d'un courant électrique dans un conducteur est proportionnelle

Dynamo moderne.

à la résistance de ce conducteur ; 2° Elle est proportionnelle au carré de l'intensité du courant. Cette loi s'applique également aux liquides, ou électrolytes, à condition de tenir compte des quantités de chaleur absorbées ou dégagées dans les phénomènes chimiques. L'unité de chaleur, produite dans ces conditions, a reçu le nom du grand physicien écossais, et s'appelle un *joule*, comme l'unité d'intensité du courant a reçu celui d'*ampère*, celui de force électromotrice de *volt* (de Volta), de résistance d'*ohm* et de travail de *watt*.

L'un des savants qui a le plus fait pour le développement

des applications de la chaleur produite par le courant électrique, et sur les expériences de qui se sont greffées d'importantes industries : l'électro-thermie, l'électro-métallurgie, la fabrication des carbures métalliques, l'électro-sidérurgie, c'est le chimiste Moissan, né et mort à Paris, et qui a exécuté les recherches les plus patientes et les mieux conduites à l'aide du *four électrique à arc*. Toutefois, il n'a pas inventé ce four, car le premier brevet relatif à ce genre d'appareils fut pris, en 1853, par un préparateur de l'École de chimie, nommé Pichon. C'était un creuset à voûte surbaissée contenant deux paires de gros charbons de cornue semblables à ceux des régulateurs de Foucault, dont l'écartement était simplement réglé à la main. On faisait tomber dans la flamme de l'arc des minerais concassés contenus dans une trémie. La fusion se produisait aussitôt, en raison de la température extrêmement haute de l'arc voltaïque et qu'on évalue à 3500 degrés.

Mais cette invention, de même que celle de la lampe à incandescence de Changy, n'eut aucune suite, et toujours pour la même raison que l'on ne pouvait se procurer le courant très intense nécessaire pour assurer cette fusion qu'à l'aide de piles chimiques, et que ce procédé ne peut fournir les résultats espérés qu'à la condition de disposer de sources d'énergie électrique très puissantes et économiques, condition réalisée par la dynamo, qui a été le point de départ de toutes les conquêtes réalisées dans le domaine de l'électricité industrielle.

Henri Moissan, né en 1852, avait été reçu docteur ès sciences, en 1885, avec une belle thèse sur la *Série du cyanogène*, qu'il avait particulièrement étudié malgré les dangers que présente la manipulation de ce corps. Agrégé des écoles supérieures de pharmacie, il fut nommé professeur de toxicologie à l'École de pharmacie de Paris, et il parvint le premier à isoler parfaitement le fluor, encore insuffisamment connu. Ce fut peu après qu'il s'attaqua à l'étude de l'électro-thermie, qui lui permit de faire des découvertes remarquables, entre autres celle du carbure de calcium, corps qui, simplement plongé dans l'eau, dégage le gaz éclairant appelé acétylène.

Moissan employa en premier lieu un four construit en matières réfractaires dans la cavité duquel débouchaient deux électrodes en charbon de cornue artificiel, agglomérés, disposés horizontalement ou obliquement. Entre les pointes de ces crayons, dont le diamètre atteignait 10 centimètres, sur le fond ou *sole* du four, était disposée la matière devant être calcinée ou réduite. Le courant de grande intensité était amené aux crayons par des câbles de forte section et bien isolés. C'est avec cet outillage que Moissan entreprit ses intéressantes recherches dont il communiqua les résultats de 1890 à 1901, à l'Académie des sciences. Les dernières, qui suscitèrent un très vif intérêt, portèrent sur la reproduction artificielle du diamant, que l'on supposait avoir été formé, dans les premières époques de la vie terrestre, par l'effet simultané d'une chaleur très considérable et d'une pression très élevée.

Ayant donc préparé dans un cylindre hermétiquement clos un mélange de fonte et de siliciure de fer, Moissan soumit ce cylindre à l'effet de la chaleur de l'arc, puis il provoqua, lorsque le point de liquéfaction fut près d'être atteint, un refroidissement presque instantané en le plongeant dans de la limaille de fer très divisée. Le culot métallique une fois dégagé et dissous dans des réactifs appropriés, le savant chimiste recueillit un certain nombre de cristaux transparents, de plusieurs millimètres de longueur, présentant tous les caractères physiques du diamant naturel. La communication de Moissan à l'Académie causa une vive sensation et suscita de nombreuses controverses relatives à la composition exacte de ces curieuses cristallisations, les uns admettant sans réserves les assertions de l'expérimentateur, les autres les niant obstinément.

Après avoir joui d'une très grande vogue, l'éclairage par l'arc voltaïque fut supplanté peu à peu par la lampe à incandescence, il en fut de même pour le four électrique. Dès 1887 parurent les premiers modèles basés sur le phénomène de la résistance et de l'incandescence des matières traitées, puis leur succédèrent les fours à effets d'induction. De nombreuses usines électrothermiques furent organisées dans les pays de montagnes pour tirer parti de la puissance naturelle des torrents provenant de la fonte des glaciers, puissance à laquelle le grand papetier Bergès, de Lancey, a donné le nom pittoresque de *houille blanche*.

Aujourd'hui, ces sources gratuites d'énergie ayant pu être captées, on utilise le poids et la vitesse de l'eau dans les aubages de turbines hydrauliques accouplées avec des alternateurs dont le courant est transmis aux fours voisins. Ces fours, de vastes dimensions, faciles à charger, à régler et à vider servent à fabriquer, avec du coke et de la chaux, le *carbure de calcium* servant à préparer l'acétylène, puis, enfondant les oxydes appelés cryolithe et bauxite à obtenir l'aluminium et toutes sortes d'autres métaux et alliages, jusqu'alors rares et coûteux, tels que le silicium, le vanadium, le chrome, le tungstène, simplement par le traitement de leurs oxydes.

Pichon, créateur du premier four électrique, envisageait déjà, parmi les principales applications de son appareil, la réduction des minerais de fer, mais il faut arriver à l'année 1898 pour rencontrer les premiers essais sérieux d'électro-métallurgie du fer et de sidérurgie au haut fourneau électrique, dans lequel l'énergie du courant remplace la combustion de la houille. L'initiateur de ce procédé semble avoir été le lieutenant italien Stassano, puis les Suédois Kjellin et Bénédiks de Gysinge.

Depuis cette époque, les hauts fourneaux électriques se sont multipliés et des aciéries ont été organisées dans des régions riches en minerais de fer et en puissances hydrauliques, mais pauvres, d'autre part, en combustibles. Il en existe un certain nombre en France, et leurs produits sont des plus appréciés en raison de leurs hautes qualités, qui les font choisir pour la fabrication des pièces de grande résistance entrant dans la construction des armes, des automobiles, des moteurs et des cellules pour avions. Les bessemers électriques de Héroult, Girod, Gin, Shaw et Harris, etc., permettent d'obtenir, dans d'excellentes conditions économiques, non seulement du fer d'une remarquable pureté, mais des aciers d'une ténacité et d'une élasticité sans pareilles. Le haut fourneau électrique donne également nombre de produits nouveaux : le carburundum, le siloxycon, enfin une foule de composés chimiques précieux, avec bien moins de dépense que ne l'exigeaient les anciennes méthodes de préparation.

Toutes ces industries se trouvaient en germe dans la découverte de Davy, mais elles n'ont pu prendre leur développement que du jour où une source économique de courant eut été imaginée, et les artisans de ces conquêtes ont été le créateur de la dynamo, d'une part, et ensuite l'ingénieur qui a eu le premier l'idée de faire commander cette dynamo par un moteur utilisant une énergie gratuite, telle que l'eau tombant du haut des montagnes ou courant au fond des vallées. On parle même aujourd'hui de tirer parti de la force jusqu'ici perdue des marées, et du choc des vagues. L'avenir est évidemment aux systèmes qui présenteront sur leurs rivaux l'avantage d'une plus grande économie ou d'un prix de revient inférieur.

Nous ne saurions terminer ce chapitre sans parler des travaux d'un inventeur dont le nom est encore fréquemment prononcé, car l'appareil d'induction qu'il a mis au point et vulgarisé, bien qu'ayant donné lieu à des modèles perfectionnés, est toujours connu sous l'appellation de *bobine de Ruhmkorff*.

Heinrich Daniel Ruhmkorff était né à Hanovre, en 1803. S'étant rendu à Paris, en 1830, il travailla d'abord comme simple ouvrier chez différents constructeurs d'appareils de physique et d'instruments de précision, notamment chez l'ingénieur Chevalier, et fonda, quelques années plus tard, une maison qui ne tarda pas à prospérer, grâce à l'habileté professionnelle dont il fit preuve. Il construisit surtout des galvanomètres et tous les appareils de démonstration alors en usage pour l'étude des phénomènes de l'électricité et de l'électromagnétisme, qui venait d'être découvert. C'est en 1851, qu'il fut amené à construire la machine d'induction qui fit sa célébrité, car elle semblait révolutionner tout ce que l'on connaissait alors des propriétés de l'électricité dynamique.

Lors du concours ouvert, en 1855, pour récompenser l'application la plus remarquable de l'électricité, à l'instigation de l'empereur Napoléon III, qui voulait montrer ainsi son intérêt envers la classe ouvrière, Ruhmkorff obtint le grand prix de 50000 francs qui avait été créé à cet effet, et voici ce que disait de son invention le grand chimiste J. B. Dumas dans son rapport :

« M. Ruhmkorff est loin d'être un savant. Son éducation s'est faite peu à peu par l'étude de quelques livres sans cesse médités, par les leçons de quelques professeurs entendus à la dérobée, aux heures bien rares de loisir. Modeste dans sa vie, d'une persévérance que rien ne distrait, d'une abnégation qui lui a mérité les plus illustres témoignages d'estime, cet artisan restera comme un type digne de servir de modèle à ces nombreux et intelligents ouvriers qui peuplent les ateliers de la capitale.

« L'appareil, qu'il a conçu et exécuté, lie l'un à l'autre ces deux formes de l'électricité qui paraissaient séparées comme par un abîme : l'électricité des anciennes machines statiques caractérisée par la faculté de produire des étincelles et par une forte tension, et l'électricité de la pile caractérisée par une très faible tension et par son impuissance à fournir des étincelles véritables. »

Voici quelle est l'histoire de la bobine de Ruhmkorff :

Le 23 août 1841, Masson, professeur de physique aux lycées de Paris, et L. Bréguet présentaient à l'Académie des sciences le résumé d'essais effectués avec un appareil

d'induction tout nouveau. Une roue à contacts et à interruptions périodiques, manœuvrée à la main, établissait et

Bobine Ruhmkorff.

interrompait l'arrivée du courant d'une pile dans un circuit de fil conducteur par-dessus lequel avait été enroulé

un conducteur beaucoup plus fin et plus long que le premier et sans contact direct avec lui. En vertu des lois établies par Faraday sur l'induction, chaque fois que l'électricité arrivait dans le fil et chaque fois qu'il était interrompu, le fil fin se trouvait traversé de deux courants induits successifs, de haute tension, mais circulant en sens inverse dans le fil, le second beaucoup plus intense que le premier.

Mais on comprend combien ce procédé d'interruption était lent et imparfait, car le « rhéotome » de Masson et Bréguet ne pouvait couper l'arrivée du courant primaire que cinq ou six fois par seconde. Ruhmkorff eut l'idée ingénieuse de recourir au procédé déjà employé dans les sonneries électriques, le trembleur, pour obtenir des centaines d'interruptions, et par suite autant de courants induits à la seconde tout en renforçant le rendement. A cet effet, il enroula le gros fil, ou inducteur, sur un noyau magnétique constitué par la réunion d'un grand nombre de fils de fer recuit, réunis en une botte cylindrique, puis, par-dessus ce gros fil, et en séparant chaque couche de la suivante par une feuille de papier gris, un autre fil, des milliers de fois plus long que l'autre et beaucoup plus fin. Il arriva ainsi à faire des induits comportant jusqu'à 30000 mètres de fil de cuivre isolé à la soie et de 3 à 4 centièmes de millimètres de diamètre. On juge quelles précautions devaient être prises pour rouler à spires jointives ne devant en aucun cas se chevaucher et sans rupture une pareille longueur de fil si fin! Ces deux fils superposés étaient roulés entre les joues d'une bobine en bois paraffiné, et les extrémités des fils fins, se terminaient sous des bornes, ou *réophores*, montées au sommet de colonnettes de verre. Le vide central de la bobine était occupé par le faisceau de fil de fer, et celle-ci était montée sur un socle en bois verni.

La puissance attractive du noyau de fer était mise à profit pour établir et interrompre l'arrivée du courant de la pile dans le gros fil.

A cet effet, une lame d'acier élastique, dont l'extrémité

était pourvue d'une masselotte de fer, ou marteau, était disposée sur le socle et soutenue par une colonnette de cuivre. Le marteau était placé en face et à quelques millimètres du faisceau sortant de l'axe de la bobine, et une vis, réglable à volonté, venait appuyer sa pointe sur la lame d'acier en un point pourvu d'un grain platiné pour éviter l'action oxydante des étincelles.

Le support de la vis était en rapport avec la borne positive de la pile, et celui du trembleur avec le commencement du fil inducteur, ce qui permettait au courant de traverser l'enroulement de gros fil. Mais aussitôt l'action magnétique du noyau se faisait sentir sur le marteau qui entraînait la lame de ressort et l'obligeait à quitter le contact existant entre le grain et la pointe de la vis. Instantanément, le courant se trouvait coupé, toute attraction cessait et, en vertu de son élasticité, la lame du trembleur revenait au contact de la vis qui rétablissait l'arrivée du courant. Ces interruptions pouvaient se succéder ainsi à l'allure de sept à huit cents par seconde.

Par la suite, ce nombre d'interruptions fut trouvé insuffisant, et on imagina de nombreux autres systèmes de vibreurs, rupteurs et autres, basés sur des phénomènes magnétiques, mécaniques ou électrolytiques, tels que celui de Wehnelt, qui donne plus de deux mille interruptions par seconde ; enfin les contacts tournants et les interrupteurs à jet de mercure.

Pour renforcer les courants induits en restreignant l'effet des étincelles d'extra-courant produites au point de rupture du circuit primaire, le physicien Fizeau proposa d'adjoindre à la bobine un *condensateur*, en feuilles d'étain séparées les unes des autres par des feuilles de papier paraffiné. Ce dispositif est dissimulé dans une boîte d'ébénisterie constituant le socle de la bobine et il est intercalé entre les deux pièces de l'interrupteur. Ce condensateur se charge au moment de la fermeture du circuit pour se décharger dans le circuit induit au moment de l'interruption.

Le plus grand modèle de bobine d'induction construit par Ruhmkorff comportait 120 kilomètres de fil fin. Actionnée par une batterie de piles Bunsen de 12 éléments, elle fournissait des étincelles assez puissantes pour percer d'outre en outre un bloc de verre de 10 centimètres d'épaisseur. Mais il en existe encore de plus grandes dimensions, par exemple les bobines construites par Apps, en Angleterre, l'une pour l'Institut polytechnique de Londres, l'autre pour M. Spotiswoode. La première, qui mesure trois mètres de long, possède un fil induit deux fois plus long que le précédent, soit 240 kilomètres; elle fournit des étincelles de 75 centimètres de longueur avec le courant de 40 éléments Bunsen. L'autre, moins longue mais de plus fort diamètre, pèse 762 kilogs et a un induit de 450 kilomètres de longueur. Elle produit des étincelles de 1^m,40 éclatant avec le bruit d'un fort coup de fusil.

On voit par ces exemples que l'invention du mécanicien allemand s'est considérablement développée; elle a rendu les meilleurs services pour la radiographie, la production des courants de haute tension et une foule de démonstrations de physique : production des rayons cathodiques, mise à feu des mines, et elle constitue encore une des créations les plus intéressantes, car elle a fourni la preuve de la facilité présentée par l'électricité de changer d'apparence, et conduit ainsi à l'invention des transformateurs statiques qui jouent maintenant un si grand rôle dans l'industrie.

CHAPITRE XI

LE TÉLÉGRAPHE

LESAGE — ALEXANDRE — LE PROFESSEUR S. MORSE — WHEATSTONE
HUGUES — BAUDOT — SIEMENS

Caprices mystérieux du sort!... Ce même télégraphe,
dont nous ne saurions aujourd'hui nous passer et, qui a
été le point de départ des plus merveilleuses découvertes
de la science moderne, plusieurs inventeurs en eurent la
première idée à la fin du xviiie siècle, mais on ne vit autre
chose, dans leurs expériences, que curiosité de laboratoire
et amusement de physiciens.

En 1760, un professeur de mathématiques, qui vivait
petitement à Genève, intéressé comme tous les savants
du temps par les phénomènes électriques que l'on commençait à connaître, Lesage imagina un système de correspondance à distance, qu'il mit quatorze ans à amener à son
point de perfection. Il écrivit à d'Alembert, qui lui suggéra
de faire hommage de son système au roi Frédéric de
Prusse, qui passait pour protéger les philosophes et les
savants. Hélas! travailler pour le roi de Prusse a toujours
été l'expression d'une source de déboires, et Lesage, entre
autres, en fit la triste expérience, car il ne put se faire
écouter. Son système était d'ailleurs fort primitif, car il
employait l'électricité statique conduite par vingt-quatre
fils de soie, un pour chaque lettre de l'alphabet. Mais il eût

14

pu le perfectionner s'il avait été encouragé et soutenu, ce qui ne fut pas le cas.

En 1786, autre proposition d'un inventeur, dont on ne sait que quelques renseignements donnés par l'illustre économiste anglais Yung, alors à Paris, dans l'une de ses lettres : « J'ai visité, disait-il, l'atelier d'un jeune mécanicien, M. Lomond, qui a fait une découverte remarquable sur l'électricité. On écrit deux ou trois mots sur une machine renfermée dans une caisse cylindrique, sur laquelle est un petit électromètre à balle de sureau. Un fil de métal la relie à une autre caisse semblable, placée dans une pièce éloignée. Sa femme, en notant les mouvements de la balle de sureau écrit les mots qu'ils indiquent. Comme la longueur du fil n'a pas d'influence sur le phénomène, on peut correspondre ainsi à quelque distance que ce soit, par exemple du dehors au dedans d'une ville assiégée ou, pour un motif bien plus digne, et mille fois plus innocent, entre deux personnes privées de tout autre moyen. »

Que devint l'invention de Lomond, qui semble bien se rattacher à la précédente? l'histoire demeure muette. Un de ses émules, l'ouvrier doreur, nommé Jean Alexandre, ne devait pas être plus heureux que ses prédécesseurs, bien que cette fois son invention parût être beaucoup plus rationnelle. Alexandre, que l'on disait être un fils naturel de Jean-Jacques Rousseau, avait été nommé représentant à la Convention nationale, mais sa modestie l'avait porté à décliner cet honneur, et il se contenta du poste de commissaire général des guerres à Lyon, puis à Angers, où il eut quarante-deux départements sous ses ordre et présida à une levée de deux cent mille hommes.

Sous le Consulat, Alexandre prit sa retraite et revint dans sa ville natale, à Poitiers. C'est là qu'il conçut et exécuta un appareil qui, d'après le peu qu'on en sait, s'apparente au télégraphe à cadran, adopté longtemps plus tard par les compagnies de chemins de fer, et fut construit par Bréguet.

Beaucoup d'habitants de Poitiers, à qui il avait communiqué le principe de son invention, en parlaient avec enthousiasme et l'engageaient vivement à la présenter à l'État. Cédant à ces conseils, il écrivit, en 1802, à Chaptal, ministre

Expérience de Jean Alexandre devant le préfet de la Vienne.

de l'Intérieur, en lui demandant les moyens de se rendre à Paris pour soumettre sa machine à l'examen du Premier Consul. En sa qualité de savant, qui avait dû surtout à ses beaux travaux sur la chimie sa haute élévation, Chaptal aurait dû accueillir avec empressement cette demande. Il répondit, tout au contraire, qu'avant de rien accorder il voulait avoir entre les mains la description et le plan de l'appareil. C'était un refus déguisé, car Alexandre avait stipulé dans sa lettre qu'il voulait se réserver le secret jusqu'au moment de la présentation au Premier Consul.

Sans se décourager, Alexandre s'adressa alors au préfet de la Vienne qui passait pour un homme intelligent et ami du progrès. La conversation que le préfet eut avec son administré l'intéressa vivement. Il fut frappé surtout du contraste entre l'imagination ardente de l'inventeur et la simplicité de son attitude et accepta d'assister à une expérience. Le 13 brumaire de l'an X, il se rendit, accompagné de l'ingénieur en chef du département, Lapeyre, au domicile d'Alexandre, et voici ce dont il les rendit témoins.

Deux boîtes identiques de un mètre cinquante de haut étaient déposées, l'une au rez-de-chaussée, l'autre au premier étage de la maison et chacune de ces boîtes portait un cadran portant les vingt-quatre lettres de l'alphabet à sa circonférence. Une aiguille mobile, ayant son pivot au centre du cadran, pouvait diriger sa pointe et s'arrêter devant chaque lettre. On pouvait ainsi former des mots et des phrases. Jean Alexandre se plaça devant la boîte du rez-de-chaussée, le préfet lui remit des phrases, et en manœuvrant l'aiguille devant le cadran, l'appareil situé au premier étage reproduisit les mouvements et par suite chaque lettre à mesure avec une fidélité parfaite.

Le préfet fut émerveillé. Dans le rapport qu'il s'empressa d'adresser à son chef hiérarchique, le ministre Chaptal, il déclarait que l'œuvre de Jean Alexandre était une œuvre de génie; il demandait que l'inventeur fût appelé à Paris aux frais de l'État, pour répéter sous les yeux du Premier Consul cette expérience admirable.

« On croit rêver, a écrit Figuier, quand on lit la réponse que fit Chaptal au préfet de la Vienne. Ce savant émérite, ce physicien, ce chimiste, celui qui devait accorder au sein du gouvernement une protection paternelle aux sciences et à leurs progrès, repoussa de nouveau l'inventeur qui ne demandait d'autre faveur que de montrer son appareil. »

Mais Alexandre était tenace. S'il ne pouvait aller jusqu'à Paris convaincre ses contradicteurs, il pouvait se rendre, à Tours, moins éloigné. C'est ce qu'il fit l'année suivante, et il répéta publiquement ses essais à plusieurs reprises mais sans vaincre l'indifférence générale. Voyant alors qu'il ne pourrait, seul, arriver à convaincre ses contemporains, il accepta un associé et put enfin gagner la capitale. Mais jamais il ne put parvenir à obtenir l'entrevue qu'il désirait avoir avec Napoléon, qui se méfiait des inventeurs, — et l'avait prouvé déjà avec Fulton, — et ainsi la France se trouva, par sa faute, frustrée du bénéfice de posséder avant tout autre pays du monde, la télégraphie électrique et la navigation à vapeur.

Désespéré, Jean Alexandre revint à Poitiers, travailla sans plus de succès à d'autres inventions, notamment un ballon dirigeable et un appareil à filtrer les eaux de rivière. Il mourut dans la pauvreté, en 1832, à Angoulême.

La découverte des lois de l'électro-magnétisme et l'invention de l'électro-aimant aiguillèrent les idées, vers 1837, sur les possibilités de faire agir à distance un mécanisme récepteur, suceptible de reproduire des signaux envoyés d'un point éloigné. Richtie et Alexandre d'Édimbourg, Schelling à Saint-Pétersbourg, Gauss et Weber, à Goettingue, Wheatstone à Londres, et Steinheil à Munich, s'occupèrent de ce problème, et ces deux derniers, entre autres, indiquèrent des dispositifs assez intéressants et qui conduisirent à la solution définitive du problème.

Le télégraphe magnétique de Wheatstone se composait de cinq aiguilles aimantées entourées d'un fil multiplicateur, comme dans le galvanomètre de Schweiger. C'était donc en réalité cinq galvanomètres associés dans lesquels le courant de la pile était envoyé depuis la station de départ à l'aide d'un manipulateur à cinq touches. Les déviations des aiguilles devaient indiquer les lettres transmises, disposition évidemment trop compliquée pour la pratique. Le modèle de Steinheil était plus simple, ne comportant qu'un galvanomètre unique. Une bande de papier se déroulait d'une façon continue devant l'aiguille mobile qui portait deux plumes pouvant se déplacer de façon à marquer sur le papier des associations de points correspondants à un alphabet conventionnel. C'était l'idée fondamentale du télégraphe Morse, qui devait un peu plus tard lui succéder.

Mais ce qui faisait la supériorité incontestable du système de Steinheil sur tous ses prédécesseurs, c'est qu'il ne nécessitait qu'un fil unique pour réunir les postes mis en communication : Steinheil avait découvert, en effet, qu'il était possible de supprimer le fil de retour du courant en prenant la terre elle-même comme conducteur de retour.

Le fait sembla extraordinaire au premier abord, car on ne s'expliquait pas comment il pouvait se produire, et il donna lieu à de nombreuses théories. Mais il n'en était pas moins gros de conséquences, surtout au point de vue pratique, car il permettait de réaliser une énorme économie de conducteurs et de diminuer de moitié la dépense d'établissement d'une ligne télégraphique. On en était là, en 1838, quand parut le système de télégraphe électrique qui devait rapidement se substituer à tous ceux qui l'avaient précédé en raison de sa simplicité et de sa supériorité de rendement. Voici quelle est l'histoire de cette invention qui a révolutionné l'art des correspondances rapides.

Au commencement de l'automne de 1832, le paquebot français *Sully* revenait du Havre à New-York avec de nombreux passagers, dont beaucoup de commerçants appelés au Nouveau Monde par des affaires à traiter ou à conclure. Il y avait aussi des diplomates, un géologue et un peintre, ces deux derniers, citoyens des États-Unis.

Au cours de la traversée, qui s'était effectuée sans incidents notables, des conversations sur tous les sujets d'actualité s'étaient tenues dans le salon et autour de la table du *dining-room*. Les recherches d'Ampère et d'Arago sur l'électro-magnétisme avaient attiré l'attention de tous les gens instruits, et on vint à en parler et à en discuter les conséquences probables. Le géologue, nommé Jackson, qui devait s'illustrer un peu plus tard par la découverte des propriétés anesthésiques de l'éther, racontait au peintre, son compatriote, qui lui aussi revenait de France, les expériences du grand Franklin, où il avait vu l'électricité franchir en une durée inappréciable un trajet de plusieurs lieues, et ce récit suggéra aussitôt à l'artiste l'idée d'employer le « fluide électrique », comme on disait alors, à produire les signaux qui seraient transmis presque instantanément aux points les plus éloignés de celui d'émission, signaux auxquels on donnerait une signification particulière afin d'en pouvoir composer des mots intelligibles et des phrases entières.

Pendant les loisirs de la traversée de l'Atlantique, — de « la mare aux harengs », comme disent aujourd'hui dédaigneusement les Américains qui la franchissent d'une enjambée, oserait-on presque dire, — la conversation revint souvent sur ce sujet de la transmission électrique des signaux. Le peintre ni le géologue ne connaissaient les efforts justement tentés en ce moment par Wheatstone et Steinheil, sans quoi ils se fussent probablement bornés à faire des vœux pour la réussite de ces projets, tandis que l'idée se fortifia, se développa peu à peu dans l'esprit de l'artiste, à qui Jackson opposait mille objections, mille difficultés, qu'il surmontait victorieusement l'une après l'autre. Au terme du voyage, le problème lui semblait pratiquement résolu dans sa pensée. En quittant le paquebot, sur le *pier* de New-York, il s'approcha donc du capitaine Sell et lui prit la main.

« Capitaine, dit-il, quand mon télégraphe sera devenu la merveille du monde, souvenez-vous que la découverte en a été faite à bord du *Sully*, le 15 octobre 1832. »

L'homme qui parlait ainsi, s'appelait Samuel Morse, né, en 1791, à Charleston. Il était le fils aîné du révérend Jedediah Morse, docteur en théologie, à qui l'Amérique a dû les premiers ouvrages élémentaires sur la géographie. Samuel Morse était un peintre dont le talent était incontestable. Plusieurs portraits de gens notables de l'Union font bonne figure dans les musées de Washington et de New-York, mais, comme beaucoup de ses compatriotes, l'artiste avait des goûts un peu nomades et l'esprit avide de nouveautés, aussi s'intéressait-il fort aux recherches de son illustre compatriote Franklin et des autres physiciens de son temps, et aimait-il les voyages, ce qui l'avait poussé à venir par deux fois en Europe, visiter les principales villes du continent, et compléter ses études sur les beaux-arts

Samuel Morse.

par l'examen des chefs-d'œuvre des anciens. C'est ainsi que nous l'avons rencontré à bord du *Sally*.

Peu de semaines après son retour en Amérique, Morse s'occupa de réaliser les idées exposées à bord du paquebot et de construire son appareil; mais il n'était pas riche, il avait des tableaux à peindre, les mois et les années s'écoulèrent, et ce ne fut qu'en 1837, cinq ans plus tard, qu'un premier modèle fort rudimentaire put être terminé et essayé. Les expériences firent ressortir nombre d'imperfections, qu'il fallut deux ans de travail pour corriger. Le peintre avait dû abandonner ses pinceaux pour se muer en électricien, mais il devait monter le dur calvaire des inventeurs de génie avant de voir luire le soleil de la réussite, qui ne devait se lever pour lui que onze ans plus tard. Entre temps Morse était revenu encore une fois en Europe pour essayer d'intéresser les gouvernements français et anglais à la télégraphie, mais sans le moindre succès.

Le principe de son système était encore plus simple que celui de Wheatstone.

Une ligne télégraphique en principe, se compose d'un

Télégraphe Morse (récepteur).

émetteur de courant, ou transmetteur placé au poste de départ, et un récepteur placé au poste d'arrivée, ces deux postes étant reliés par un fil, la terre servant de retour du courant à son point d'émission. L'émetteur le plus simple n'est autre chose qu'un interrupteur qui permet de faire passer le courant d'une pile dans le fil de ligne ou de l'intercepter à volonté; dans les télégraphes, on désigne cette espèce de robinet électrique sous le nom de *manipulateur*.

Le récepteur d'arrivée est un électro-aimant attirant, lorsque le courant passe dans les spires du fil entourant ses barreaux, une armature de fer qu'un ressort ramène à sa position primitive dès que le courant cesse d'arriver et l'aimantation de se produire. Ce sont les mouvements de cette armature qui sont mis à profit pour inscrire les signaux.

Le modèle de récepteur déposé par Morse à l'appui de sa demande de brevet est précieusement conservé dans les galeries de la *Smithsonian Institut*, le grand musée de Washington, parmi d'autres reliques nationales. C'est un assemblage bizarre de leviers en bois dans un cadre rectangulaire. Un mouvement d'horlogerie, actionné par un poids assez lourd, fait dérouler une bande de papier sur un cylindre, et les signaux y sont inscrits sous forme de boucles successives par les déplacements d'un crayon fixé à l'extrémité d'une sorte de long pendule triangulaire dont les mouvements sont provoqués par un électro-aimant.

Le premier manipulateur de Morse présentait de bien inutiles complications, qui furent supprimées dans la suite. Pour éviter que l'employé chargé d'expédier les signaux fût obligé d'apprendre les signes d'un alphabet conventionnel, les déplacements de levier étaient produits par des règles à goupilles, diversement groupés suivant les lettres; il fallait une règle par lettre et par chiffre. Au cours des premières années de la mise en service des lignes de télégraphes, l'inventeur modifia les dispositions de ses appareils, mais ce ne fut que peu à peu qu'il arriva à leur donner la forme définitive qu'on leur connaît et qui a reçu quelques perfectionnements de détail pour simplifier leur emploi ou accroître leur rendement.

Mais pour en revenir à Samuel Morse, ce ne fut pas sans une louable obstination qu'il parvint à son but. Comme il était sans fortune, il avait sollicité du Congrès une allocation de 30000 dollars afin de terminer l'installation d'une ligne télégraphique, mais le Sénat devait ratifier cette décision pour que l'inventeur fût à même de toucher les fonds. On était arrivé à la fin de la session, et bien que le vote lui eût été solennellement promis par un grand nombre de membres du Congrès, Morse voyait s'approcher avec angoisse l'heure de la clôture sans qu'aucune décision eût été prise à son sujet.

C'était la ruine définitive de ses projets les plus chers, et désespéré l'inventeur se décida à quitter Washington la veille de la fin de la session, alors que l'assemblée avait encore à se prononcer sur 143 bills, ou projets de lois, avant d'arriver à sa pétition. Ce fut miss Elsworth, fille du directeur du bureau des brevets, qui sauva la situation menacée et engagea Morse à attendre encore une journée.

« Nous recevons, lui dit-elle, beaucoup de sénateurs à la maison. Je vais les visiter tous et leur dirai : Siégez nuit et jour, s'il le faut, mais ne vous séparez pas sans avoir accordé au professeur Morse les 30000 dollars dont il a besoin pour doter notre pays d'une invention au moins aussi utile que celle de Fulton.

— Merci, mademoiselle, répondit le savant, mais je crains bien que tous vos efforts ne soint inutiles.

— Ne me découragez pas, et promettez-moi de ne pas quitter Washington avant après-demain matin. Vous savez que ce que femme veut... les sénateurs doivent le vouloir aussi!...

— Soit! Je resterai. Puissiez-vous réussir! »

Aussitôt miss Elsworth se met en campagne et se fait si persuasive auprès des représentants, que le Sénat consent à retarder la fin de la session d'un jour afin de s'occuper de la ratification du vote du Congrès relatif à l'adoption du télégraphe électro-magnétique de Morse. Et, le surlendemain, la jeune fille accourait au modeste hôtel où logeait le savant et le faisait appeler au parloir :

« Le vote de votre bill a été ratifié, s'écria-t-elle en s'adressant à l'inventeur tout surpris de cette visite extra-matinale. Il est passé tout à l'heure, à 4 heures du matin, quelques minutes avant la clôture de la session. Nos pères conscrits dormaient bien un peu, mais j'étais là dans une tribune, leur rappelant d'un tel regard les promesses qu'ils m'avaient faites qu'aucun d'eux n'a osé aller se coucher avant de l'avoir accompli. Du reste, voici le *Globe*, l'officiel de ce matin, lisez! »

Le professeur Morse saisit la main de la jeune fille et y déposa un baiser respectueux. Une larme tomba sur les doigts de miss Elsworth : c'était le remerciement de l'âme attendrie de l'inventeur.

Le plus difficile paraissait fait, mais la première ligne télégraphique était à peine mise en service que surgirent d'autres difficultés et des concurrences s'efforçant de limiter le développement de ce grand progrès dans l'art des communications de pensée rapides. On reprochait surtout à Morse les complications de son alphabet conventionnel par traits et points, qu'il fallait apprendre laborieusement avant de savoir expédier ou lire les signaux expédiés par le fil télégraphique. L'administration française était si convaincue que jamais ses employés n'auraient assez d'intelligence pour se mettre ces signaux dans la mémoire, qu'elle fit construire des appareils très compliqués et très coûteux dans lesquels de petites ailettes imitaient les mouvements des bras du télégraphe aérien de Chappe, que l'électricité était précisément appelée à remplacer avec avantage.

Un peu après, la même administration adopta le télégraphe *à cadran*, de Bréguet, qui fonctionnait exactement comme celui de Jean Alexandre, et avait l'inconvénient de ne laisser aucune trace des dépêches et communications transmises et échangées, après quoi seulement elle se décida à revenir au système de Morse, qui s'était répandu dans le monde entier et était devenu d'un usage universel. On ne considérait plus sans doute comme trop ardue l'étude du langage conventionnel imaginé par Morse, ou bien l'intelligence des télégraphistes français s'était subitement mise au niveau de celle de leurs collègues étrangers.

Quoi qu'il en soit, le système Morse, qui permettait l'impression des signaux reçus s'imposa dans tous les pays du monde, et il demeura seul en service jusqu'au jour où, l'échange des dépêches s'étant considérablement accru, on trouva que son fonctionnement était trop lent, en raison de la manipulation à la main, qui ne permet pas à l'employé le plus exercé de dépasser une certaine moyenne de signaux à la minute. La première idée qui

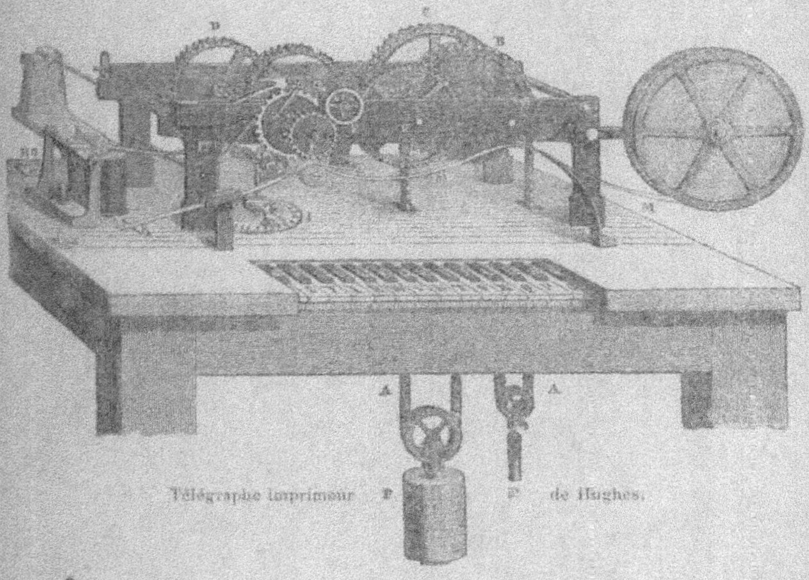

Télégraphe imprimeur de Hughes.

fut mise à profit pour accélérer le rendement du télégraphe, fut le *jacquart électrique* proposé par Wheatstone. Dans ce système, tandis que le fil est déjà occupé, des opérateurs préparent les dépêches à expédier en perforant une bande de papier à l'aide d'un poinçon spécial, de manière à constituer les points et les traits représentant chacun par leur groupement une lettre ou un signe déterminé. Cette bande préparée est alors déposée dans un appareil particulier et déroulée très rapidement. Chaque fois que se présente une perforation, le courant

passe, autrement il demeure interrompu, le papier constituant un isolant. L'expédition des signaux peut être ainsi
beaucoup plus rapide qu'avec la transmission par manœuvre de la poignée du manipulateur, et on peut faire travailler en même temps le fil d'une façon continue.

Un autre mécanisme télégraphique, qui parut la merveille des merveilles lors de son apparition et qui fut un
moment en grande faveur, est le *télégraphe imprimeur*
de Hughes, savant mécanicien et physicien, né à Londres,
en 1831, et établi aux États-Unis, d'où il revint, en 1865,
pour faire construire sa machine par le constructeur français Froment.

Tandis que, dans le système Morse, l'émission du courant imprime au poste récepteur un signal conventionnel,
un point ou un trait, suivant la durée de cette émission
de courant, dans l'appareil Hughes cette émission suffit
pour imprimer une lettre ou un chiffre par le principe
suivant : Deux mécanismes d'horlogerie disposés, l'un
au poste d'expédition, l'autre à la station d'arrivée,
tournent avec des vitesses égales et entraînent chacun
une roue dont la tranche porte en relief, en caractères
d'imprimerie, toutes les lettres de l'alphabet et la série
de chiffres de 0 à 9. Si ces roues tournent ainsi synchroniquement, on conçoit que la même lettre se trouvera
au même instant au point le plus bas de ces deux roues,
sur la verticale passant par leurs centres. Rien n'est
plus simple que d'encrer automatiquement cette roue,
et si, au moment précis où une lettre passe à la partie
la plus basse, un levier soulève une bande de papier et
l'applique sur le contour de la roue, c'est la lettre qui
se trouve en ce point qui vient s'imprimer sur la bande.

Le transmetteur du télégraphe imprimeur Hughes est
un clavier dont chaque touche porte une lettre, un chiffre
ou un signe de ponctuation disposés dans le même ordre
que la roue des types d'impression. Ce clavier comporte
vingt-huit touches. Un chariot mobile, le distributeur,

est chargé de fermer le circuit et d'envoyer le courant dans la ligne. A l'arrivée, ce courant traverse les spires d'un électro-aimant dont l'armature mobile actionne une détente, qui agit sur le mécanisme imprimeur, lequel comporte un mouvement d'horlogerie à poids, pour le déroulement de la bande de papier, la rotation des diverses rouages assurant la concordance des positions des roues des types aux deux postes, enfin le soulèvement de la bande pour l'amener au contact des lettres d'imprimerie enduites d'encre grasse au moyen d'un rouleau-tampon, qui en est imbibé. Si une discordance se produit entre les appareils, un dispositif permet d'exécuter la correction voulue pour ramener le synchronisme indispensable.

L'appareil de Hughes a reçu de nombreuses applications en raison de l'avantage qu'il procure d'imprimer directement la dépêche à l'arrivée sans nécessiter la traduction qu'exige l'alphabet Morse par points et traits combinés, mais on a trouvé son rendement insuffisant et un autre système, encore plus perfectionné, lui a été substitué, avec lequel les émissions de courant se succèdent infiniment plus vite sur le fil. La durée d'une émission étant très courte, la manipulation ordinaire ne peut dépasser une certaine limite, si bien que chaque signal expédié à la main est séparé de celui qui le précède et de celui qui le suit, par une période comparativement très longue où le fil n'est pas utilisé.

Le principe des appareils télégraphiques, dits *multiples*, consiste à écouler par le même fil de ligne le travail simultané de plusieurs opérateurs, aux deux stations d'expédition et de réception, chacun d'eux occupant périodiquement et successivement la ligne pendant un temps déterminé. Il est donc nécessaire, dans ce cas, d'employer autant de manipulateurs et de récepteurs qu'il y a d'opérateurs à chaque poste ou que l'on veut réaliser de transmissions. Cette conception de travail oblige à disposer, comme pour le système Hughes, d'organes tournant synchroniquement aux deux postes en rapport et de mettre pendant des temps égaux chaque manipulateur en rapport avec le récepteur correspondant : ce qu'on appelle fonctionnement en *duplex*, *quadruplex*, *multiplex*, selon qu'il y a deux, quatre appareils en relations simultanées ou davantage. Ces organes mobiles sont appelés *distributeurs*.

C'est en 1877, que l'administration française des Postes et des Télégraphes adopta le système de télégraphe multiple à haut rendement, qui porte le nom de Baudot. Émile Baudot, né à Magnieux, dans le département de la Haute-Marne, en 1845, était simple commis à l'administration centrale, et il n'était connu que par des améliorations de détail sans grande importance, par exemple aux relais télégraphiques, quand fut adopté la transmission multiple sur les lignes très chargées. Le souvenir d'un drame se rattache à cette invention. Un collègue de Baudot, portant le nom de Mimaut, accusa le chef hiérarchique du service auquel il était attaché, l'ingénieur en chef Raynaud, de s'être approprié le principe de l'invention dont il était l'auteur et dont il lui avait communiqué les plans dans l'espoir de voir son système adopté.

Mimaut accusa donc son chef de l'avoir pillé et fait accepter, sous un prête-nom, le fruit de son labeur persévérant, et pendant plusieurs années il poursuivit Raynaud de ses réclamations et de ses menaces, mais il passa pour un maniaque, sinon pour un fou, car il n'apportait aucune preuve certaine à l'appui de ses accusations. Renvoyé de l'administration, plongé dans la plus profonde misère, Mimaut perdit sans doute complètement la raison, car se trouvant, un jour de l'année 1888, en présence de celui qu'il regardait comme un persécuteur, qui l'avait dépouillé sans qu'il pût espérer aucun recours, il abattit l'ingénieur d'un coup de revolver. Arrêté et condamné peu après, Mimaut mourut sans avoir cessé de s'affirmer le seul inventeur

du télégraphe multiple. Où était la vérité?... S'abusait-
il par une coïncidence, qui s'est reproduite assez fréquemment dans l'histoire des inventions, et était-il atteint
de la manie de la persécution, ou avait-il été frustré de
la juste gloire qui lui revenait? Sombre histoire!...

Quoi qu'il en soit, dans l'appareil connu sous le nom de
Baudot, le distributeur est un appareil placé à la station de

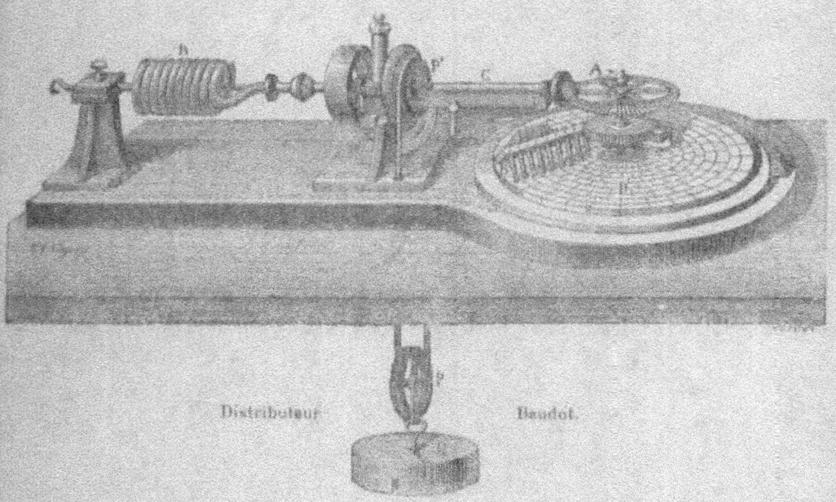

départ, entre les manipulateurs et la ligne, et dont le but
est de répartir les émissions de chaque manipulateur sur le
fil. A l'arrivée, un distributeur identique, tournant synchroniquement avec l'autre, reçoit chacune de ces émissions, les dirige dans l'organe de réception, ou *traducteur*,
constitué par un relai très sensible à armature polarisée
par l'influence d'un électro-aimant à fil très fin et par une
série d'autres électros, dits *aiguilleurs*, au nombre de cinq,
agissant sur des leviers appelés *chercheurs*. Le but de cette
combinaison est d'arriver finalement à appliquer la bande
de papier sans fin que déroule un mouvement d'horlogerie,

15

sur le point de la circonférence de la roue des types correspondant à la lettre expédiée par le poste expéditeur.

Le rendement de ce remarquable système est très élevé. Suivant le genre d'installation adopté, on peut transmettre 1, 2, 3 ou 4 lettres par révolution du distributeur. Comme cet organe tourne à 180 tours par minute, on transmet ainsi depuis 189 jusqu'à 720 lettres expédiées à la minute, dans ce dernier cas avec quatre opérateurs. Un manipulateur fournit 1760 mots à l'heure ; un montage en duplex occupe à chaque bout de la ligne trois opérateurs, dont deux transmettent et reçoivent, le troisième dirigeant le service et inscrivant les dépêches. Une installation quadruple, avec six agents à chaque poste, dont quatre expédiant et recevant, un inscrivant les dépêches et un dirigeant le service, produit jusqu'à 7000 mots à l'heure. Un manipulateur et un traducteur, reliés à l'un des secteurs du distributeur, constituent un *secteur* de l'installation.

Ces résultats sont merveilleux quand on songe au faible débit des premiers télégraphes aériens ou même électriques, et cependant on n'en est pas encore satisfait, et les systèmes *octoplex*, de Rowland, *multiplex*, de Mercadier, *photographiques*, de Pollak et Virag et de Siemens et Halske, sont susceptibles de donner des rendements encore plus élevés et vraiment phénoménaux.

C'est ainsi que le dispositif Rowland, adopté sur les lignes Berlin-Hambourg et Francfort, très chargées, permet de réaliser la transmission simultanée de 8 dépêches, 4 dans chaque sens, d'où son nom d'octoplex. Le télégraphe Mercadier, lui, emploie les courants ondulatoires, modifiés par des diapasons convenablement accordés et triés à l'arrivée par des relais micro-téléphoniques. Il a donné le moyen de transmettre par un seul fil des signaux envoyés par douze opérateurs à la fois sur la ligne télégraphique Paris-Bordeaux, et d'échanger ainsi 13000 télégrammes de 20 mots à l'heure. Ces résultats extraordinaires sont encore grandement surpassés par les appareils photo-télégraphiques

Siemens et Halske, qui peuvent expédier et recevoir 2000 lettres à la minute et 20000 mots à l'heure. Les dépêches sont préalablement préparées comme dans le jacquard de Wheatstone, et elles sont reproduites photographiquement par le poste récepteur à la vitesse qui vient d'être indiquée.

Les fondateurs de la grande maison de construction d'appareils électriques de toute espèce, les trois frères Siemens, ont disparu, mais nous devons leur consacrer quelques lignes de biographie, car ils ont contribué puissamment à fonder et à développer les différentes branches de l'électricité industrielle.

L'aîné des Siemens, Werner, né à Lenthe, près de Hanovre, en 1816, et mort à Berlin, en 1892, était officier dans l'artillerie prussienne quand, en 1841, il prit son premier brevet pour un procédé d'argenture et de dorure galvanoplastique peu différent de celui qu'avait découvert Jacobi quelques années auparavant. Il construisit ensuite un régulateur différentiel pour machines à vapeur et devint, en 1844, commandant des ateliers de l'artillerie de Berlin. Quatre ans plus tard, il installa la ligne télégraphique souterraine de Berlin à Aix-la-Chapelle et Francfort, puis quitta l'armée et fonda avec Halske une usine de construction de matériel de lignes de télégraphes qui ne fit que se développer.

Siemens créa de nombreux types nouveaux d'appareils électriques, notamment une lampe à arc à régulateur différentiel, un télégraphe imprimeur, une dynamo et une machine à courants alternatifs, un pyromètre électrique et le premier chemin de fer qui ait fonctionné à l'aide du courant électrique. En 1874, il fut nommé membre de l'Académie des sciences de Berlin et consacra 500000 marks à la création d'un Institut des sciences appliquées.

Son frère, Wilhelm ou William Siemens, né en 1823, et mort à Londres, en 1883, s'était fixé dans cette ville, et il se révéla également comme un inventeur, ou plutôt comme un réalisateur d'idées imparfaitement développées avant lui, car il s'appliqua à perfectionner ce qui était déjà connu en électro-chimie et en horlogerie. Il se consacra ensuite à l'étude des phénomènes de la chaleur et de l'électricité, et fonda avec son frère cadet, Ernst, une société pour la fabrication des câbles télégraphiques sous-marins. Il a laissé divers écrits scientifiques, notamment un mémoire sur la *Conservation de l'énergie solaire*, qui contenait certains aperçus originaux.

Friedrich Siemens, né en 1826, associé avec son frère Ernst, construisit avec lui, en 1858, un four à gaz récupérateur qui, perfectionné peu à peu, permit d'atteindre de très hautes températures avec une sérieuse économie de combustible comparativement aux fours alors en usage pour la métallurgie. Ce système rendit possible la préparation de l'acier à foyer ouvert et du verre à feu continu. Avec un autre de ses frères, Johann, il dirigea ensuite la verrerie de Dresde, et écrivit dans ses loisirs quelques mémoires sur la physique.

Pour en terminer avec la question des systèmes de télégraphes avec fil reliant les postes d'émission et de réception, nous dirons encore que différents modèles originaux ont été proposés au cours du xixᵉ siècle sans pouvoir s'imposer aux administrations chargées du monopole de ce genre de correspondance. Tels ont été le *pantélégraphe écrivant* de l'abbé Caselli, le télégraphe autographique de Bonelli, et le *télautographe* de Ritchie. Le *siphon-recorder*, de Thomson, employé au début de la télégraphie par câbles transatlantiques, a été également remplacé par un appareil plus parfait. Aujourd'hui, le développement pris par la radio-télégraphie, qui n'exige aucun lien matériel entre les postes émetteurs et récepteurs, laisse croire que la télégraphie ordinaire a atteint son maximum. Elle a eu l'honneur, en tout cas, d'ouvrir une route nouvelle aux chercheurs et a rendu, depuis près d'un siècle qu'elle fonctionne, les services les plus signalés à la civilisation et à l'humanité.

CHAPITRE XII

LE TÉLÉPHONE ET LE PHONOGRAPHE

BOURSEUL — REIS — GRAHAM BELL — GREY — ÉDISON
SCOTT — CHARLES CROS

On peut faire remonter au XVIIe siècle la première idée du transport de la voix à distance ou, pour être plus exact, de la transmission des sons. En 1782, un jeune bénédictin, dom Gauthey, patronné par Condorcet, présenta à l'Académie une supplique dans laquelle, prétendant avoir déjà obtenu des résultats, il demandait de procéder à une expérience publique en présence d'une commission nommée par la docte assemblée. Satisfaction lui fut accordée. L'appareil se composait d'une suite de tuyaux enchâssés à la suite les uns des autres sur une longueur totale de 800 mètres. Les coups frappés à l'aide d'un marteau furent nettement perçus à l'autre extrémité de la conduite. Malgré la réussite de la démonstration, aucune suite ne fut donnée aux projets de dom Gauthey, en raison des dépenses élevées qu'eût entraîné l'installation de lignes d'une certaine longueur.

C'est à la même époque que fut imaginé le téléphone à ficelle, qui reparut sous forme de jouet d'enfant un siècle plus tard. Le physicien Robert Hooke en donna la description. Il employait, dit-il, un fil tendu entre deux cornets, que l'un des opérateurs portait à l'oreille tandis que l'autre parlait à l'intérieur du deuxième cornet. Les paroles étaient transmises par le fil d'un cornet à l'autre jusqu'à près de 100 mètres de distance.

Mais ces dispositions n'ont rien de commun en réalité avec le véritable téléphone qui utilise les phénomènes électromagnétiques, aussi faut-il arriver à l'année 1854 pour trouver la première énonciation de la théorie du téléphone qui ne devait cependant être réalisée pratiquement que vingt-deux ans plus tard.

Dans un numéro du journal *l'Illustration*, un simple commis de l'administration française des Postes et des Télégraphes, Charles Bourseul posait nettement les conditions du problème des communications téléphoniques à distance,

Téléphone à ficelle.

et se faisait fort de le résoudre. Après avoir rappelé, dans le préambule de son article les applications faites de l'électricité à la transmission des signaux, il parlait de la possibilité de transmettre au loin par un procédé analogue les sons articulés constituant le langage, et il concluait en disant : « Reproduisez exactement ces vibrations et vous reproduirez aussi les syllabes. » Son article contenait cette phrase vraiment prophétique : « Il est certain que, dans un avenir plus ou moins éloigné, la parole sera transmise à toutes distances par l'électricité. » Enfin il terminait comme suit :

« J'ai commencé les expériences ; elles sont délicates et exigent du temps et de la patience, mais les approximations obtenues font entrevoir un résultat favorable. Imaginez que l'on parle près d'une plaque mobile assez flexible pour ne perdre aucune des vibrations produites par la voix, que cette plaque établisse et interrompe successivement la communication avec une pile, vous pourrez avoir à distance une autre plaque qui, en même temps, exécutera immédiatement les mêmes vibrations. »

On peut objecter que, dans le téléphone tel qu'il existe aujourd'hui, les vibrations de la plaque n'interrompent pas le passage de l'électricité comme le ferait le trembleur d'une bobine Ruhmkorff, mais qu'elles font simplement varier l'intensité du courant, mais c'est là un détail qui n'a qu'une importance secondaire et n'empêche en rien que l'idée du téléphone était bien en germe dans cet énoncé.

Au reste, comme Charles Bourseul, découragé sans doute de n'avoir pas été entendu, ne fit pas connaître la suite de ses recherches; on peut lui contester la paternité de l'invention; car, en pareille matière, ce qui importe le plus c'est la réalisation. L'idée d'un progrès, c'est quelque chose évidemment, mais quelque chose d'insuffisant puisque ne sortant pas du domaine de l'imagination.

Téléphone Bell.

Un peu plus tard, vers 1860, dans une petite bourgade allemande, un simple instituteur, Philippe Reiss, approcha de près la solution. Il avait construit un curieux appareil agissant comme l'oreille humaine : le tympan de cette oreille artificielle était relié à un levier dont les divers mouvements faisaient varier l'intensité d'un courant électrique actionnant par un électro-aimant un récepteur analogue au transmetteur.

« Comment notre oreille perçoit-elle les sons? écrivait Reiss. Par les vibrations du tympan. Or, il n'est pas impossible de construire un tympan artificiel; de fait, j'ai réussi à établir un dispositif avec lequel je puis reproduire les sons des divers instruments de musique, et même, jusqu'à un certain degré ceux de la voix humaine. Comme pour transmettre ces sons je me sers du fil d'un poste de télégraphe électrique, j'appelle mon appareil *téléphone*. »

Présenté par son inventeur à la Société de physique, l'appareil eut un certain succès de curiosité, mais personne n'entrevit son utilisation pratique. D'ailleurs la transmission était fort imparfaite. Reiss tenta de l'améliorer, mais n'y parvint pas, et il en resta là. Il fallut le triomphe ultérieur du téléphone pour qu'on réssuscitât le souvenir de ces recherches dans le but d'attribuer aux Allemands la gloire d'avoir été des précurseurs dans cette remarquable conquête de la science.

A l'Exposition universelle de Philadelphie, en 1876, on remarquait, parmi les richesses qui se trouvaient rassemblées dans ses galeries, un petit instrument en bois un peu plus massif qu'un bilboquet, pourvu d'une embouchure à un bout et donnant issue de l'autre côté à deux fils de cuivre recouverts de soie et câblés ensemble. Son *manager*, nommé Graham Bell, expliquait aux visiteurs les qualités de cet instrument qu'il appelait, comme l'avait fait Philippe Reiss, téléphone.

Les savants, auxquels cette invention paraissait presque surnaturelle, se livrèrent aussitôt à des expériences. Ils empruntèrent la ligne télégraphique de New-York comme conducteur, et on put entendre nettement les paroles prononcées à Philadelphie devant l'embouchure de l'instrument; les moindres sons, le rire, la respiration même étaient perçus. Or, parmi ces auditeurs se trouvait un savant illustre par ses travaux sur la télégraphie, sir William Thomson, qui devait porter plus tard le nom de lord Kelvin. Il fut enthousiasmé du résultat et proclama l'appareil de Bell une merveille.

Alexander Graham Bell, né en 1847, était le fils d'un clergyman d'Édimbourg mais établi depuis de longues années en Amérique, et il était professeur dans un établissement de sourds-muets, à Boston, quand il arriva à faire parler le fer, ainsi qu'il le disait. Il ne connaissait cependant ni les travaux de Reiss ni ceux de Bourseul, mais seulement ceux du professeur Page, son compatriote, qui, en 1837, avait remarqué qu'en aimantant et désaimantant très rapidement un barreau de fer doux, il en résultait un son auquel il avait donné le nom de *musique galvanique*. Mais, en sa qualité de professeur de sourds-muets, Bell, au lieu de faire converser ses élèves par les mouvements des doigts, d'après une théorie conventionnelle rappelant le télégraphe aérien de Chappe, Bell s'efforçait de les faire parler en dépit de leur surdité par une éduca-

Graham Bell.

tion spéciale des mouvements des lèvres, de la langue et du pharynx, méthode qui a été perfectionnée par la suite et grâce à laquelle les sourds-muets entendent, ou, mieux, *comprennent*, en observant attentivement les mouvements des lèvres de leur interlocuteur et répondent sans percevoir eux-mêmes le son de leur voix. Pour enseigner rationnellement une semblable méthode, Graham Bell fut obligé d'abord de s'initier aux lois de l'acoustique et faire de nombreux essais pour surmonter les difficultés qui se présentaient. Le savant improvisé apprit alors par les revues scientifiques qu'un Français, Léon Scott, enregistrait la parole sous forme de ligne ondulée tracée sur une surface enduite de noir de fumée, idée qui devait conduire, ainsi qu'on le verra plus loin, à l'invention du phonographe. Aussitôt, il lui sembla que ces lignes ondulées pouvaient être transmises par le courant électrique ; il fabriqua un premier appareil et demanda un brevet, car un Américain, fût-il de souche écossaise, ne perd jamais l'occasion de monnayer ses idées quand c'est possible. Peut-on penser que c'est un tort lorsqu'il s'agit de créations nouvelles, susceptibles de rapporter des millions de dollars à leur auteur ?...

Le premier téléphone à membrane que Bell fit breveter, le 14 février 1876, et qu'il qualifiait simplement de « perfectionnement dans la télégraphie », se composait de deux porte-voix dont les fonds étaient constitués par des membranes vibrantes, au centre desquelles était une mince feuille d'or, qui, si l'on parlait devant l'embouchure, transmettait ses mouvements à un levier articulé sur une branche d'électro-aimant ne possédant qu'une bobine au lieu de deux. Les vibrations, influant sur le champ magnétique de l'électro, donnaient naissance à des courants ondulatoires, qui reproduisaient les sons et la voix au poste récepteur par un mécanisme inverse. Les deux postes transmetteur et récepteur, ou, plus justement, parleur et écouteur, étaient identiques, interchangeables entre eux et réunis par deux conducteurs en rapport avec les électro-aimants.

Par la suite, Graham Bell construisit des téléphones conçus tout différemment et prit de nombreux brevets, mais c'est le premier qui lui valut le droit de priorité et celui plus enviable de ramasser les nombreux millions que lui valurent les licences du droit d'exploitation dans le monde entier quand le téléphone devint d'un emploi général. Le droit de priorité était de première importance, car, le même jour que Bell, un autre savant, Elisha Grey, envoyait de Chicago au bureau des brevets de Washington une demande de *caveat*, c'est-à-dire de protection de son droit jusqu'à ce qu'il eût terminé de mettre ses appareils au point. Cette demande arriva deux heures après celle de Graham Bell, et le principe était quelque peu différent. En parlant dans le récepteur, on faisait bien vibrer une membrane mince, mais les vibrations n'agissaient sur le circuit que par l'intermédiaire d'une masse liquide ayant pour but d'accroître la sensibilité. C'était là une complication inutile et qui fut bientôt abandonnée.

Quoi qu'il en soit, grâce à cette avance de deux heures, et surtout parce que, plus confiant en lui-même, Bell avait pris un brevet complet, le tribunal de Washington, appelé sur la réclamation de Grey à se prononcer, c'est à lui seul que fut accordé le privilège de l'invention du téléphone, en vertu de la loi américaine sur les brevets. Elisha Grey ne pouvait élever aucune objection : *dura lex, sed lex*; il n'avait aucun droit à faire valoir. Heureusement, son rival était un gentleman qui le fit indemniser un peu plus tard de ce mécompte, dès que la Sociétés des téléphones, rapidement montée à un haut capital, gagna beaucoup d'argent.

Quand on apprit en Europe la stupéfiante nouvelle qui agitait les États-Unis : à savoir que la parole pouvait être transmise et être entendue à n'importe quelle distance, la sensation fut énorme, mais les gens graves et qui prévoient les événements à longue échéance, affirmèrent que le téléphone ne pouvait constituer qu'un jouet, ou tout au plus un instrument de démonstration à placer dans les vitrines des cabinets de physique à côté du cube de Leslie, des réflecteurs à transmettre le son ou les ondes calorifiques à distance. En somme, il y eut bien des incrédules, mais cette opinion défavorable se transforma lorsque des spécimens de téléphones parvinrent en France et qu'on put les expérimenter. Le doute fit place à l'admiration, et l'ère des applications pratiques commença aussitôt.

Sir William Thomson avait essayé de causer avec un correspondant, à 400 kilomètres de distance, et il fut surpris de la portée de cet appareil si simple. Dès l'année 1877, des postes téléphoniques s'installaient en Allemagne et en Angleterre, notamment entre la côte et l'île de Jersey, d'une part, puis entre Douvres et Calais. En 1878, l'attention publique était toute portée sur le téléphone : journaux, revues, conférences publiques, conversations privées voyaient revenir constamment ce sujet, et on commençait à utiliser l'instrument de Graham Bell pour des communications parlées à courtes distances, en attendant de réunir les capitales les unes aux autres et d'établir des réseaux serrés à l'intérieur de toutes les villes d'une certaine importance.

Mais on reprochait au téléphone électromagnétique deux sérieux inconvénients : d'une part, la faible intensité des sons à la réception, et, d'autre part, l'impossibilité d'appeler un correspondant non averti qu'on désire lui parler. En effet, s'égosillât-on à crier dans l'embouchure du transmetteur, on ne percevait rien à quelques centimètres de l'écouteur. Les nombreux électriciens frappés de cette imperfection : Ader, Gower, Trouvé, Corneloup, entre autres, imaginèrent des dispositifs sonores pouvant appeler l'attention à distance, mais encore assez compliqués. On en revint d'une manière générale à la sonnette d'appel à trembleur, qui exigeait la présence d'une batterie de piles, surtout lorsque le transmetteur fut renforcé, pour accroître sa portée, d'une bobine d'induction et du *microphone*, qui amplifie considérablement les sons.

L'un des premiers vulgarisateurs de la science de l'électricité, M. le comte du Moncel, qui fut membre de l'Académie des sciences, avait fait connaître, en 1856, une série de phénomènes assez curieux, se produisant lorsque les contacts entre différentes parties d'un circuit électriques sont imparfaits. Ainsi, lorsque des fragments de carbone sont soumis à de légères pressions, la résistance que ces fragments opposent au passage du courant présente de notables modifications. Ainsi, la plombagine, le graphite, le charbon de cornue sont de médiocres

conducteurs du courant; si l'on exerce une pression sur
un métal bon conducteur, appuyé sur ces corps, on
remarque que le courant passe avec d'autant plus de
facilité que la pression est plus forte, en passant par
nombre de degrés intermédiaires.

Hughes, que son télégraphe imprimeur avait déjà rendu
célèbre, se souvint de ce principe, en 1877, pour créer
son merveilleux *microphone*, qui, associé au téléphone
et à la sonnerie à trembleur, a rendu ce système de communication assez pratique pour rendre son emploi uni-

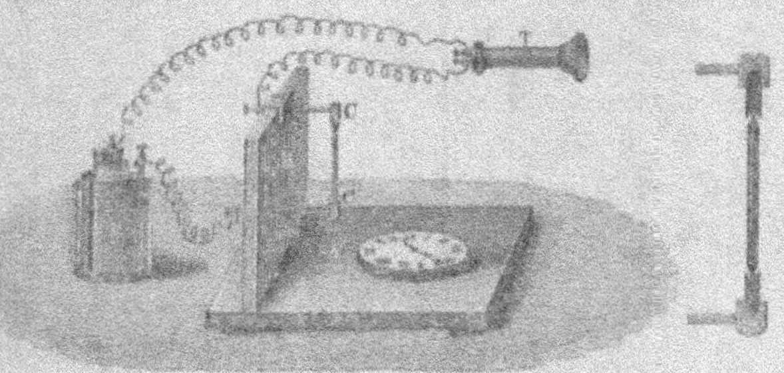

Le microphone.

versel, à tel point qu'on compte dans certaines villes,
à Copenhague par exemple, un poste microtéléphonique
pour moins de vingt habitants.

Le principe du microphone de Hughes est très simple :
c'est un crayon de charbon de cornue ou d'aggloméré
moulé, taillé en pointe à ses deux extrémités qui reposent
dans des cavités creusées dans la masse de petits dés de
même matière. L'un de ces dés est en rapport avec le
pôle positif de la pile, l'autre dé avec le téléphone, un fil
de ligne terminant le circuit et reliant l'autre borne du
téléphone au négatif de la pile.

Différentes variantes et modifications ont été apportées
à cet agencement pour augmenter sa sensibilité, qui est
déjà très remarquable, à tel point qu'une mouche courant

sur la caisse sonore servant de support au microphone est entendue dans le téléphone comme un cheval trottant sur un plancher. On a donc associé plusieurs charbons en les groupant en série; on a remplacé les crayons par de la grenaille de carbone graphitique, enfin on a disposé les contacts de toutes les manières possibles, de façon à donner des formes particulières aux postes et caractériser des marques, mais, de toute façon, un poste microtéléphonique se compose toujours des pièces suivantes, associées de différentes façons suivant les fantaisies du constructeur ou le but à atteindre :

Le transmetteur, ou microphone amplificateur des sons, devant lequel on parle;

Le récepteur, ou écouteur, téléphone électromagnétique de Bell, ou modèles dérivés;

Le commutateur automatique, qui met en circuit soit la sonnette d'appel, soit l'écouteur, et qui est complété par un bouton d'appel ou une magnéto produisant le courant envoyé dans la sonnerie de l'autre poste.

Lorsque le réseau comporte un grand nombre de postes, la mise en communication de deux postes quelconques ensemble s'opère soit d'un bureau central, où un employé opère les connexions voulues suivant les demandes qu'il reçoit, soit à l'aide de dispositifs particuliers, mais nécessitant la présence d'autant de fils conducteurs qu'il y a de postes dans le réseau.

L'invention de Bell a reçu une extension à laquelle on n'aurait jamais pu rêver lorsqu'elle apparut, et, en dépit des imperfections et des irrégularités du service dans certaines villes où le matériel téléphonique est devenu insuffisant pour donner satisfaction à un chiffre disproportionné d'abonnés, il semble que l'on ne saurait plus se passer maintenant de ce moyen de communication universel et qui présente tant d'avantages, même sur le télégraphe, qui ne transmet que des pensées écrites alors que le téléphone permet de converser à toutes distances.

C'est la sensibilité de l'écouteur téléphonique qui a donné
la possibilité de réaliser la radio-téléphonie, cette dernière
merveille de la science, dont nous nous occuperons dans
le chapitre qui suivra. Les applications du téléphone
sont innombrables, et l'usage qui en est fait montre qu'elle
est l'importance qu'il a acquise dans les relations sociales,
car il semble qu'on ne saurait plus s'en passer désormais.

Ne quittons pas Graham Bell sans mentionner encore

Le microphone en action.

son *téléphone sans fil*, ou *photophone*, que l'on peut considérer comme le premier système de transmission de
la parole sans conducteur réunissant les postes trans-
metteurs et écouteurs. Toutefois le principe en est tout
différent de celui mis en application dans la radio-téléphonie actuelle, car c'est aux vibrations lumineuses et
non aux ondes électriques que Bell avait demandé de
transporter les vibrations sonores.

L'organe essentiel du récepteur est une cellule de sélénium fondu, dont la résistance varie par l'effet des rayons

lumineux qui viennent la frapper. Cette cellule, en forme
de cylindre, est disposée au foyer d'un réflecteur parabolique en cuivre argenté, faisant partie du circuit d'une
pile locale et d'un téléphone. Toutes les fois qu'un rayon
lumineux réfléchi par un miroir vient frapper le sélénium,
la résistance électrique de ce détecteur est diminuée, et
cette diminution augmente avec l'intensité du rayon incident. Si cette variation dans l'intensité se poursuit d'une
façon continue, la résistance du sélénium varie de même,
et il en résulte, dans le téléphone, une suite de courants
induits et de variations du magnétisme, qui mettent la
membrane en vibration. Si ces vibrations correspondent
aux mouvements vibratoires d'un parleur téléphonique,
elles reproduiront dans le téléphone écouteur des vibrations identiques, quoique moins intenses, et c'est justement ce qui a lieu dans le photophone.

Le parleur, ou transmetteur, n'ayant d'autres fonctions
à remplir que de produire des variations d'intensité lumineuse, est tout différent d'un microphone. Il se compose
simplement d'une mince lame de verre ou de mica argenté
formant miroir et fixé au fond d'une boîte téléphonique.
Sur ce miroir viennent tomber d'une manière permanente
un rayon lumineux provenant d'une source puissante
d'éclairage, telle qu'une lampe à arc à défaut du soleil,
et concentrés par une lentille qui les renvoie sur un
miroir aplanétique dont le but est de diriger le faisceau
rayonnant sur le réflecteur de l'appareil récepteur.

L'expérience a démontré que le procédé était parfaitement rationnel et que la lumière était susceptible de
transporter les vibrations du son, mais la portée était
très faible et ne dépassait pas une vingtaine de mètres,
même avec une lumière très intense, ce qui rendait ce
système de téléphonie sans fil pratiquement inutilisable.
Cependant, par la suite, plusieurs expérimentateurs
essayèrent de tirer un meilleur parti des cellules de
sélénium pour accroître la portée de l'appareil, et un

ingénieur suisse, M. Ruhmer, parvint à transmettre, en 1898, des messages de jour et de nuit à une distance de 7 kilomètres, avec un appareil auquel il avait donné le nom de *photographone*. La lumière était fournie par une puissante lampe à arc voltaïque. Les progrès apportés dans la suite aux transmissions à l'aide des ondes hertziennes mirent fin aux expériences tentées avec la lumière et le sélénium comme détecteur.

Après le téléphone, nous devons nous occuper d'une invention non moins originale et qui parut à peu près à la même époque, mais sous une forme d'abord assez rudimentaire : le phonographe, réalisé par le grand propagateur des applications industrielles de l'électricité, Édison, dont le nom a déjà été prononcé au sujet de la lampe à filament incandescent.

Depuis longtemps déjà on cherchait à enregistrer les vibrations compliquées de la parole articulée, et l'appareil le mieux conçu était celui établi à la suite de longs tâtonnements par un modeste ouvrier mécanicien, Léon Scott. Le *phonautographe* permettait d'inscrire les vibrations complexes des ondes sonores aériennes. Il se composait d'un paraboloïde en porcelaine, ou autre matière peu élastique, fermé par une membrane élastique munie d'un style sur sa face extérieure. Les ondes, émises par un corps sonore mis en vibration à l'ouverture la plus large du paraboloïde, étaient concentrées par les parois sur la membrane, qui entrait en vibration; les oscillations étaient inscrites sur un cylindre enregistreur enduit de noir de fumée et qu'un mouvement d'horlogerie faisait tourner avec une vitesse uniforme devant le style servant de plume. On obtenait ainsi des courbes plus ou moins compliquées qui constituaient une sorte d'écriture acoustique des sons émis. Mais aucun moyen de reproduire ces sons ne fut proposé par le constructeur.

L'idée du phonographe fut émise, en France, par un esprit original et primesautier, qui était à la fois celui

16

d'un poète et d'un savant : Charles Cros, né à Fabrezan,
dans l'Aude, en 1842, et mort à Paris, en 1888. Charles Cros
étudia d'abord la philologie, puis la médecine et, dans
une curieuse brochure, parue en 1869, il étudiait les
moyens de communiquer avec les planètes. Il indiqua,
le premier, un procédé indirect de photographie des
couleurs, qu'il communiqua à la Société française de photographie presque en même temps qu'un autre chercheur
qui était arrivé aux mêmes résultats : Ducos du Hauron,
qu'il ne connaissait pas.

En 1877, Cros déposa à l'Académie des sciences un
pli cacheté qu'il fit ouvrir six mois plus tard. Il y décrivait en détail les moyens à employer pour enregistrer
la parole sur une matière plastique, de manière à la
reproduire ensuite. C'était toute l'invention qu'Edison
venait de faire connaître au monde sous le nom de phonographe, et le dépôt du pli était antérieur à la première
nouvelle de la création du savant américain. Bien que
Charles Cros n'ait pas réalisé matériellement sa conception, il faut au moins lui reconnaître la même clairvoyance
qu'à son rival, et c'est là une nouvelle preuve de la
simultanéité de certaines inventions. Lorsqu'une idée
est « dans l'air », comme on dit, que les esprits sont
dirigés vers certaines préoccupations, il n'est pas rare
de voir surgir la solution du problème occupant les
imaginations dans plusieurs endroits à la fois, et c'est
ce qui rend quelquefois difficile l'attribution du droit
de priorité dans certaines inventions.

Quoi qu'il en soit, le phonographe contribua pour une
grande part à répandre en Europe le nom du grand électricien Edison, à qui nous devons arriver après avoir
exposé les résultats obtenus avant lui par les chercheurs
français.

La jeunesse de Thomas-Alva Edison fut des plus
accidentées.

Il naquit, en 1847, à la même époque que Graham Bell,

le père du téléphone. Son père, pauvre brocanteur de Port-Huron, dans l'État de Michigan, jugea urgent, dès que l'enfant eut atteint sa douzième année, de lui choisir une carrière. Muni de trois dollars et de la bénédiction paternelle, le jeune Thomas se fit d'abord marchand de journaux et de cigares sur le railway *Canada and Central Michigan*, occupant ses loisirs, dans le fourgon du train où il avait élu domicile, à des expériences de physique et de chimie avec des appareils et des produits ramassés ici et là suivant les occasions; mais un jour une de ses préparations manqua de mettre le feu au wagon, et le chef de train le pria d'aller faire sa cuisine scientifique dans un endroit moins dangereux.

Le jeune Edison changea donc de ligne, et il se mit à vendre un journal où il cumula les multiples fonctions de rédacteur, compositeur et imprimeur, de façon à ce qu'il lui revînt moins cher. Ce journal réussit jusqu'au jour où un Américain susceptible, se trouvant victime de sa verve et de ses indiscrétions, lui administra une vigoureuse correction sur les bords du lac Huron, où il finit par lancer le rédacteur trop caustique du *The Great Trunk Railroad Herald*.

Heureusement le jeune garçon ne mourut pas des suites de ce bain forcé, et nous le retrouvons plus tard employé de télégraphe à Louisville, puis à Cincinnati, combinant dans son esprit fertile des inventions mirifiques... et d'autres exploits montrant des dispositions d'esprit assez fâcheuses pour la tranquillité de ses contemporains d'humeur tranquille. Il imagina un système devant permettre à deux trains en marche de communiquer ensemble; mais, par une incroyable malchance, les deux trains se rencontrèrent. Aux États-Unis, l'opinion publique ne se laisse pas influencer pour si peu. Au contraire, l'attention fut d'autant plus attirée vers le jeune inventeur.

En 1862, à peine âgé de quinze ans, le jeune Edison entra comme commis au bureau télégraphique de Port-

Huon, et il fournit deux années plus tard la preuve de ses facultés inventives en combinant le montage *duplex*, qui donne la possibilité de faire passer simultanément deux dépêches en sens inverse sur le même fil. A Boston, où il se rendit en 1868, il entreprit de très intéressantes recherches sur les appareils vibratoires, et il fonda sans succès un atelier de construction d'instruments pour lignes télégraphiques.

Étant devenu, en 1870, ingénieur de plusieurs sociétés et réseaux de télégraphes, il leur céda, moyennant de sérieuses redevances annuelles, diverses inventions relatives au perfectionnement des appareils et des lignes. Riche et ayant déjà acquis un grand renom, Edison fonda, en 1876, son laboratoire d'études qu'on a appelé l'*usine aux inventions* de Menlo-Parc. Il s'entoura de collaborateurs compétents, chargés chacun d'une branche de recherches et d'expériences déterminées, et c'est là qu'il mena à bonne fin ses inventions les plus retentissantes, dont le nombre est si grand qu'il serait difficile de les énumérer toutes. Les plus remarquables sont celles s'appliquant à l'électricité et à ses multiples applications : éclairage, traction, électrochimie, etc.

Si l'annonce de la découverte du téléphone fut taxée à Paris de « canard américain », on ne trouva pas, en 1878, d'expression assez forte pour qualifier celui qui prétendait pouvoir, non seulement enregistrer, mais reproduire la parole humaine à volonté. Il fallut se rendre pourtant à l'évidence après le jour où le phonographe d'Edison fut placé sur le bureau de l'Académie des sciences et enthousiasma l'illustre assemblée, à l'exception toutefois d'un de ses membres qui, resté complètement froid, soutint que ce n'était là qu'une mystification et qu'il s'agissait tout simplement d'un effet de ventriloquie, ce qui était en quelque sorte accuser ses collègues de posséder ce talent, appartenant plutôt aux prestidigitateurs qu'aux savants.

Le Téléphone

Enfin, après une longue discussion, où tous les arguments de M. Bouillaud, — c'était le nom du réfractaire, — furent réfutés les uns après les autres, il s'écria pour conclure :

« Non, jamais je n'admettrai qu'un vil métal puisse remplacer le noble appareil phonateur dont l'homme fait usage pour exprimer ses pensées ! »

Il n'est pas bien sûr que le détracteur de l'invention d'Édison soit jamais revenu de ses préventions. Mais, M. Bouillaud étant mort, le phonographe ne trouva plus d'incrédules, et si l'on pouvait reprocher à cet appareil de dénaturer les sons en rappelant la voix de crécelle de Polichinelle, on ne pouvait nier au moins que le problème de la reproduction de la parole humaine était véritablement résolu.

Le premier modèle de phonographe de 1877 était composé d'un cylindre de grand diamètre sur la surface duquel on appliquait une feuille mince d'étain et qui pouvait tourner sur lui-même en avançant sur son axe grâce à une vis tournant dans un écrou fixe supporté par un palier. Devant ce cylindre se trouvait, maintenue par un support, une embouchure de téléphone, dont la plaque vibrante portait en son milieu un style terminé par une pointe en agate. En parlant devant l'embouchure, tout en tournant une manivelle, le style inscrivait sur la plaque d'étain, en une suite de spires successives, les diverses inflexions du style suivant les vibrations de la membrane.

L'enregistrement terminé, le cylindre était ramené à sa position de départ, et, en le faisant tourner avec la même vitesse, on obligeait le style à repasser dans les gaufrures produites à la surface de l'étain et la membrane, à reproduire les vibrations primitives. C'était fort simple, comme on voit, mais le timbre était dénaturé.

La perfection n'étant pas atteinte à son gré, l'inventeur n'en resta pas là ; il se livra à de nouvelles et minutieuses recherches, et, en 1889, il envoyait, par l'intermédiaire du colonel Gouraud, un second modèle de phonographe, déjà plus perfectionné, au savant Janssen, qui le présenta à l'Académie. La feuille d'étain avait été supprimée et remplacée par un manchon de cire plastique sur laquelle s'inscrivaient en creux les signes phonographiques, et un mouvement de rotation plus uniforme que celui donné par une manivelle lui était communiqué par un petit moteur électromagnétique.

Mais Edison n'était pas encore satisfait, et il perfectionna encore cette disposition. Des concurrents avaient surgi : Bell avait imaginé le *graphophone*, où l'inscription s'opérait, non plus sur un cylindre tournant, mais sur une plaque montée par son centre sur un axe vertical actionné par un mouvement d'horlogerie. Bettini, de son côté, perfectionnait le style reproducteur, qu'il formait d'un saphir relié par un levier coudé à la partie centrale d'une membrane vibrante, ou *diaphragme*, sertie dans une boîte sonore supportée par un bras articulé terminé par un pavillon conique en aluminium. Enfin toutes ces améliorations de détail amenaient le phonographe à son maximum de perfection, et il pouvait reproduire sans la moindre altération la voix des chanteurs et les modulations les plus ténues de la musique.

C'est cette application qui a fait, en définitive, la fortune du phonographe. Le cylindre d'Edison a été abandonné, et il n'est plus fait usage que des disques, d'un diamètre allant de 22 à 40 centimètres, que l'on pose sur un plateau formant volant et que fait tourner un mouvement d'horlogerie à vitesse réglable et pouvant se remonter en marche. On tire, comme on ferait d'un livre imprimé ou d'un film un nombre indéfini d'exemplaires d'un disque original sur lequel a été enregistré un morceau de musique joué par un orchestre, une chanson, un monologue dit par un artiste, en prenant un moulage de ce disque qui est ensuite reproduit à volonté. Le pavillon métallique ayant une sonorité désagréable est remplacé par une caisse de résonance en bois, et le phonographe moderne se présente sous la forme d'un meuble élégant ne déparant pas l'ameublement d'un salon. L'amateur peut se constituer, par l'acquisition des disques, qu'il peut choisir suivant son goût personnel, toute une bibliothèque musicale et entendre, quand il lui plait, chanter un artiste célèbre ou un orchestre renommé, cet artiste fût-il mort depuis des années ou l'orchestre dispersé.

Le phonographe est donc resté plutôt un appareil d'agrément, et les prévisions de ses premiers constructeurs, qui lui voyaient plutôt des applications d'ordre utilitaire, ne se sont pas réalisées. On le croyait, en effet, susceptible de rendre plus d'un service, de remplir l'office de secrétaire et dicter la correspondance aux employés d'une maison de commerce, d'enseigner les langues étrangères avec leur accent propre aux étudiants, répéter sans se lasser leurs rôles aux artistes dramatiques, remplacer les domestiques pour annoncer aux visiteurs que le maître est absent et rentrera à une heure fixée. On a essayé également d'associer le phonographe avec le téléphone, et même avec le cinéma dans les films parlants, mais aucun de ces usages ne s'est maintenu, et avec la diffusion de la radio-téléphonie, le phonographe a beaucoup perdu de son principal intérêt. Il n'en marque pas moins une date dans l'histoire des conquêtes de la science, et s'il a perdu de sa vogue, il a prouvé que l'ingéniosité humaine était capable de résoudre des problèmes qui paraissaient insolubles il y a moins d'un demi-siècle encore. C'est une constatation encourageante pour ce qui reste à réaliser dans les siècles futurs.

CHAPITRE XIII

LA TÉLÉGRAPHIE SANS FIL ET LA RADIOPHONIE

HENRI HERTZ — POPOFF — CALZECCHI — BRANLY
MARCONI — LEE FOREST

Un physicien écossais, James Clerk Maxwell, né à
Édimbourg en 1831, et mort à Cambridge en 1879, et qui est
considéré, à l'égal de Faraday, comme un des plus grands
physiciens du XIXe siècle, avait soupçonné que l'électricité
et la lumière étaient deux aspects d'une même chose, qu'il
appelait l'énergie, et de savants calculs lui avaient démontré cette identité : la vitesse de propagation de ces deux
phénomènes étant exactement la même et voisine de
300000 kilomètres par seconde. Ces théories mathématiques,
qui furent énoncées vers 1876, frappèrent vivement l'esprit
d'un autre savant, allemand celui-là, Henri Hertz, né à
Hambourg en 1857, et mort à Bonn en 1894. Hertz résolut de vérifier expérimentalement le bien fondé des hypothèses de Maxwell, et il entreprit, dans ce but, une longue
suite de recherches qui l'occupèrent pendant plusieurs années
et l'amenèrent à des constatations du plus haut intérêt.

Jusque-là, on ne connaissait que les formes d'électricité
dites *statique* et *dynamique* : la première affectant l'apparence de charges de haute tension paraissant immobiles à
la surface de corps bons conducteurs, l'autre celle de courant s'écoulant comme l'eau provenant d'un réservoir
élevé. Hertz découvrit et mit en évidence un autre mode

de propagation de l'énergie sans support intermédiaire, et conduisit à l'établissement de la nouvelle théorie dite *électronique* sur la nature de l'électricité, que les expérimentateurs du XVIIIe siècle considéraient, à tort, comme un fluide particulier répandu dans la nature.

Ayant constaté que la décharge d'une bouteille de Leyde, ou condensateur statique, ne pouvait influencer un électroscope qu'à la faible distance maximum de 10 mètres, et prenant pour exacts les chiffres indiqués par Maxwell, Hertz chercha à savoir de combien d'oscillations pouvait se composer cette décharge et, songeant à un procédé employé en acoustique pour prouver que la transmission du son n'est pas instantanée mais bien composée d'une série d'ondulations se succédant régulièrement, il imagina un *résonnateur* capable de faire, pour l'électricité, ce que le résonnateur acoustique, imaginé par Helmholtz, faisait pour les sons.

L'électroscope de Hertz, qui constitue le premier *détecteur d'ondes* connu, était formé d'un simple cerceau de métal présentant une solution de continuité en un point, les deux parties en regard formant un biseau. En promenant cet instrument dans une salle parcourue par une décharge électrique oscillante, on remarque qu'en certains points, une petite étincelle jaillit dans le vide du résonnateur, alors que dans d'autres cette étincelle disparaît.

Les vibrations ou oscillations dues à la décharge du condensateur se réfléchissaient sur les murs de la salle qui étaient revêtus de larges feuilles de zinc en communication avec le sol. Les ondes réfléchies, se rencontrant avec les ondes directes, *interféraient*, suivant le terme de physique adopté, et donnaient naissance par suite à des ondes stationnaires séparées par des nœuds fixes aux endroits où s'opérait la rencontre ; de même qu'en acoustique, on pouvait déterminer la longueur de l'onde en mesurant la distance séparant deux nœuds consécutifs. Si l'on connaît le temps d'une vibration, on en déduit l'espace qu'elle parcourt en une seconde en divisant la longueur d'onde par ce temps, et c'est ainsi que Hertz trouva un chiffre très voisin de celui trouvé par Maxwell. L'expérience lui permit en même temps de se rendre compte que ces ondes ne se propagent que dans un sens, et sont par conséquent transversales.

Le but cherché par le physicien était de reproduire, avec ces ondes électriques, des phénomènes analogues à ceux fournis par la lumière, ce qui devait rendre toute théorie superflue. Sachant donc que ces ondes sont réfléchies par une surface métallique plane, Hertz plaça le conducteur produisant la variation de l'état électrique au foyer d'un miroir parabolique renvoyant un faisceau rectiligne parallèle dont l'existence était démontrée par le jaillissement de l'étincelle au point de coupure du résonnateur. Il parvint ensuite à réfracter ces rayons électriques, à l'aide de prismes de poix et d'asphalte puis, en interposant un grillage métallique sur leur trajet, à voir ces ondes obéir aux mêmes lois géométriques qui régissent les variations d'éclat d'un rayon lumineux traversant un appareil à polarisation de la lumière.

Cette méthode est de tous points analogue à celle qui est adoptée pour l'étude des phénomènes optiques, et l'on arrive à employer les mêmes termes que cette autre branche de la science. On n'a plus affaire à deux électricités différentes se combinant ensemble pour rétablir l'équilibre, mais à des ondulations se propageant dans l'espace avec la même vitesse que la lumière, ondulations qui se traversent, se séparent, se réunissent, se renforcent ou s'affaiblissent, et c'est la gloire du savant hambourgeois d'avoir prouvé par des expériences irréfutables que l'électricité est un mouvement qui se propage comme la lumière, avec la seule différence que les ondes électriques sont des milliards de fois plus longues et moins nombreuses dans l'unité de temps que les ondes lumineuses. Celles-ci, en effet, sont de l'ordre du *micron* (millième de millimètre) pour la longueur et se succèdent de telle façon qu'il en naît de 450 à 750 *trillions* par seconde, tandis que les ondes électriques se mesurent par centimètres, par mètres et par kilomètres, et sont relativement beaucoup moins nombreuses par seconde, des milliards seulement, pour arriver au même total de 300000 kilomètres de parcours dans une seconde.

Ainsi donc, comme on voit des rides concentriques se succéder à la surface tranquille d'une pièce d'eau où l'on a jeté un caillou, l'air se condense et se dilate en ondes sphériques invisibles au regard, autour du diapason que l'on a fait vibrer, et l'éther, qu'on suppose remplir les vides de l'espace, est agité de mouvements du même genre autour de chaque point lumineux. Il en est de même pour les oscillations résultant de la décharge brusque d'un condensateur donnant lieu à ce qu'on appelle les courants d'électricité de haute fréquence. Le *champ* électrique développé autour des conducteurs traversés par ces courants est le siège d'ondulations invisibles, mais qui se propagent avec la même vitesse que la lumière. Ces ondes sont également réfléchissables, réfrangibles, polarisables et capables de produire des interférences grâce auxquelles on peut déterminer, ainsi que nous l'avons expliqué, leur longueur.

Il devait venir à l'idée de plus d'un physicien, après la publication des résultats obtenus par Hertz, que la mort vint prendre brusquement à l'âge de trente-sept ans, d'employer ces ondulations comme on avait fait des ondes lumineuses visibles, et d'en faire un moyen de télégraphie nouveau. Mais le résonnateur constituait un piètre révélateur d'ondes, et il eût fallu un récepteur plus parfait. C'était le professeur Branly, une des plus pures gloires de la France, qui devait rendre cette idée réalisable par ses longs et patients travaux sur la conductibilité électrique des limailles métalliques.

Les Italiens ont contesté la priorité de ces découvertes et ils l'attribuent au professeur Olzecchi Gnesti qui, dès 1884, donna, dans la revue *Il nuovo Cimento*, les résultats de ses études sur le sujet, mais il semble que cette communication passa inaperçue, car aucune suite ne lui fut donnée, et on ne la rappela même pas quand, en 1890, M. Branly adressa ses premières communications à l'Académie des sciences.

M. Édouard Branly est né à Amiens, le 23 octobre 1844, nous apprennent ses biographes. Il fit ses études littéraires au lycée de Saint-Quentin, où son père était professeur. Après avoir été reçu bachelier ès lettres et ès sciences, il vint au lycée Henri IV, à Paris, suivre les cours de mathématiques spéciales et fut admis, en 1865, à l'École normale supérieure. Licencié ès sciences mathématiques en 1867, il fut, à sa sortie de l'École normale, l'année suivante, reçu au concours d'agrégation des sciences physiques et naturelles, et alla pendant quelques mois professeur au lycée de Bourges.

Dès 1869 il devint chef des travaux du laboratoire d'enseignement de la physique à la Sorbonne, puis, en 1873, directeur-adjoint. Il soutint au cours de la même année une thèse sur *les Phénomènes électrostatiques dans les piles*, et, à la fin de 1875, il accepta la chaire de professeur de physique générale à l'Institut catholique de Paris. Après s'être livré pendant plusieurs années à des études médicales, il les termina, en 1882, en soutenant pour le doctorat en médecine une thèse sur le dosage de l'hémoglobine dans le sang par les procédés optiques, et c'est dans le laboratoire de l'Institut catholique qu'il poursuivit depuis lors des recherches minutieuses sur la déperdition de l'électricité et les contacts imparfaits.

Sa réputation scientifique commença du jour où il présenta à l'Académie sa découverte de la conductibilité intermittente des corps, qu'il désignait sous le nom de *radioconducteurs*, et la fermeture à distance d'un circuit de pile sous l'influence d'un rayonnement électromagnétique. Les années qui suivirent lui permirent d'ajouter à ce principe tous les éléments théoriques essentiels qui devaient fournir

à Marconi, en 1899, le moyen de réaliser la télégraphie sans
fil par les ondes hertziennes.

Ses découvertes ultérieures lui permirent de fixer les
principes de la télémécanique, ou commandes des mécanismes à distance, et dont il montra les applications principales, en 1905, dans une séance solennelle qui eut lieu au
Trocadéro.

Pour le grand public, M. Branly est surtout connu

E. Branly.

comme l'inventeur du principe qui a donné naissance, dans
la suite, à la radio-télégraphie ou télégraphie sans fil, et qui
résulte de la découverte des propriétés intermittentes de
conductibilité de certains corps métalliques. Voici d'ailleurs
l'exposé de ce phénomène, tel qu'il est décrit dans la communication fameuse du 24 novembre 1890.

« Quand on réunit les deux pôles d'un élément de pile
par une limaille métallique comprise dans un tube de verre
entre deux tiges conductrices, le courant de la pile est
arrêté par la limaille, un galvanomètre disposé dans le circuit reste à zéro. Si une étincelle d'une bouteille de Leyde

vient à éclater à quelques mètres, le galvanomètre est fortement dévié et reste dévié. La limaille est devenue conductrice et la conductibilité persiste. Un choc sur le tube de limaille ou son support fait ouvrir le circuit, la conductibilité de la limaille disparaît. Une nouvelle étincelle à distance ferme le circuit, ou l'ouvre par un nouveau choc et ainsi de suite.

« Cette action a été constatée à plus de 20 mètres de distance, alors que l'appareil à étincelles fonctionnait dans une salle séparée du circuit de la limaille par trois grandes pièces et que le bruit des étincelles n'était pas perçu. »

De 1890 à 1895, M. Branly s'occupa de compléter tout ce qui se rapportait à ce singulier phénomène et étudia toutes les variétés de corps radio-conducteurs possibles, substances discontinues dont les vides sont occupés par des diélectriques : limailles de fer, d'aluminium, de zinc, de bismuth, des grenailles, des poudres métalliques, d'oxydes ou de sulfures, avec des diélectriques tels qu'huile de colza, térébenthine, soufre, résines, baumes, ozokérite, etc. Il précisa les conditions de retour de la résistance par le choc, les trépidations du support, puis celles de la sensibilité, de l'influence due aux obstacles interposés entre la source d'émission et le radio-conducteur. Il s'efforça de discerner la cause des phénomènes observés et leur mécanisme. « Les courants oscillatoires très rapides, a-t-il dit, produits dans la décharge des condensateurs donnent lieu à distance à des effets d'induction de très grande puissance. Les courants induits très actifs traversent alors la poudre métallique. On peut admettre, pour expliquer le phénomène, une modification physique des couches minces isolantes qui les rend conductrices, et assimiler l'état sensible aux états résiduels du magnétisme ou de la polarisation électromagnétique. »

Le professeur imagina d'autres dispositions de radio-conducteurs tout différents de ceux à limailles, en premier ceux à billes métalliques polies superposées et celui à disque d'acier poli sur lequel reposent trois tiges d'acier à pointes légèrement oxydées, et qui constituait un *disque trépied* à contacts imparfaits, donnant des résultats très supérieurs à celui du tube à limailles, désormais abandonné.

Par ces recherches successives, M. Branly rassembla les éléments essentiels permettant la réalisation de la télégraphie sans fil que sut résoudre ensuite Marconi.

Un appareil télégraphique n'est qu'un électro-aimant périodiquement mis en action ou arrêté par une suite d'émissions et d'interruptions de courant, et jusqu'à Marconi, les appareils ont dû être réunis par un lien matériel, ce qui n'a plus été nécessaire lorsqu'on a disposé de ce qu'on a appelé l'*œil électrique*, sensible aux radiations électriques invisibles. Mais la T. S. F. n'est pas la seule application possible de ce révélateur d'ondes ; celui-ci peut être utilisé pour produire des déclanchements libérant certains appareils qui entrent alors en action. C'est ce que l'on appelle la télémécanique sans fil. L'émission d'une étincelle unique peut suffire pour entraîner des mouvements complexes par des actions se succédant en quelque sorte en cascade à des intervalles réglables. Ainsi, un récepteur peut fonctionner sans aucune surveillance et économiser la présence d'un opérateur. On aperçoit de suite les applications possibles à des besognes effectuées sans ouvriers : allumage de lampes dans des points difficilement accessibles, ouverture de portes, etc.

On peut avancer que la vie, toute de labeur fécond, d'Édouard Branly fournit une admirable leçon de logique, car l'observation sagace a su discerner à merveille les faits significatifs, car elle s'est montrée à la fois patiente et impartiale, attentive et méthodique, exacte, complète et précise. L'hypothèse nécessaire surgit de l'élimination soigneuse des erreurs, l'inspiration apparaît comme de la réflexion longuement accumulée et mûrie. L'expérimentation étendue et variée de toutes les manières imaginables permet de reconnaître la part de causalité qui revient à

chacun des agents étudiés ; l'induction est toujours correcte
et définitive, et en toutes circonstances se manifeste un
génie inventif qui sait unir l'imagination vive, hardie et
puissante à une précision rigoureuse, écartant tout entraînement et toute illusion, sachant être à la fois exacte et
minutieuse, large et compréhensible.

Si l'œuvre scientifique de M. Branly est au-dessus des
critiques, quelle profonde et respectueuse admiration est
capable d'inspirer la vie du savant !

Vie de labeur ininterrompue, de recherches poursuivies
sans arrêt depuis cinquante ans, jusqu'à un âge où bien
d'autres moins productifs sentent la nécessité ou le besoin
du repos. A plus de quatre-vingts ans, M. Branly entre
encore tous les matins dans son laboratoire, à 7 heures et
demie, en sort vers midi, y retourne à 2 heures, et en repart
vers 7 heures du soir, prenant à peine quelques rares jours
de vacances dans l'année. Ainsi s'expliquent ses hésitations
à répondre aux organisateurs de la fête de glorification de
la T. S. F., en 1923, à l'occasion de son jubilé scientifique
et le cri du cœur qui lui échappe avant d'accepter : « Mais
c'est au moins trois heures que vous allez m'enlever là ! »

Existence toute de travail consciencieux d'un savant
probe et sagace, et aussi du professeur qui revise chaque
année son cours de licence ès sciences avec le scrupule
d'un débutant, sait y maintenir, malgré les développements
continuels de la science, l'admirable lucidité et la claire simplicité qui le distinguent et font le charme de son enseignement et de ses publications, depuis ses traités devenus
classiques de physique élémentaire, dont il revoit soigneusement chaque nouvelle édition, jusqu'à son petit volume
sur la T. S. F., si merveilleusement condensé et tenu au
courant des derniers progrès de cette science.

C'est encore une vie de labeur austère, dans une atmosphère de noble et vénérable indigence, semblable à celle
qu'ont illustrée les Claude Bernard et les Pasteur. Vie de
désintéressement aussi, car la fortune réserve ses faveurs

aux grands brasseurs d'affaires, et si elle condescend à quelque libéralité envers de rares savants ou inventeurs, elle se montre ordinairement parcimonieuse envers les maîtres de la pensée. C'est dans la simplicité la plus touchante que s'est écoulée cette vie modeste, aidée pendant quinze ans par une activité médicale nécessaire, touchée tardivement par l'attribution partielle du prix Osiris, enfin recevant sur le tard la consécration d'une souscription privée nationale qui, après avoir assuré le fonctionnement du laboratoire, sut aussi, dans un élan de généreuse intelligente et respectueuse reconnaissance, s'intéresser à l'homme lui-même. On doit se souvenir avec quelle délicatesse M. Branly refusa du Gouvernement français l'hommage national d'une dotation annuelle, s'estimant indigne de l'honneur fait jadis à Pasteur et accepté récemment par la veuve et collaboratrice du découvreur du radium.

Mais la gloire, moins fantasque que la fortune et heureusement plus équitable, a su entourer le nom de Branly d'une auréole immortelle, car il a créé un nouveau sens à l'homme, l'œil électrique sensible à ce rayonnement jusqu'alors insoupçonné. Rendre hommage à Branly, qui a découvert le principe de la T. S. F., n'est pas pour cela perdre le souvenir de ce que l'on doit à Faraday, à Maxwell et à Hertz, ni diminuer le mérite de ceux qui ont continué son œuvre et dont nous allons parler maintenant, les Majorana, les Popoff, les Armstrong et les Tesla, mais rendre justice à l'initiateur de ces progrès.

L'étincelle électrique qui, dans le laboratoire de l'Institut catholique de Paris, rendit la limaille de fer conductrice n'aura pas brillé d'un éclat fugitif. L'éclair de génie qui sut associer le phénomène des contacts imparfaits, décrit en 1856, par le comte du Moncel, à l'action des forces électromagnétiques aura projeté sur la route de la science une lumière éblouissante et définitive. Par la perfection de l'œuvre autant que par son développement, le nom de Branly demeurera inscrit dans les annales des conquêtes humaines sur les forces obscures de la nature, à côté de ceux des grands précurseurs qui ont ajouté un fleuron nouveau à la couronne de la science et lui ont fait accomplir un pas de plus sur la route du progrès indéfini.

Les observations du professeur Branly étaient à peine divulguées que de nombreux chercheurs, dans tous les pays, s'efforçaient de répéter ses expériences et de les varier à l'infini, et on peut mentionner parmi ceux qui, dès 1892, s'occupèrent de tirer un parti utile de la conductibilité intermittente des limailles métalliques, le professeur russe Popoff, le physicien anglais sir Oliver Lodge, qui donna au radio-conducteur le nom de *cohéreur*, le constructeur français Ducretet et le commandant Ferrié, qui substitua au tube à limailles un *détecteur* plus parfait, semblable à l'interrupteur électrolytique du Dr Wehnelt, et le chimiste Pickard, qui songea à déceler le passage des ondes à l'aide d'un détecteur à cristal minéralogique. Mais l'honneur d'avoir réalisé le premier un échange de signaux à une certaine distance revient tout entier à l'Italien Marconi.

Guglielmo Marconi, né en 1875, à Bologne, était par sa mère d'origine anglaise. Élève du professeur Righi, qui fut un des premiers en Italie à répéter les expériences de Branly, il fut vivement frappé de ce phénomène, et, avec tout l'enthousiasme qui caractérise la jeunesse et lui fait mépriser les obstacles, il vit dans cette transmission instantanée d'énergie à distance un moyen d'établir des communications télégraphiques sans tenir compte des difficultés du terrain. Puisque le radio-conducteur était sensible à une étincelle jaillissant à 20 mètres de distance et que l'ébranlement se propageait malgré les murs et les portes, il semblait que tout le problème consistait à accroître la portée par des moyens convenables.

Dès l'année 1897, Marconi obtenait des résultats encourageants en communiquant à 16 kilomètres de distance entre la terre et un navire de guerre. Il triplait cette distance l'année suivante en expédiant des signaux par-dessus la Manche entre Douvres et Wimereux, et ce premier *marconigramme*, ou dépêche par télégraphie sans fil, était adressé à M. Branly, que l'expérimentateur considérait comme ayant ouvert la route et à qui il envoyait ses respectueux compliments.

En 1900, Marconi reliait la Corse à la France entre Calvi et Biot, à 175 kilomètres de distance au-dessus de la mer, et, quelques mois plus tard, ses signaux traversaient toute la Manche, du cap Lizard à l'île de Wight, soit 310 kilomètres à vol d'oiseau. Devant cet accroissement continu de portée, une société financière, la *Viseless Cⁱᵉ*, se constitua en Angleterre pour exploiter les procédés de télégraphie de Marconi, et le jeune homme osa aborder un problème plus ardu : concurrencer les câbles télégraphiques sous-marins reliant les deux mondes et communiquer jusqu'en Amérique.

Une station gigantesque, — pour l'époque, — fut montée au Poldhu, à l'extrémité occidentale de l'Angleterre, et, le 12 décembre 1901, l'inventeur, qui avait sensiblement amélioré son matériel, perçut de Terre-Neuve les signaux émis par la station du cap Lizard. Peu après, le yacht *Carlo-Alberto* demeura en liaison avec ce poste transmetteur pendant toute sa croisière, jusqu'à 2800 kilomètres d'éloignement.

En France, l'un des promoteurs de la T. S. F., le commandant (devenu général) Ferrié, de retour de la Martinique, où il avait été envoyé pour rétablir les communications électriques détruites par l'éruption de la Montagne-Pelée, procéda à l'installation et à la mise en service du premier poste de télégraphie sans fil de la tour Eiffel, et il adopta une longueur d'onde de 2000 mètres pour transmettre des signaux à Belfort. Dès lors, la radio-télégraphie était créée et ne devait cesser de se développer partout, bien que le détecteur employé jusqu'alors manquât de sensibilité et souvent de régularité. On pouvait aussi reprocher aux signaux émis par plusieurs stations télégraphiant au même moment, de se confondre ensemble, d'où un brouillage incompréhensible. On s'attaqua alors au problème de la *syntonie*, c'est-à-dire de l'accord de deux postes entre eux.

Les oscillations électriques utilisées par la radio-télégraphie ne sont, en réalité, que des courants alternatifs de très haute fréquence, c'est-à-dire pouvant atteindre, avec les ondes les plus courtes utilisées en pratique, un million d'alternances par seconde. La décharge d'un condensateur électrique n'est pas instantanée, mais composée en réalité d'un petit nombre d'oscillations se succédant très rapidement. On peut comparer ce phénomène à celui qui se produit entre deux vases contenant de l'eau à des niveaux différents et réunis par un tuyau long et étroit muni d'un robinet. Si l'on ouvre ce robinet, le liquide s'écoulera lentement et l'équilibre de niveau entre les deux vases s'établira peu à peu. Mais, si, au lieu d'un tube long et étroit, on réunit les vases par un tuyau gros et court, au moment où l'on ouvrira le robinet, le liquide s'écoulera brusquement du vase le plus rempli dans l'autre, l'équilibre ne se produira pas instantanément mais après plusieurs oscillations d'amplitude décroissante jusqu'à ce que le niveau soit devenu le même dans les deux récipients.

C'est un phénomène analogue qui se produit avec la décharge d'un condensateur, et il en résulte que les oscillations électriques se trouvent rapidement amorties. On donne le nom de *train d'ondes* à l'ensemble d'oscillations d'une décharge, chaque train ayant une durée inférieure à un millième de seconde, temps infiniment court par rapport aux périodes de repos. Il en résulte que l'accord avec les postes récepteurs est plus difficile à obtenir, mais on y est cependant parvenu d'une façon satisfaisante par un réglage convenable de la self-induction et de la capacité dans le circuit de l'écouteur.

Un poste récepteur de T. S. F. comporte donc : 1º une *antenne*, complétée par une bobine d'accord permettant de réaliser une certaine syntonie entre la longueur d'onde du poste expéditeur et celle de l'antenne réceptrice ; 2° un condensateur réglable ; 3° un *détecteur* d'ondes, qui est, soit un cristal de galène, soit un tube à vide, et, 4° un écouteur téléphonique dont l'électro est enroulé d'un fil très fin et très résistant. Les signaux sont donc perçus d'une façon auditive dans le téléphone selon le code imaginé par Morse pour son télégraphe. Le signal correspondant au *point* est un son bref, celui correspondant au *trait* un son trois fois plus long. La combinaison de ces sons correspond aux lettres de l'alphabet. Il faut donc, pour comprendre les signaux transmis par T. S. F., posséder parfaitement cet alphabet, ce qui réclame un certain apprentissage préalable.

Quant aux postes d'émission, qui, en France, sont le monopole de l'État, ils comportent un matériel très important et par suite très coûteux, surtout quand ils doivent avoir une très grande portée. Nous ne saurions mieux faire, pour en donner un aperçu, que d'indiquer succinctement ici l'agencement des postes français les plus puissants, le poste *Lafayette*, situé à Croix-d'Hins, près de Bordeaux, et celui de Sainte-Assise, près de Melun, qui correspondent avec les points les plus lointains du globe, et notamment avec les États-Unis par-dessus l'étendue de l'Atlantique.

La création du poste Lafayette, dont la longueur d'onde est de 23450 mètres, date de l'année 1917, et il a été inauguré en décembre 1920.

L'antenne est constituée par une nappe horizontale à 32 brins, ayant 1150 mètres de longueur et 375 mètres de largeur, soutenue par 8 pylônes de 250 mètres de haut. Étant donnés la longueur de l'antenne et son poids (la flèche atteint 70 mètres) la hauteur effective n'est que de 179 mètres.

La puissance à la base de l'antenne est de 500 kilowatts. Le courant arrive de Tuilières, sous 45000 volts; il est transformé par des commutatrices en 5000 volts pour les alternateurs et en 500 volts continu pour l'arc.

Le poste possède deux alternateurs : l'un pour le trafic normal, l'autre de secours en cas de panne.

La self d'antenne est constituée par 27 spires d'un diamètre de $5^m,50$, la grosseur du câble tressé constituant ces spires est de 7 millimètres, l'écart entre chacune d'elles de 25 centimètres.

La longueur d'onde propre de l'antenne réduite à elle-même est de 7000 mètres, la self par ses variations l'augmente jusqu'à 25000 mètres.

Une particularité remarquable de la station Lafayette, c'est que la transmission des dépêches se fait à partir du bureau central de Bordeaux, de façon à réduire au minimum le personnel employé à Croix-d'Hins.

Les dépêches à transmettre par T. S. F., venant en général de Paris, arrivent par fil à Bordeaux; là des machines préparent des bandes de papier perforé suivant le code Morse, puis ces bandes passant dans un appareil spécial agissent, par l'intermédiaire d'une ligne avec fil, sur les appareils d'émission de Croix-d'Hins.

Ce poste assure le service commercial entre la France et l'Amérique et nos colonies lointaines : Extrême-Orient, Indo-Chine, Madagascar.

Le grand centre radio-télégraphique de Paris, lui, comporte trois parties distinctes : 1° le central; 2° le poste d'émission et 3° le poste de réception.

Le central, où tout converge, est situé en plein Paris, boulevard Haussmann; il est relié par des lignes télégraphiques spéciales au bureau de la Bourse. De plus des fils spéciaux le rattachent aux postes d'émission, pour la commande à distance des manipulations. Enfin d'autres fils spéciaux le relient aux appareils de réception. Toutes ces liaisons sont doublées par des lignes téléphoniques directes.

Le centre d'émission a été organisé sur un terrain de 300 hectares, dans le domaine de Sainte-Assise, à 9 kilomètres de Melun. Il comporte trois stations distinctes :

a) *Deux postes à valves*, de 5 kilowatts, avec antenne

soutenue par un pylône de 100 mètres, pour le trafic à petites distances.

b) *Un poste dit* « Continental », qui comprend 4 alternateurs à haute fréquence de 25 kilowatts-antenne, pour les services européens.

L'antenne du type à double cône à 4 nappes indépendantes est supportée par un pylône haubané de 250 mètres de hauteur et 36 potelets de 10 mètres. Elle a exigé la mise en œuvre de 17000 mètres de câbles d'antenne et de 14500 mètres de câbles d'acier pour retenues. Tout est disposé pour permettre d'effectuer plusieurs émissions différentes simultanées sur chacune de ces nappes.

La prise de terre est constituée par 200 mètres carrés de plaques de cuivre au centre de la station et par 16000 mètres de fil de cuivre enterré.

Les quatre machines peuvent travailler indépendamment, ou être couplées électriquement, pour doubler, tripler ou quadrupler la puissance mise en jeu. Elles peuvent également fonctionner en deux groupes indépendants, d'une puissance de 50 kilowatts-antenne pour transmettre simultanément deux télégrammes différents.

c) *Un poste dit* « Intercontinental », qui comprend 4 alternateurs à haute fréquence, deux de 500 kilowatts-antenne et deux de 250 kilowatts-antenne seulement.

L'antenne, deux fois plus développée que celle de Bordeaux, est soutenue par 16 pylônes haubanés de 250 mètres de hauteur, et forme une nappe double symétrique, répartie sur un rectangle de 3 kilomètres de long et de 400 mètres de large, couvrant par conséquent une superficie de 910000 mètres carrés environ. Cette disposition permet, grâce à des procédés spéciaux supprimant les réactions mutuelles des deux nappes, d'utiliser chacune des deux moitiés de l'antenne pour deux transmissions différentes ou de les coupler en parallèle pour travailler à pleine puissance. Remarquons, en passant, qu'une telle antenne a exigé la mise en œuvre de 70000 mètres de câbles d'antenne et 16000 mètres de câble d'acier (retenues et traversiers).

La prise de terre, d'un système spécial, reliée par de nombreux points ou forages à la nappe d'eau souterraine, est constituée par 800 mètres carrés de plaques de cuivre disposées au centre du bâtiment d'émission et par 80000 mètres de fil de cuivre enterré sous l'antenne et couvrant une surface de 1800000 mètres carrés environ. C'est donc au total près de 170 kilomètres de fils ou câbles qui ont été employés dans cet agencement. La station possède quatre machines couplées selon le besoin, pouvant assurer une ou deux émissions simultanées de télégrammes. Les dispositifs de manipulation sont établis pour des vitesses d'au moins 100 mots par minute. Les six émissions pourraient donc au besoin expédier 36000 mots à l'heure.

Le centre de réception, qui comporte six pavillons séparés est situé à Villecresnes dans un terrain de 17 hectares. Chaque pavillon comporte un cadre de 4 mètres servant de collecteur d'ondes et des appareils récepteurs à grande sélection avec des amplificateurs à résonance et anti-parasites, réunis dans une cabine blindée formant cage de Faraday.

Lampe à trois électrodes de Lee Forest, modèle *Micro*.

Les dépêches reçues à Villecresnes sont transmises ensuite à Paris par des câbles spéciaux. Les anciens systèmes d'écoute à l'oreille ont été supprimés et l'enregistrement se fait exclusivement sur bande de papier sans fin comme dans le récepteur télégraphique Morse, ou photographiquement, grâce à l'intermédiaire d'un oscillographe Blondel.

La station continentale de Sainte-Assise a été entièrement terminée et mise en service en 1921, et depuis lors elle assure un service intensif avec le monde entier.

Nous nous sommes un peu étendus sur la description de cette grandiose installation pour montrer quelle importance le nouveau système de communication par ondes électriques a pris depuis l'époque des premiers essais de Marconi, en vingt-cinq ans à peine. Il nous faudrait ajouter encore que non seulement la T. S. F. assure la liaison parfaite entre les pays les plus éloignés et la métropole, — les signaux de la tour Eiffel sont entendus jusque dans le centre Afrique, — mais tous les paquebots traversant les océans sont pourvus d'appareils leur permettant de rester constamment en rapport avec les différentes stations d'émission édifiées dans tous les pays civilisés, et de lancer,

Poste Isodyne Salon.

Poste Isodyne *Normal*.

le cas échéant le signal d'alarme demandant du secours : S.O.S. C'est là une des conséquences les plus précieuses des découvertes de Branly.

Mais il est encore un progrès plus important et qui a contribué plus que tout autre à la diffusion de cette merveilleuse invention : c'est la *radio-téléphonie*, qui permet la transmission à distance des sons et de la voix comme le téléphone et qui a résulté, d'une part, d'une observation faite il y a un quart de siècle par Edison, et, d'autre part, de la substitution aux ondes *amorties* des ondes électriques *entretenues*.

Edison avait observé en effet que, si l'on disposait dans la paroi de verre d'une lampe à incandescence à filament, une électrode supplémentaire, il se produisait un courant

dans un circuit réunissant cette électrode à la borne négative de la lampe. Ce phénomène, étudié plus tard avec
attention par un savant américain, Lee Forest, fut attri-

Poste *ultra hétérodyne* Vitus, avec collecteur à cadre.

bué par celui-ci à un flux de particules d'électricité ou
électrons s'échappant du filament porté à une haute température et capable de neutraliser les charges de l'électrode

auxiliaire. La lampe se comporte ainsi comme ferait une soupape ou une valve laissant passer les décharges oscillantes dans un seul sens. Après des années d'essais et d'expériences, M. Forest arriva à établir un modèle pratique de lampes à trois électrodes qui constitue le meilleur détecteur d'ondes connu et peut être employé, non seulement comme détecteur, mais aussi comme générateur et amplificateur. Un physicien américain, Fessenden, par-

Appareil récepteur radiotéléphonique à six lampes.

vint, en utilisant la lampe Forest, à communiquer téléphoniquement entre Brant-rock près de Boston et New-York, à près de 300 kilomètres de distance.

La lampe *audion*, du nom que cet appareil a reçu de son inventeur, permet *d'entretenir* les oscillations électriques et de substituer aux « trains d'ondes » rapidement amorties et se succédant à des intervalles beaucoup trop grands, des ondes électromagnétiques, dont la longueur dépend de la self-induction et de la capacité de circuit convenablement accordés et associés. C'est cette onde, dite « porteuse », que le téléphone utilise comme véhicule des sons émis devant un microphone modulateur. Elle est constituée par des courants alternatifs de très haute fréquence qui ne produisent aucun bruit dans les téléphones des postes récepteurs pendant l'intervalle des sons émis au départ.

Les modèles de postes récepteurs de radiotéléphonie sont très variés; les plus simples conservent, pour la détection des ondes, un cristal de galène, les autres une lampe-audion à trois électrodes alimentée par le courant d'un accumulateur double et d'une batterie de piles sèches fournissant la tension nécessaire à la production des électrons. Le montage des différents circuits s'effectue d'après de nombreuses méthodes qui ont chacune leurs avantages particuliers et dits *autodyne, hétérodyne, super-hétérodyne,* à *réaction* d'Armstrong, etc. Pour augmenter la portée d'audition d'un poste, on ajoute d'autres lampes montées en basse ou en haute fréquence et permettant d'accroître considérablement l'intensité des sons, de façon à pouvoir employer, non des écouteurs, qu'on tient contre l'oreille, mais des *haut parleurs*, amplifiant considérablement le son, et dont le modèle Gaumont est un des meilleurs.

Des organisations nombreuses se sont créées pour émettre, par voie radio-téléphonique, des concerts, des conférences et faire entendre, à l'aide des nouvelles méthodes, les discours des orateurs dans les solennités importantes. Citons, à Paris : *la Tour Eiffel*, *Radiola*, *Vitus*, les *P.T.T.*, le *Petit Parisien*; en Angleterre les postes de Daventry, Chelmsford Manchester et les *broadcastings* moins puissants. Les *sans-filistes* qui profitent de cette diffusion sont aujourd'hui légion et certains ne se contentent pas de construire de toutes pièces et de monter eux-mêmes leur poste d'écoute, mais ils travaillent à perfectionner la réception et accroître la portée, qui demeure toutefois infiniment plus grande pour la télégraphie que pour les ondes entretenues de la radio-téléphonie, car on a pu échanger des signaux entre la France et la Nouvelle-

Zélande, aux antipodes, alors que les radio-concerts ne sont plus perçus au delà de 7 à 800 kilomètres de distance.

Notre gravure de frontispice montre comment sont recueillis les sons sur une scène de théâtre, pour être transmis à travers l'espace après qu'ils ont été transformés en oscillations électriques par un transmetteur à lampes relié au microphone que l'on voit posé sur la boîte du souffleur.

Non seulement les postes émetteurs envoient la musique et la parole à une foule d'auditeurs invisibles disséminés partout, mais ils ajoutent à heure fixe de précieux renseignements sur la prévision du temps, les cotes des Bourses et les « dernières nouvelles » du monde entier. Cette simple énumération montre l'extraordinaire extension prise en bien peu d'années par les nouveaux procédés en germe dans les découvertes du professeur Branly.

CHAPITRE XIV

LES APPLICATIONS DE L'OPTIQUE

LIPPERSHEY — FRESNEL — DAGUERRE — D. BREWSTER — LIPPMANN
DEMÉNY — LES FRÈRES LUMIÈRE

L'optique est une science toute moderne, car ses lois
n'ont été codifiées que depuis la fin du xviiiᵉ siècle, lorsque
la théorie des phénomènes lumineux fut établie par Young
d'après les principes de son illustre compatriote Newton.
Jusque-là, on ne possédait sur ce sujet que des données
empiriques, et la découverte de la propriété des lentilles
optiques fut faite tout à fait par hasard par un fabricant de
lunettes hollandais portant le nom de Lippershey, et qui
demanda, en 1606, un privilège, — on dirait aujourd'hui un
brevet d'invention, — pour la première lunette d'approche.
Cette demande fit grand bruit, et aussitôt des concurrents
surgirent. La nouvelle en parvint jusqu'en Italie, et l'illustre Galilée put construire, à l'aide d'un tube de plomb,
le premier instrument d'optique qui ait été pointé sur les
astres.

Comment Lippershey fut-il conduit à inventer cet instrument dont avant lui nul n'avait eu l'idée? La tradition le
raconte comme suit :

Un jour que le lunetier travaillait tranquillement dans sa
boutique à polir ses verres de bésicles, entra soudain un
étranger bizarre, aux allures prudentes et inquiètes dont la
vue causa quelque malaise aux enfants du lunetier qui étaient

présents. Cependant l'inconnu ne paraissait vouloir de mal à personne et venait seulement comme acheteur.

Il demanda, en effet, qu'on lui montrât un assortiment de verres grossissants qu'il examina avec soin les uns après les autres et dont il mit quelques-uns à part. Mais, au lieu de partir avec son emplette, il se livra alors à un manège singulier.

Tenant en chacune de ses mains l'un des verres choisis, il tendait l'un à bout de bras en face de lui, tandis qu'il approchait ou éloignait l'autre de son œil sans que l'on pût s'expliquer les raisons de ces mouvements répétés. L'homme, sans doute, devait être un peu fou et mieux valait ne pas le contrarier. L'opticien bientôt ne s'occupa plus de lui et retourna à sa besogne, mais ses enfants étaient bien trop intrigués par ces allures étranges pour ne pas observer, au contraire, avec l'ardente curiosité de leur âge, le personnage et ses mouvements désordonnés. Et comme il leur semblait plus ridicule que dangereux, ils se mirent à l'imiter par moquerie.

Cependant la scène ne pouvait durer indéfiniment. L'incompréhensible inconnu finit par se retirer après avoir fait son choix et payé son achat. Il disparut, mais les enfants continuaient leur jeu et s'amusaient à regarder le coq de l'église à travers des verres de lunettes pris au hasard. Ils poussèrent tout d'un coup des cris de joie en voyant l'oiseau lointain comme rapproché d'étrange façon. Le père s'approcha et reconnut que cet effet singulier était produit en plaçant deux lentilles, l'une près de l'œil, l'autre à une certaine distance en avant. Fixer ces verres dans un tube afin de pouvoir manipuler commodément cette combinaison de lentilles ne fut pour lui que l'affaire de quelques instants, et c'est ainsi que cette invention conduisit le modeste ouvrier à la gloire.

Quant au mystérieux client, premier inspirateur de cette découverte, on ne le revit jamais, et Lippershey n'en entendit plus parler. Était-ce un fou, ainsi qu'on l'avait supposé d'abord, ou était-ce un inventeur de génie?... On ne le sut jamais.

La lunette d'approche devint par suite la lunette astronomique, puis la jumelle, la longue-vue, et, les propriétés des lentilles optiques ayant fait l'objet d'études scientifiques sérieuses, ou imagina la *loupe* grossissante, qui devint bientôt le microscope, et une foule d'autres appareils utiles. En premier lieu les optiques de phares, dont l'agencement fut combiné par un savant qui s'est illustré par les plus géniales découvertes dans cette science : Augustin Fresnel, né le 10 mai 1788, à Broglie, dans l'Eure, près de Bernay.

Le père de Fresnel, qui était architecte, dirigeait la construction d'un fort dans la rade de Cherbourg lorsqu'éclata la Révolution. Forcé d'abandonner cette entreprise, il se retira avec sa famille dans le petit village de Mathieu, près de Caen, et dans cette humble retraite il se consacra à l'éducation de ses quatre enfants. Le jeune Augustin, qui était le puîné, ne donna pas tout d'abord de grandes espérances. Une constitution faible lui interdisait un travail assidu, aussi était-il très en retard sur son frère aîné dont les progrès étaient rapides. A huit ans, Augustin Fresnel savait à peine lire. Cependant, ce garçonnet de huit ans, ses petits camarades l'appelaient l'*homme de génie*, et il devait ce titre, plaisant dans la bouche de bambins de cet âge, à certains perfectionnements qu'il avait apportés dans la fabrication des pistolets à balle de moelle de sureau et dont il avait accru la portée au point de les rendre dangereux. Les parents s'alarmèrent, et l'usage de ces engins de guerre fut interdit à la troupe des écoliers batailleurs.

A l'âge de treize ans, Fresnel quitta la maison paternelle pour continuer ses études à l'École centrale de Caen. Ses aptitudes pour les mathématiques commencèrent à se manifester, en 1804, et il rejoignit son frère à l'École polytechnique à Paris, d'où il passa à celle des ponts et chaussées. Au sortir de cette école d'application, il fut nommé ingénieur et envoyé d'abord en Vendée, puis dans la Drôme et l'Ille-et-Vilaine pour diriger l'exécution de routes nouvelles. Mais il eut le tort de vouloir faire de la politique, et il fut destitué, en 1814, et même mis un moment sous la surveillance de la police. La Restauration étant survenue, Fresnel aurait pu être réintégré dans le corps des ingénieurs de l'État, mais il préféra se fixer à Paris pour s'occuper exclusivement de questions scientifiques.

Or, l'illustre François Arago avait été chargé de diriger les expériences de la commission créée en 1811 pour l'éclairage des phares; mais, absorbé par d'autres soins, il ne trouvait pas le temps de s'occuper de ces expériences, et il cherchait, en 1819, quelqu'un qui pût le suppléer dans ce travail minutieux et difficile. Son choix tomba sur Fresnel, et il s'en trouva si heureux qu'il écrivit plus tard la phrase suivante :

« Je dois regarder comme un bonheur de ma vie d'avoir soupçonné qu'un ingénieur, alors presque inconnu, serait un de ces hommes dont les découvertes illustreraient notre patrie. »

C'est Fresnel qui imagina d'utiliser le système des lentilles dites à *échelons*, qui constituent la partie essentielle des phares pour la signalisation des côtes. Il n'en est pas toutefois le véritable inventeur, l'illustre naturaliste Buffon en ayant donné la description au XVIIIe siècle, mais sans parvenir à la réaliser; Fresnel ne connaissait d'ailleurs pas cette antériorité, ainsi qu'il l'affirme dans son *Mémoire sur l'éclairage des phares*, publié en 1823, et ce serait lui faire injure que de douter de sa parole. D'ailleurs, il ne tirait aucune vanité de sa découverte, l'idée, selon lui, étant tellement simple qu'elle devait se présenter naturellement à la pensée de quiconque en pareille circonstance.

Fresnel rencontra les plus grandes difficultés quand il s'agit de faire passer le résultat de ses savants calculs dans la réalité, car les opticiens de son temps n'étaient pas outillés pour exécuter des surfaces de cristal annulaires, et force fut de fabriquer ces anneaux par fragments, si bien que le premier panneau lenticulaire, établi par le constructeur nommé Soleil, ne comportait pas moins de 97 morceaux travaillés séparément et assemblés à l'aide de colle de poisson parfaitement transparente.

Tous les phares du monde sont équipés de systèmes optiques à lentilles à échelons établis d'après les principes de Fresnel, qui peut ainsi être considéré comme le créateur de ce système perfectionné permettant de condenser tout le rayonnement émanant d'une source lumineuse pour donner à ce rayonnement, à la sortie des lentilles une direction absolument rectiligne, ce qui accroît considérablement la portée.

Mais le savant ne devait pas assister au triomphe universel de ses découvertes. Il avait été contraint, pour subvenir à l'achat des appareils très coûteux exigés par ses recherches, à se livrer à des occupations fatigantes qui compromettaient sa santé toujours délicate. Telles étaient, par exemple, les fonctions d'examinateur d'entrée à l'École polytechnique, emploi d'ailleurs mal rétribué et qui le déprimait tellement qu'à la suite des examens de l'année 1824, il fut forcé de demander sa retraite et de se condamner à une inaction presque absolue. Le mal empirant de jour en jour, le médecin conseilla, comme dernière ressource, d'aller habiter la campagne, et, au mois de juin 1827, on le transporta à Ville-d'Avray plutôt pour répondre aux sollicitations de sa famille que dans l'espoir de le guérir. Huit jours avant le terme fatal, Fresnel reçut la visite d'Arago, qui était chargé par la *Société Royale de Londres* de lui remettre la grande médaille d'or de Rumford.

« Je vous remercie, dit Fresnel, d'avoir accepté cette mission. Je devine combien elle a dû vous coûter, car vous avez compris que la plus belle couronne est peu de chose quand il faut la déposer sur la tombe d'un ami! »

Ainsi s'acheva, à trente-neuf ans à peine, l'existence d'un savant qui a des droits à la reconnaissance de tous les marins du monde, car le système d'éclairage qu'il a imaginé pour les phares a évité, jusqu'au jour où la T.S.F. a été connue et utilisée, des sinistres très nombreux et des catastrophes maritimes auparavant trop fréquentes.

Une autre conquête de l'optique, qui a été considérée comme une merveille lors de l'apparition des premiers résultats, pourtant bien imparfaits, est la *photographie*, due à Daguerre et à Niepce, l'inventeur du *pyréolophore*.

C'est en 1827 que Niepce, n'ayant pas réussi à intéresser les savants de son temps, à part Carnot, l'immortel créateur de la thermodynamique, à sa machine à air dilaté par la chaleur, porta ses efforts sur les moyens de fixer d'une façon indélébile les images fournies par la *chambre noire*, imaginée par le physicien J.-B. Porta. Après de longs essais, il parvint à impressionner un produit : le bitume de Judée recouvrant une feuille de cuivre, et à obtenir ce qu'il appelait des *héliographies*, mais le bitume étant fort peu sensible à l'action de la lumière, les résultats étaient encore fort imparfaits quand il fut mis en rapport, par l'intermédiaire de l'ingénieur-opticien Charles Chevalier, avec un autre chercheur qui poursuivait le même but que lui : le peintre-décorateur Daguerre, qui fréquentait également le magasin de Chevalier, et à qui il avait fait part des efforts qu'il tentait de son côté pour fixer ces images fugitives de la chambre noire. A ce sujet, on raconte une anecdote que nous allons rappeler.

« Vous n'êtes pas le seul, dit l'opticien à Daguerre, à poursuivre cette chimère. On marche sur vos brisées. Vous avez un rival, et même un rival heureux.

— Comment cela! fit le peintre surpris.

— Voici la chose. Il y a quelques jours est entré ici un jeune homme pauvrement vêtu, à l'air timide et souffrant et dont la mise dénotait la misère. Il désirait connaître le prix de mes nouvelles chambres obscures à objectif formé de ménisques convergents. Le chiffre qui lui fut indiqué le fit pâlir, alors je me permis de lui demander quel usage il comptait faire de cet appareil.

— Je suis parvenu, me répondit l'inconnu, à fixer sur le papier les images des objets extérieurs vus dans la chambre noire, mais je n'ai qu'un appareil grossier, une espèce de caisse en bois de sapin garnie d'un objectif, que je place devant ma fenêtre, et qui me sert à prendre des vues de l'extérieur. C'est pourquoi j'aurais voulu me procurer votre modèle perfectionné afin de continuer mes essais avec un instrument plus puissant et plus parfait.

— Vous comprenez, continua l'opticien en s'adressant à Daguerre, quel put être mon étonnement, car je sais que ce problème, déclaré insoluble par Charles en France, Davy et Wedgwood en Angleterre, est actuellement poursuivi par d'autres personnes, par vous tout le premier, et je me bornai à répondre à mon piètre client :

« — Je connais plusieurs physiciens qui s'occupent de cette question, mais sans être parvenus à des résultats satisfaisants. Auriez-vous été plus heureux qu'eux? Je serais charmé d'en avoir la preuve. »

« Pour toute réponse, l'inconnu tira de sa poche un vieux portefeuille usé et d'une poche de ce portefeuille il exhiba une feuille de papier enveloppée avec soin, puis la dépliant et la plaçant sur une de mes vitrines, il me répondit simplement :

« — Voici ce que j'ai pu obtenir.

« Jugez de ma surprise. C'était une image sur papier, un peu confuse sur les bords, résultant de l'imperfection de l'objectif employé et qui représentait une vue de Paris, celle que sans doute le jeune homme avait de sa fenêtre : une agglomération de cheminées et de toits avec le dôme des Invalides à l'arrière-plan, ce qui laissait à supposer que l'inconnu devait habiter dans les environs de la rue du Bac.

« — Pourrais-je vous demander, dis-je, avec quelle substance vous opérez pour obtenir un pareil résultat ? »

« Mon client fouilla encore dans sa poche et en tira la fiole que voici.

« — Elle contient, me répondit-il, le liquide avec lequel j'opère, et vous pourriez obtenir les mêmes résultats que moi en vous conformant aux indications que je vous donnerais. »

« Et là-dessus, mon homme est sorti, et j'attends une autre visite de lui. Si le cœur vous en dit, conclut Chevalier, essayez vous-même ce produit mystérieux. »

C'est ce que fit Daguerre, sitôt rentré dans son laboratoire. Mais il n'obtint aucun résultat, ayant omis la précaution fondamentale de procéder dans l'obscurité.

Quant à l'inconnu, on ne le revit jamais au magasin de l'opticien. Que devint ce pauvre inventeur ?... La maladie et la misère se lisaient sur son pâle visage. Quoique jeune encore, les privations matérielles et les angoisses de recherches passionnément poursuivies avaient altéré son organisme, la lame avait usé le fourreau. *Povreté empesche les bons espritz de parvenir*, a dit Bernard Palissy. L'hiver était triste et froid, la vie difficile et pénible aux malheureux abandonnés sans ressources dans la grande capitale, toutes les suppositions sont permises en ce qui concerne le destin de ce chercheur ignoré.

Daguerre, sans se décourager par cet échec, continua ses expériences. Né, en 1787, à Cormeilles-en-Parisis, Louis-Jacques Mandé Daguerre avait traversé toutes les agitations de la période révolutionnaire et napoléonienne, et, comme il avait montré dès sa tendre jeunesse, un penchant prononcé pour les arts, et surtout pour la peinture, ses parents lui laissèrent la liberté de suivre sa vocation. Il se voua donc à la peinture théâtrale et entra chez Degotti, qui était chargé de l'exécution des décors de l'Opéra. Degotti reconnut bientôt les heureuses qualités de son élève dans cet art particulier, la promptitude de sa main et le fini de son exécution, et il n'eût pas mieux demandé que de le conserver près de lui, mais le jeune homme avait des idées originales qu'il voulait réaliser au plus tôt. En 1822, associé avec un autre peintre du nom de Bouton, il inaugura un établissement d'un genre tout nouveau : le *Diorama*, qui fit courir tout Paris.

C'était une combinaison de toiles peintes des deux côtés. Le sujet représenté sur le côté tourné vers le public représentait un paysage ou une scène quelconque ; soudain la scène s'assombrissait, et un autre sujet tout différent, celui peint sur l'autre face de la toile, apparaissait. Dans le premier cas, la toile était éclairée de face, dans l'autre elle était éclairée par transparence. L'effet était saisissant, aussi ce spectacle attira-t-il vivement la foule qui ne s'expliquait pas par quel artifice ces tableaux, d'ailleurs admirablement peints, pouvaient se substituer les uns aux autres.

Le succès de son diorama et la juste réputation qu'elle lui valut auraient suffi à la fortune et à l'ambition de plus d'un artiste. Daguerre voulut aller plus loin.

Il faisait un constant usage de la chambre noire pour certaines études d'éclairage destinées à ses tableaux. Aucune vue n'est plus curieuse que celle qui vient se former sur l'écran de cette chambre, et cent fois Daguerre s'était écrié en la considérant : « Ne réussira-t-on jamais à fixer des images aussi parfaites ! »

Cette idée séduisante, ce rêve de l'impossible, avaient fini par s'emparer de son imagination et le subjuguer, à tel point qu'il y revenait sans cesse et s'affirmait à lui-même qu'il arriverait à immobiliser ces fugitives empreintes.

Daguerre était avant tout un artiste et non point un savant. Il appartenait à cette classe d'infatigables chercheurs qui, sans trop de connaissances techniques, avec un bagage de savoir assez mince s'en vont loin des chemins battus, par monts et par vaux, cherchant l'impossible, appelant l'imprévu, invoquant tout bas le dieu Hasard

Daguerre était donc ce que certains doctes personnages ont appelé un demi-savant. Il appartenait à cette race qu'ont illustrée de nombreux inventeurs, se lançant à fond sur un sujet sans rien vouloir connaître des précédents, sans s'inquiéter des échecs ni des succès d'autrui, en un mot sans se livrer d'abord à cette prudente documentation qui vous renseigne,... en cassant impitoyablement les ailes de l'imagination.

Ignorant tout du passé, on avance sans contrainte, sous la seule impulsion de son inspiration et du bon sens, sans

Chambre noire pour photographie.

se sentir paralysé ou bridé à chaque pas par des idées ou des faits, fort souvent faux ou contestables. La documentation, a écrit un grand inventeur dont nous aurons à nous occuper plus loin, Georges Claude, c'est pour plus tard, quand le succès a justifié l'espoir. *Casse-cou*, cette méthode! Peut-être; pas plus pourtant que l'autre, la sage, elle n'est stérilisatrice. C'est leur érudition elle-même qui a stérilisé tant de grands savants qui ont été de piètres inventeurs.

Mais revenons-en à Daguerre et à l'invention de la photographie.

L'ingénieur Chevalier avait regardé jusque-là comme assez chimériques les idées de Daguerre, mais l'aventure

du jeune homme inconnu l'avait fait réfléchir, et un jour que
le peintre revenait une fois de plus sur son sujet favori :

« Outre notre jeune homme de la rue du Bac, lui apprit-
il, il y a encore, en province, une personne qui se flatte
d'avoir obtenu de meilleurs résultats que vous. Peut-être
feriez-vous bien de vous mettre en rapport avec elle... »

Mais comme tous les hommes pénétrés de leur supériorité et confiants en eux-mêmes, Daguerre n'aimait pas les
conseils.

« A quoi bon! répondit-il, et pourquoi me faire connaître cette personne? J'ai déjà trop donné dans les uto-
pies et votre homme est encore quelque songe-creux... »

Cependant il se ravisa et demanda l'adresse de l'utopiste
de province.

Charles Chevalier prit une plume et inscrivit sur une
carte :

M. Nicéphore Niepce,

propriétaire aux Gras, près Châlon-sur-Saône.

Daguerre sortit sans en ajouter davantage. Ce ne fut
que devant l'inutilité de ses recherches qu'il se décida à
suivre le conseil de l'opticien et à écrire à Niepce. A la
suite d'une assez longue et laborieuse correspondance, les
deux inventeurs entrèrent en relations directes et résolurent d'associer leurs recherches et leurs efforts d'où
devait sortir, quelques années plus tard, la *daguerréotypie*,
ou photographie directe sur plaque de métal enduite d'io-
dure d'argent.

Dès lors, les progrès devaient marcher à pas de géant,
surtout du jour où les procédés employés furent divulgués
et rendus publics. Les inventeurs avaient, en effet, communiqué leurs secrets à l'Académie et le gouvernement les
récompensa en leur accordant, à Daguerre, une rente
annuelle de six mille francs et de quatre mille à Niepce.
Ce fut dans la séance du 10 août 1839 qu'Arago, qui avait

pris la chose sous son patronage, fit connaître les méthodes
servant de base à la photographie.

La daguerréotypie fut rapidement perfectionnée, et
abandonna la reproduction directe des images révélées
à l'aide des vapeurs mercurielles pour adopter le procédé
indirect qui permet de tirer d'un cliché négatif sur verre
autant d'épreuves positives sur papier qu'on le désire en
exposant à la lumière, sous le cliché obtenu dans la
chambre noire, une feuille de papier sensibilisé. La plaque
de verre placée dans la chambre noire était préalablement
recouverte d'une émulsion de nitrate d'argent dans du

Disposition de la chambre noire.

collodion, mais on lui substitua par la suite le gélatino-
bromure d'argent, beaucoup plus sensible et pouvant s'impressionner en une fraction de seconde, ce qui permet de
réaliser la photographie instantanée. L'image est ensuite
fixée par des sels chimiques divers, et les formules de
bains développateurs, révélateurs, fixateurs, vireurs, sont
presque innombrables aujourd'hui.

L'un des plus remarquables progrès réalisés en photographie, après la prise de vues instantanées, est la reproduction des couleurs de la nature, qui a été obtenue par
le physicien Gabriel Lippmam, en 1891, par la méthode
interférentielle, et, d'autre part et presque simultanément,
par Ducos du Hauron et Charles Cros, dont nous avons
parlé au sujet du phonographe. La première n'est pas

entrée dans la pratique industrielle en raison des difficultés qu'elle présente; mais l'autre, dit *procédé trichrome*, est couramment usité aujourd'hui, et l'on trouve dans le commerce des plaques dites *autochromes* et *omnicolores*, qui permettent de reproduire toutes les couleurs de l'original photographié.

Le procédé de Ducos du Hauron, appliqué par les frères Lumière, les inventeurs du cinématographe, dont nous parlerons plus loin, consiste à recouvrir la plaque de verre d'un réseau serré formé de grains microscopiques de fécule teintés des couleurs fondamentales du spectre solaire : rouge-orangé, bleu-violet et vert, régulièrement répartis par l'émulsion sensible. L'impression lumineuse se fait par le dos de la plaque, les rayons traversant d'abord l'épaisseur du verre et le réseau trichrome avant de parvenir au sel d'argent. La sélection des couleurs correspondant aux diverses couleurs du spectre solaire se trouve ainsi réalisée et, le développement une fois opéré, on a une plaque qui, convenablement éclairée, laisse distinguer toutes les couleurs de l'original.

Pour les impressions typographiques en couleur, on emploie trois plaques, sensibles chacune à l'une des couleurs mentionnées, et on opère trois tirages successifs. On tire en bleu le positif obtenu d'après le phototype du rouge orangé, en rouge orangé celui provenant du négatif du vert, et enfin en jaune celui provenant du cliché du violet, utilisant ainsi, pour les épreuves, les couleurs complémentaires de celles des écrans, ce qui s'explique quand on réfléchit que les transparences des négatifs, qui se traduisent par des opacités dans les épreuves sur papier, représentent, non pas l'image des radiations transmises par le verre teinté interposé devant l'objectif pendant la prise de vue, mais bien au contraire celles absorbées par lui, c'est-à-dire ses complémentaires qui paraissent noires lorsqu'on les voit à travers ce verre. Les trois images, bleu, rouge et jaune, superposées par des reports successifs, toutes les couleurs du sujet se trouvent reconstituées, à condition toutefois qu'il y ait concordance parfaite entre la couleur des écrans sélecteurs, la sensibilité des plaques, leur intensité, celle des positifs, ce qui est assez délicat à réaliser et limite ce procédé aux tirages industriels.

Une autre invention d'optique, qui obtint un moment un vif succès de curiosité, mais qui est un peu passée de mode aujourd'hui, c'est le *stéréoscope*.

Cet appareil fut imaginé, en 1838, par Wheatstone pour appuyer ses théories sur la vision. Il avait pour but de démontrer que la superposition des deux images planes et dissemblables qui se forment sur la rétine de nos yeux produit la sensation du relief. Mais cet instrument, composé de deux miroirs plans et qui utilisait le phénomène de la réflexion, était volumineux et encombrant. L'inventeur le comprit lui-même et essaya de le transformer en un stéréoscope à réfraction en substituant des prismes aux miroirs, mais il ne put y parvenir, et ce fut un autre physicien anglais, sir David Brewster, mort en 1868, chargé d'honneurs et d'années, qui donna la forme définitive à cet appareil, mais il ne parvint pas à triompher du mauvais vouloir des opticiens et des photographes de son pays et à vulgariser son invention, aussi résolut-il de venir le faire construire en France par des opticiens réputés, MM. Soleil et Dubosq, qui comprirent aussitôt l'intérêt présenté par cet instrument ainsi que tout le parti qu'on pouvait en tirer.

Il s'agit alors de faire connaître et de répandre en France l'usage du stéréoscope. Un vulgarisateur estimé, M. l'abbé Moigno, connu par des publications fort intéressantes, se chargea de la besogne, et il commença par présenter l'instrument de Brewster aux membres de la section de physique de l'Académie des sciences.

Il débuta par le secrétaire perpétuel de la savante assemblée : Arago, dont l'autorité était immense et qui trônait à l'Observatoire. Arago reçut l'abbé avec sa bienveillance coutumière, mais il avait, en l'occurrence, un défaut grave : il était atteint de *diplopie*, et voyait double. Regarder dans un stéréoscope qui double les objets avec une vue semblable, c'est voir quatre objets et être par conséquent inaccessible aux effets de cet instrument. Lorsqu'Arago eut appliqué pour la forme ses yeux à l'oculaire, il rendit aussitôt l'objet en disant : « Je ne vois rien. »

L'abbé Moigno replaça donc l'appareil sous sa soutane et alla frapper à la porte d'un autre membre de l'Académie, le physicien Savart, connu par ses beaux travaux sur l'acoustique. Mais Savart avait un autre défaut de la vue : il avait un œil presque entièrement voilé, ce qui le rendait borgne. Il s'écria : « Je n'y vois goutte! » Ce fut le même résultat chez M. Becquerel et pour la même raison.

Sans se décourager de ces échecs, le bon abbé alla trouver alors M. Pouillet, qui professait avec éclat la physique au Conservatoire des arts et métiers. C'était tomber de Charybde en Scylla, car le digne professeur était bigle, autrement dit il louchait affreusement, et lui non plus ne put rien distinguer dans l'instrument!

L'abbé, confus, tenta encore un autre essai auprès d'un autre savant non moins illustre, Biot, doyen de l'Académie, qui, lui, avait la vue nette, n'était atteint ni de diplopie ni de strabisme et possédait deux yeux normaux. Mais, à la grande stupéfaction du promoteur du stéréoscope, Biot fut sans doute frappé de cécité volontaire, car il affirma obstinément, comme ses collègues, ne distinguer quoi que ce soit. Sans doute le résultat donné par l'instrument de Brewster contrariait-il l'une des théories qui lui étaient chères.

Ce ne fut enfin que Regnault, qui consentit à voir clair. Il fut charmé de l'effet fourni par l'invention de son collègue de Londres, et il la recommanda chaudement. Dès lors, la glace était rompue et le stéréoscope put commencer à être apprécié en France.

Mais il est temps d'arriver, sans nous attarder davantage, à l'étude de la merveille des temps modernes, à l'image mouvante fournie par la machine appelée *cinématographe*, et qui est une application de la photographie instantanée à un phénomène connu depuis fort longtemps sous le nom de persistance des impressions lumineuses sur la rétine. Ce phénomène est le suivant : lorsque nous regardons un objet vivement éclairé, l'impression subie par notre œil subsiste pendant un dixième de seconde, alors que, la source lumineuse ayant été supprimée, l'objet se trouve dans l'obscurité. Par suite, si l'on éclaire périodiquement un objet avec des intervalles inférieurs à un dixième de seconde, notre œil aura la sensation que cet objet est éclairé d'une façon permanente, et si, pendant chacune des éclipses, on le déplace d'une petite quantité, on aura l'illusion d'un objet en marche d'une façon continue.

En représentant sur une feuille de papier un personnage ou un animal dans une suite d'attitudes correspondant aux diverses phases successives d'un mouvement donné, et en faisant passer très rapidement cette série de dessins sous les yeux d'une personne, de telle manière que celle-ci n'aperçoive qu'une seule image à la fois, on lui donne l'illusion de voir un unique personnage exécutant et répétant le même mouvement. Tel est le principe de nombreux jouets mettant à profit ce phénomène et qu'on appelle : le *zootrope*, le *thaumatrope* et le *praxinoscope*, celui-ci, dû à M. Reynaud, étant le modèle le plus perfectionné.

Dans ces jouets, la suite des images représentant chacune une phase particulière d'un mouvement, par exemple un escrimeur se fendant, un clown sautant par-dessus une chaise, une danseuse de corde avançant sur son frêle support, etc., images qui avaient été dessinées une à une à la main et ensuite reproduites par un procédé d'impression quelconque, sur une bande de papier, cette bande était placée à l'intérieur d'une boîte cylindrique percée de

nombreuses fenêtres étroites à sa circonférence, au dessus de ces dessins. La boîte étant supportée sur un pivot
vertical était animée à la main d'un rapide mouvement de
rotation ; en regardant à travers les fentes de la boîte on
n'apercevait qu'un seul sujet exécutant et répétant indéfiniment le même exercice.

M. Reynaud construisit, en 1880, sous le nom de *Théâtre
optique*, un praxinoscope à projections dont les images,
réflétées par une série de miroirs disposés en rond, étaient
reproduites sur une toile formant écran. Les personnages
jouant une saynète assez simple avaient été dessinés en
décomposant tous leurs mouvements, sur une longue
bande de papier, que l'on déroulait à la main avec un dévi-
doir. L'effet était saisissant, mais l'action ne durait que
quelques minutes, juste le temps de dérouler la bande qui
avait demandé tant de soins et de temps à préparer.

Il était donc tout indiqué de remplacer le travail du
dessinateur par un procédé plus rapide et moins onéreux,
et c'est alors que l'on songea à la photographie instantanée. Le principe de la *chronophotographie*, entrevu
pour la première fois par Muybridge et appliqué par l'as-
tronome Janssen, avec son *revolver photographique*, fut
employé par Edison pour son *Kinétoscope*, sorte de stéréoscope individuel, permettant de voir se dérouler une
scène animée durant quelques instants.

Afin d'étudier la physiologie du mouvement chez
l'homme et les animaux, le professeur Marey avait imaginé comme M. Janssen, son collègue de l'Institut, de
prendre une série de photographies en un espace de temps
très court, de manière à pouvoir décomposer par ce procédé la position des membres, par exemple d'un coureur
à pied, d'un cheval au galop, d'un pigeon en vol, etc.
En faisant passer ensuite cette suite de photographies
devant les yeux d'un spectateur avec le même rythme
que celui de la prise de vues, celui-ci a l'illusion du mouvement, qui se trouve ainsi reconstitué.

Le professeur Marey avait, pour le seconder dans ses recherches, un jeune préparateur nommé Georges Demény, qui se passionna à tel point pour ces problèmes si intéressants, qu'il se mit à travailler avec ardeur de son côté. Il imagina un *chronoscope* permettant de prendre à intervalles mesurés une suite de vues sur une bande de celluloïd transpa-

Modèle de petit cinéma simplifié montrant le déroulement du film.

rent, sensibilisé au gélatino-bromure. Les résultats furent assez remarquables pour que le constructeur d'appareils d'optique Gaumont s'intéressât à l'invention. Mais, frappé de l'importance des résultats financiers que pouvait fournir l'exploitation des idées de son collaborateur, le professeur Marey exigea une part de 40 pour 100 dans les bénéfices futurs de l'entreprise. Comme le commanditaire de Demény refusait d'octroyer cette part du lion au célèbre physiologiste, l'affaire ne put avoir de suite, et ce dernier s'en vengea en se débarrassant, en dehors de toutes formes, de son préparateur.

« Je fus remplacé sans jugement, a écrit Demény dans un livre consacré aux *Origines du cinématographe*, et le *Journal officiel* publia ma démission et mon remplacement.

Auguste Lumière.

J'ignore quelle fut l'intervention de Marey pour obtenir ce résultat, mais jamais je ne fus révoqué ni ne donnai ma démission. J'étais l'objet d'une mesure illégale et perdais tous mes droits à la retraite, la situation acquise par un travail acharné de quatorze années était brisée!... »

Telle fut à peu près toute la récompense obtenue par l'un des pionniers de l'image animée et qui jette une lueur nouvelle sur la façon dont on a coutume de récompenser les inventeurs dans notre pays. Georges Demény mourut pauvre et oublié, le 28 décembre 1917, à Paris, et c'est à peine si quelques journaux mentionnèrent sa disparition. Il est vrai que l'on avait alors de graves et angoissantes préoccupations...

Le cinématographe à projection vraiment pratique, et qui, de l'aveu même de Demény, était supérieur à tous les systèmes qui l'ont précédé, car il fournissait l'entière solution du problème, fut présenté à la Société de physique, le 6 juin 1895, et soumis au public, à Lyon d'abord, à Paris ensuite, par les frères Lumière. Le point original de ce modèle résidait dans le système d'entraînement de la bande pelliculaire portant les vues photographiques et appelée *film*. Par le jeu d'un rouage spécial, chaque image était amenée successivement au foyer d'un appareil optique et éclairée par transparence, par un jet puissant de lumière, ordinairement un arc voltaïque, puis, après avoir séjourné

une fraction de seconde dans cette position, elle était *escamotée* et remplacée par un autre. Il se succédait ainsi de de 14 à 18 images par seconde, le temps où s'opérait la substitution d'une vue à l'autre étant dissimulé par le passage du secteur opaque d'un *obturateur* tournant devant l'objectif en interrompant la projection. La bande de celluloïd était entaillée sur ses bords de nombreux trous ou perforations, dans lesquelles s'engageaient des griffes ou les pointes de tambours dentés

Louis Lumière.

assurant son entraînement par saccades régulières.

Un poste de cinéma pour la projection comporte donc une lanterne en tôle noircie contenant la source d'éclairage : lampe à arc ou à incandescence intensive, et un dispositif de déroulement du film, lequel est emmagasiné sur des roulettes à larges joues métalliques pouvant recevoir des bandes mesurant 400 mètres de longueur et plus. L'entraînement est fait soit à la main, soit à l'aide d'un petit moteur électrique branché sur le circuit de la lampe. Le projecteur comporte un objectif analogue à celui employé pour la prise des vues photographiques, et les images, considérablement agrandies, vont se peindre sur un écran, vaste surface blanche située à une certaine distance en avant.

Les inventeurs de cet appareil merveilleux, les frères Auguste et Louis Lumière, sont nés à Besançon, l'un en 1862, l'autre en 1864. Ils appartiennent à une famille qui, partie des origines les plus humbles, s'est élevée surtout par des dons exceptionnels de l'esprit et des qualités morales remarquables. C'est à Besançon où leur père,

Poste de cinéma pour enseignement.

Antoine Lumière, possédait un modeste atelier, qu'ils passèrent leur première enfance, mais la famille vint s'installer à Lyon, en 1870, espérant y trouver de meilleures conditions d'existence. On a conservé à Lyon le souvenir de ce robuste vieillard, plein d'humour et d'entrain et qui fut, avec ses deux fils, dont il fit de bonne heure ses collaborateurs, le véritable fondateur de l'industrie photographique en France.

Après de solides études techniques à l'école de la Martinière, complétées par un stage au lycée de Lyon, Auguste

Le cinématographe. — Prise de vues.

et Louis Lumière, obligés de renoncer aux concours qui leur eussent ouvert facilement les carrières les plus brillantes, se consacrèrent avec acharnement à assurer le développement et le succès de l'industrie paternelle. Grâce à leurs recherches, la fabrication des plaques et des papiers photographiques fut tirée de l'état primitif où elle végétait, et, d'améliorations en améliorations, elle est arrivée à atteindre la perfection.

Au physique, la fine silhouette bourbonienne d'Auguste Lumière contraste avec le masque balzacien puissamment modelé de son frère, mais la même flamme d'intelligence illumine les deux visages, explique l'uniformité de leurs méthodes et de leurs procédés de travail. A la base de ces méthodes, un don merveilleux d'observation, une curiosité instinctive toujours à l'affût du fait nouveau d'où qu'il puisse surgir. De ce fait, resté inaperçu du profane, leur génie inventif s'empare pour en tirer des déductions qui, soumises au contrôle scientifique, peuvent aboutir aux découvertes les plus inattendues. C'est grâce à cette méthode que, depuis quarante ans, les frères Lumière ont apporté une contribution remarquable au progrès des sciences physiques, chimiques et naturelles.

Les travaux manifestant leur incessante activité ont fait l'objet de plus de trois cents publications ou communications aux sociétés savantes. Depuis quelques années ils font partie de la section industrielle de l'Académie des sciences.

C'est en 1895 que, reprenant sur des idées nouvelles les études de Muybridge, Janssen, Marey, Amschütz et Sebert, les deux frères parvinrent à réaliser la synthèse définitive du mouvement sur un nombre indéfini d'épreuves. Ils substituaient ainsi à la photographie simplement analytique du mouvement, étudiée par les précédents, la synthèse continue de ce mouvement, obtenant ce prodige que n'avait pu réaliser le magicien Edison, de montrer à toute une assemblée la véritable photographie animée, c'est-à-

dire les aspects successifs d'une scène en action, telle
qu'elle est perçue dans la nature.

C'est donc bien, en dépit de quelques controverses dont
une enquête sérieuse a montré l'inanité, aux deux indus-

Poste de cinéma Gaumont.

triels de Lyon, et surtout à Louis Lumière, que revient
le mérite de la création du cinématographe à projection,
dont l'usage s'est répandu dans le monde entier et qui est
devenu la cause d'une industrie presque aussi puissante que
celle de l'automobile. Un témoignage décisif en la matière
est celui qui a été fourni par le chef de service de Demény,
le professeur Marey, qui a écrit ce qui suit en 1897 :

« Je cherchais à produire la synthèse optique du mouvement. MM. A. et L. Lumière ont les premiers réalisé ce genre de projection avec leur cinématographe. »

Le cinématographe est, de toutes les inventions des frères Lumière, celle qui a obtenu le succès le plus formidable. On sait avec quelle rapidité le « septième art » a conquis le monde, mais on doit à ces chercheurs bien d'autres découvertes non moins intéressantes et qui montrent l'étendue et la variété de leurs connaissances ainsi que de leurs facultés intuitives.

Citons la réalisation pratique de la photographie des couleurs à l'aide de leurs plaques autochromes, dont nous avons indiqué plus haut le mode de préparation; les études sur l'action produite par la lumière sur les surfaces sensibles photographiques; celle sur la micrographie, l'ortho-chromatisme, enfin la projection panoramique à l'aide du *photorama*, qui permet de prendre sur une bande pelliculaire des images représentant tout le tour de l'horizon. Ils ont imaginé un système de réchauffeur d'essence à effet catalytique précieux en hiver pour assurer le démarrage des moteurs d'automobiles, des appareils acoustiques pour le repérage des canons en temps de guerre et un haut-parleur radiophonique dans lequel le résonnateur est représenté par un éventail sonore en papier rigide.

Les deux frères et associés ont justifié leur nom patronymique en effectuant les plus belles découvertes sur les phénomènes de la lumière, et il se présente de lui-même à la pensée quand l'écran du cinéma s'illumine et qu'apparaissent les images animées avec toute l'apparence de la vie. Et quand on sait toutes les fondations charitables qu'ils ont créées et le noble emploi qu'ils ont fait d'une fortune laborieusement acquise à coups d'inventions de génie, on comprend le jugement porté sur eux par un maire de la grande cité de la soie : « Malgré que je les admire de tout mon esprit, je dois confesser qu'à connaître les frères Lumière j'ai surtout appris à les aimer ! »

CHAPITRE XV

LES RAYONS X ET LE RADIUM

LE PHYSICIEN CROOKES — GEISSLER — LE D^r RŒNTGEN
BECQUEREL — PIERRE CURIE

La plupart des phénomènes résultant du passage de l'étincelle électrique de haute tension, c'est-à-dire fournie par
les machines électrostatiques ou d'induction, à travers un
milieu raréfié, sont connus depuis fort longtemps, car c'est
Faraday qui fit, en 1838, les premières expériences sur ce
sujet et remarqua les effets de phosphorescence qui se
produisaient dans des conditions particulières.

Sir William Crookes, né à Londres, en 1832, mort
en 1898, porta toute son attention sur ce phénomène
à peine étudié. A vingt ans, Crookes était déjà professeur
suppléant au Collège Royal ; en 1854, il fut nommé inspecteur au département météorologique de l'Observatoire
Radcliffe, à Oxford, puis professeur de chimie au collège scientifique de Chester. Dès l'année 1854, il avait
commencé des expériences sur les solénoïdes, mais ce
ne fut que dix ans plus tard qu'il devint célèbre par la
découverte d'un corps simple nouveau : le thallium.
En 1872, il inventa le radiomètre, qu'il perfectionna
ensuite pour en faire l'*othéoscope*. Élu, en 1876, vice-
président de la Société de chimie et membre du conseil
de la grande Société Royale de Londres, Crookes résuma
ses travaux de vingt ans en un remarquable ouvrage

ayant pour titre : *Physique moléculaire dans le vide*, où il émettait des théories nouvelles, qui furent longuement controversées par tous les savants, non seulement du Royaume-Uni, mais d'Europe, celles d'un quatrième état de la matière aussi différent de l'état gazeux, que celui-ci l'est de l'état liquide, et qu'il nomma matière *radiante*, et la théorie du bombardement moléculaire. Il se basait sur

Sir William Crookes.

les effet observés, à l'aide des tubes de verre dans lesquels le vide avait été opéré.

Ces tubes étaient fabriqués par le physicien allemand Henri Geissler, né à Ingel-Shielb, en 1814, et mort à Bonn, en 1879. Il avait été élève du professeur de sciences Plücker, et la fabrique d'appareils de physique et de chimie qu'il fonda, en 1855, à Bonn, acquit bientôt une renommée considérable. Il perfectionna la pompe à mercure et inventa les tubes lumineux qui ont conservé son nom.

Les tubes de Geissler sont donc des tubes contournés suivant toutes les formes imaginables et qui se terminent par des boules ovoïdes contenant un fil à métal inoxydable tel que le maillechort; un vide imparfait, à quelques millimètres de mercure, y est pratiqué après avoir laissé pénétrer un gaz tel que l'azote, l'acide carbonique ou autre.

D'après Crookes, le nombre de molécules subsistant dans le gaz ainsi raréfié étant très diminué, leur moyenne de libre parcours se trouve sensiblement plus étendue et elles peuvent se mouvoir et parcourir un espace plus étendu sans se rencontrer et heurter leurs voisines que sous une pression plus élevée. Il expliquait ainsi les effets produits par le passage d'une étincelle de haute tension, telle qu'en pouvait fournir la bobine d'induction de Ruhmkorff. Les molécules, attirés par l'électrode négative, s'ionisent et prennent une charge négative, puis, en vertu du principe de répulsion des corps chargés d'électricité de même signe, ces molécules se repoussent, et, comme elles sont assez espacées pour ne pas entrer en fréquentes collisions les unes avec les autres, elles sont projetées jusqu'à une assez grande distance de l'électrode pour venir frapper la paroi du tube ou d'une autre surface opposée, lesquelles deviennent non pas phosphorescentes, mais *luminescentes* par l'action de ce véritable bombardement moléculaire. Le dégagement de chaleur qui en résulte est dû aux chocs des molécules en raison de l'arrêt brusque de leur mouvement. Une partie de l'énergie cinétique se transforme en énergie calorifique, et l'action mécanique s'explique par l'effet du bombardement moléculaire. Telle fut la théorie proposée par Crookes, qui fut très discutée à l'époque par des savants tels que Wiedeman, Lenard, Hertz et Le Bon entre autres.

L'effet est d'autant plus sensible que le vide est poussé plus loin dans le tube. Avec le vide de Geissler, une teinte lumineuse formée de strates séparées par des tranches obscures remplit le tube, c'est ce qu'on appelle la *lumière stratifiée*. Avec le vide de Crookes beaucoup plus poussé, cette lumière disparaît ; enfin, si l'on atteint le vide absolu, dit *de Hittorf*, la décharge électrique ne peut plus passer, ce qui montre qu'elle est transportée par les molécules. On donna au rayonnement s'échappant de l'électrode négative (ou cathode) dans les tubes à vide de Crookes, le nom de *rayons cathodiques*.

Ces rayons déterminent la fluorescence du verre et de différents minéraux, et ils transportent de l'énergie qui se manifeste sous forme de chaleur. Le cristal (flint) présente une fluorescence bleue ; le verre d'urane, une fluorescence vert foncé. La phénakite (aluminate de glucine) prend, sous l'influence des rayons cathodiques, une teinte bleue ; le spadumène (silicate d'alumine et de glucine) une teinte d'un magnifique jaune d'or. La fluorescence de l'émeraude est cramoisie, celle du rubis rouge foncé et celle du diamant d'un beau vert clair.

Le dégagement de chaleur produit par ces rayons est telle que la paroi du tube s'échauffe au point de se ramollir et même de fondre. On met ce phénomène en évidence en employant une cathode de grandes dimensions en forme de miroir hémisphérique concave concentrant les rayons qu'elle émet en un point où se trouve placée une petite lamelle de platine iridié. Dès que la bobine d'induction est mise en action, cette lamelle s'échauffe et ne tarde pas à être portée au rouge et même mise en fusion si l'on prolonge l'expérience. C'est la preuve que ces rayons transportent une quantité assez notable d'énergie susceptible de produire un travail mécanique utilisable.

Un curieux appareil de démonstration, construit par Ducretet, permet de s'en convaincre. Un tube à vide de Crookes, d'assez grandes dimensions, contient une roue à palettes pouvant tourner librement sur son axe et une cathode hémisphérique. Un écran en mica est placé devant la roue. La décharge à haute tension, envoyée dans le tube, n'influe pas sur la roue, mais si l'on approche un fort aimant de la paroi du tube, les rayons cathodiques sont déviés par l'influence électromagnétique; ils s'incurvent, passent au-dessus de l'écran et viennent frapper les palettes de la partie supérieure de la roue, qui se met aussitôt à tourner en sens inverse du mouvement des aiguilles d'une montre. Si l'on retourne l'aimant de manière à lui faire opérer un effet de répulsion au lieu d'attraction, le mouvement reprend en sens inverse, démontrant la propagation de ce rayonnement invisible et la puissance mécanique qu'il transporte.

Telles étaient les connaissances acquises sur ces radiations singulières, lorsqu'en 1895 le Dr William-Konrad Rontgen, né à Lennep, en 1845, présenta à la Société de physique de médecine de Wurtzbourg et dont il était membre, un mémoire qui résumait des expériences dont les résultats déroutaient tout ce que l'on connaissait jusqu'alors, et causa une sensation énorme dans le monde savant. Röntgen, qui avait été reçu privat-docent, en 1874, et avait été professeur de physique à Strasbourg et à Gœssen, s'était déjà fait apprécier par des travaux importants sur la compressibilité et la capillarité des liquides. Sa découverte, faite un peu par hasard, car déjà Lénard avait fait les mêmes expériences sans discerner aucun fait nouveau, le rendit subitement célèbre.

Ayant enfermé un tube de Crookes dans une boîte à parois épaisses et opaques, le Dr Röntgen avait constaté avec surprise que, lorsque ce tube était mis en activité, certains corps chimiques, du platino-cyanure de baryum, par exemple, placé sur une table voisine, devenaient immédiatement luminescents. Il fut amené à déduire de cette remarque qu'il émanait du tube en fonction un rayonnement inconnu, dont il s'empressa de vérifier les propriétés spécifiques.

Ce fut ainsi qu'il constata que ce rayonnement était capable de traverser nombre de substances opaques à la lumière ordinaire, de provoquer la luminescence et d'impressionner les plaques photographiques. On eût pu le confondre avec les rayons cathodiques, mais tandis que ceux-ci se diffusent rapidement dans l'air, le nouveau rayonnement se propageait en ligne droite jusqu'à une assez grande distance sans subir de diffusion sensible ni être influencé par l'action magnétique des aimants. Il existait cependant une relation étroite entre ces deux genres de radiations, car aux points où une matière quelconque arrêtait les rayons cathodiques, ce nouveau rayonnement prenait naissance. Cette émission paraissait donc comme une véritable luminescence invisible accompagnée d'une luminescence visible. Dans l'incertitude de la longueur d'onde de ces rayons et la place qu'ils devaient occuper dans l'échelle des radiations, le Dr Röntgen leur donna le nom de *rayons X*, qu'ils ont conservé bien qu'on sache à quoi s'en tenir aujourd'hui sur ce point.

Les premiers expérimentateurs qui vérifièrent les caractéristiques de cet étrange rayonnement reconnurent d'abord sa puissance de pénétration, nombre de corps opaques pour la lumière ordinaire étant transparents pour les rayons X. Le papier, le bois, la paraffine, le charbon, le carton étaient traversés facilement : l'eau, l'os, l'ivoire, le spath, le verre, le quartz, le soufre, le bismuth, le fer, le cuivre et le mercure se montrèrent beaucoup plus résistants. Une autre propriété reconnue à ces rayons fut la facilité avec laquelle ils déchargeaient les corps électrisés.

Lorsque les propriétés physiques des rayons X eurent été bien déterminées, on songea à les appliquer aux besoins de la thérapeutique en soumettant les malades à deux genres d'investigation différents se complétant l'un l'autre : la radioscopie et la radiographie.

Dans le premier cas, on interpose la partie soumise à l'examen entre une source de rayons X et un écran révélateur, ordinairement une feuille de carton ou de céramique recouverte d'un corps luminescent tel que le platino-cyanure de baryum. L'examen s'opérant dans l'obscurité, l'image des parties opaques aux rayons X apparaît comme une silhouette plus ou moins foncée sur l'écran. Si c'est la main que l'on place entre l'écran et l'ampoule, on n'aperçoit que les parties osseuses du squelette : le métacarpe, les os des poignets et des doigts, la chair semble avoir disparu, étant infiniment plus transparente. Si c'est le pied que l'on examine, le patient ayant conservé sa chaussure, on voit de même la silhouette des métatarsiens, des malléoles, avec le tibia et le péroné, ainsi que toutes les parties de la chaussure opaques aux rayons X : pointes, boutons, agrafes, etc.

On conçoit quelles facilités nouvelles l'examen radioscopique fournit aux médecins et aux chirugiens pour l'établissement d'un diagnostic, mais la facilité avec laquelle les rayons X agissent sur les sels d'argent donne un moyen encore plus efficace en permettant d'obtenir par la photographie, — appelée dans ce cas *radiographie*, — des images durables des parties profondes et invisibles du corps humain. Ce procédé est employé maintenant d'une façon courante dans tous les hôpitaux qui possèdent l'outillage nécessaire, et il a rendu les plus signalés services aux praticiens pendant la guerre.

L'appareillage nécessaire pour la production des rayons X a été très perfectionné depuis l'époque de leur découverte, et ce sont surtout les tubes ou ampoules qui ont subi d'importantes améliorations. On les fait fonctionner sous des tensions de 100000 volts en courant continu, ce qui correspond à une fréquence dans la succession des ondes représentée par le chiffre 24 suivi de 18 zéros. Cette rapidité de vibrations paraît formidable, et cependant elle est encore très inférieure à celle des radiations du radium qui correspondrait dans ce cas à une tension de *deux millions* de volts.

Dans les appareils actuellement en usage pour les différentes applications de la radiologie, le courant d'alimentation est modifié par son passage dans les enroulements d'un transformateur à circuit magnétique fermé dont le rendement est très supérieur à celui fourni par la bobine de Ruhmkorff à circuit magnétique ouvert, seule usitée dans le début. Les interruptions sont produites à une allure beaucoup plus rapide qu'avec l'ancien trembleur par un contact rotatif, actionné par un petit moteur synchrone. L'appareillage est complété par des instruments de mesure : milliampèremètre, spintermètre, etc., et le courant de haute tension et de grande fréquence est envoyé à l'ampoule, qui contient ordinairement deux anodes, tel que dans le tube de Coolidge, le plus apprécié.

Le temps de pose nécessaire à l'impression de l'image sur une plaque radiographique est très variable, suivant le genre d'ampoule employée, l'épaisseur et l'opacité plus ou moins grande aux rayons X présentées par l'objet à radiographier, enfin la distance entre cet objet et l'ampoule. Ce temps peut varier de quelques secondes à plusieurs minutes. La netteté des images est également variable pour les mêmes raisons, et ce sont les tubes dits *focus* et les *lampes-valves* qui donnent les meilleurs résultats, ainsi que l'ont prouvé les expériences du professeur Pauthenier.

En reliant l'anode, ou électrode positive du tube, à l'une des armatures d'un condensateur dont l'autre armature est en rapport avec la cathode ou électrode négative, on remarque que l'émission des rayons X est beaucoup plus intense. Le professeur faisait usage d'un courant de 32000 volts variant 42 fois de sens par seconde, et d'un condensateur Mosciki de 15 millièmes de microfarad de capacité débitant 2 à 3 milliampères.

On fit beaucoup de bruit, peu de temps après la communication du Dr Rontgen, autour d'une invention extraordinaire qui permettait de voir, à l'aide d'une lunette merveilleuse dénommée *cryptoscope* ou *fluoroscope*, l'intérieur du corps humain ou le contenu d'une caisse hermétiquement fermée. Mais bientôt le secret fut dévoilé; il ne s'agissait que d'une application des rayons X et de la luminescence qu'ils produisent. Cette *lorgnette humaine*, qui devait fournir à la douane un moyen précieux de découvrir les fraudes, sans avoir à ouvrir les colis soumis à sa vérification, avait la forme d'une chambre noire à tube viseur, et était fermée par un disque enduit de platinocyanure de baryum formant écran. Ce n'était donc qu'une application de l'écran radioscopique connu et qui n'eut que peu de succès.

La place des rayons X est connue aujourd'hui dans l'échelle des radiations, avons-nous dit. Elle est au delà de la région ultra-violette du spectre lumineux et occupe un espace important vers le 60° de cette échelle due à Crookes. On a cependant conservé la qualification mystérieuse que leur avait donné leur premier observateur. Cette découverte a agrandi le cercle des connaissances physiques et elle rend journellement les plus signalés services dans l'art de guérir, pour déterminer un diagnostic et faciliter la tâche délicate du chirurgien, en lui montrant l'emplacement d'un corps étranger dans la profondeur des tissus organiques et lui fournissant les indications les plus précises. Mais, hélas! ces radiations si utiles ont, en revanche, une action nocive désastreuse sur les tissus longuement exposés à leur effet : elles attaquent les chairs et causent de redoutables *radiodermites* presque inguérissables, nécessitant l'ablation des parties gravement atteintes. On ne compte plus les opérateurs qui ont été victimes de ce rayonnement dangereux et qui ont péri après avoir subi de nombreuses amputations successives des membres atteints. On prend bien toutes les précautions possibles en évitant de s'exposer aux rayons, pendant l'exécution des radiographies, en s'abritant derrière des écrans de plomb, qu'ils ne peuvent traverser, et on commence à connaître des traitements permettant de limiter et de guérir les lésions produites. C'est là le revers de la médaille, la rançon exigée par tout progrès, et l'on peut dire que, comme l'aviation, la radiologie a eu ses héros et ses martyrs.

Cet examen des radiations qui nous a amené des ondes électriques employées en T.S.F. aux rayons cathodiques et aux rayons X, nous conduit à une autre découverte de non moins grande importance et qui est au moins aussi remarquable : celle du phénomène de la radio-activité et du métal qui a reçu le nom de *radium*.

L'énergie électrique dépensée pour faire fonctionner le tube de Crookes ou ampoule à trois électrodes, se transforme, par l'intermédiaire des rayons cathodiques, des rayons X et des corps luminescents, en énergie lumineuse sensible à la vue. Toutefois, ces corps luminescents représentent, eux aussi, et indépendamment de l'électricité, une transformation d'énergie, car on peut déterminer cette propriété par la lumière violette seule.

Henri Becquerel.

C'est pour cette raison que M. Henri Becquerel, qui appartient à une lignée de physiciens honorablement connue, fut amené, vers 1896, à étudier de près les corps phosphorescents afin de vérifier si, outre les rayons lumineux qu'ils émettent dans l'obscurité, ils ne seraient pas quelquefois susceptibles de donner naissance à d'autres radiations dotées d'une ou de plusieurs propriétés des rayons cathodiques ou X. Ce fut là l'origine et la cause des recherches qui conduisirent ce savant à la découverte du phénomène de la radio-activité.

M. Becquerel, qui naquit à Paris, en 1852, entra à l'École polytechnique en 1872, puis, comme l'illustre Fresnel, à l'École des ponts et chaussées, d'où il sortit avec son diplôme d'ingénieur en 1897. Nommé professeur de physique au Muséum d'histoire naturelle, en 1877, il s'occupa de recherches sur les phénomènes de la lumière, et ses travaux sur la polarisation rotatoire magnétique lui valurent d'entrer à l'Institut en 1889. Il était donc désigné, par la direction prise depuis de longues années, et mieux que quiconque, à discerner les propriétés qu'il supposait aux corps phosphorescents.

M. Becquerel avait remarqué que le corps qui présentait au plus haut degré cette qualité de la fluorescence était le verre d'urane et les divers sels d'uranium ; aussi s'adressat-il en premier lieu à ces corps, et l'expérience devait lui donner raison.

Il commença donc par déposer, sur une glace photographique sensibilisée au gélatino-bromure d'argent et soigneusement enveloppée dans plusieurs épaisseurs de papier noir, des lamelles de sulfate double d'uranium et de potassium. Après quarante-huit heures d'exposition on développa la plaque dans le cabinet noir et on put constater que la plaque était impressionnée et portait la silhouette des lamelles. Les sels d'uranium avaient donc émis des rayons pénétrants analogues aux rayons X, et le professeur voyait ainsi ses prévisions réalisées. Et, comme cette émission se produisait dans l'obscurité, il en déduisit que ce rayonnement était spontané. Il était en présence d'un phénomène nouveau, d'une propriété nouvelle et tout à fait inattendue, de la matière, à laquelle il donna le nom de *radio-activité*.

Poursuivant ses recherches, M. Becquerel reconnut ensuite que les rayons émis par les sels d'uranium ne subissaient ni la réflexion sur les miroirs ni la réfraction à travers les prismes et qu'ils avaient, comme les rayons X, la propriété de décharger les corps électrisés. Cette remarque permit de doser le rayonnement fourni par les différents corps et de reconnaître que la radio-activité était une propriété générale commune à tous les corps de la nature, à des degrés divers. Toutefois, l'uranium semblait posséder cette qualité poussée à son maximum.

Ces expériences, rationnellement conduites, eurent un retentissement considérable, non seulement en France, mais à l'étranger. Le physicien anglais, lord Kelvin, les répéta avec succès ainsi que M. Rutherford, qui en tira des conséquences d'une grande originalité. C'est alors qu'en France, un jeune savant, encore peu connu, Pierre Curie, frappé des observations du professeur du Muséum, fit la supposition que les propriétés ainsi reconnues à l'uranium ne devaient pas être l'apanage exclusif de ce métal et que d'autres substances pouvaient les posséder à un degré encore plus élevé. Il résolut de vérifier le bien fondé, ou l'erreur de cette hypothèse.

Pierre Curie était né à Paris, le 15 mai 1859, et sa vie devait être courte, car

Pierre Curie.

il trouva une mort stupide, le 19 avril 1906, à peine âgé de quarante-sept ans. Il fut écrasé par un camion en traversant la rue Dauphine pour se rendre à l'Institut, qui l'avait accueilli dans son sein quelques années auparavant. Il était fils du docteur Curie, et son frère était professeur de minéralogie à la Faculté des sciences de Montpellier.

Dans l'une des riantes vallées de la banlieue sud de Paris, arrosée par le ruisseau de la Coudraie, au bas des coteaux de Fontenay-aux-Roses, se trouvait la maison qui abrita la jeunesse des deux frères Pierre et Jacques Curie. Perdue dans un amas de grands arbres, elle possédait à peu de distance une annexe à un seul étage, où le docteur, passionné pour les études biologiques, se livrait à ses recherches favorites tout en guidant l'instruction de ses deux fils. Ce fut le premier laboratoire de Pierre Curie.

Au milieu de la nature, entouré des fleurs qu'il aimait tant, l'esprit du jeune homme se forma dans une indépendance absolue, et lorsqu'il prépara, après le baccalauréat, sa licence ès sciences physiques, sa vocation s'était déjà affirmée, et les séjours qu'il fit ensuite à l'École de pharmacie, où son frère était assistant, ne firent que le mieux fixer, et ce fut de l'affectueuse collaboration des deux frères, semblables en cela aux frères Lumière, Wright et Montgolfier, que résulta une des plus curieuses découvertes de la cristallographie.

Entré à la Sorbonne, en 1878, comme préparateur de Desains, Pierre Curie quitta ce poste cinq ans après pour prendre celui de chef des travaux pratiques à l'École de physique et chimie qui venait d'être créé par la ville de Paris, en confiant la direction de ce nouvel établissement d'instruction à l'éminent chimiste Schutzenberger. C'est là que s'écoula la plus grande partie de sa vie scientifique, de 1883 à 1895, époque où il épousa celle qui devait être sa fidèle collaboratrice, Mlle Marie Sklodowska, qui venait de remporter de très brillants succès aux examens de la Sorbonne. Et c'est du travail en commun des deux époux qu'est sorti le radium, qui rendra le nom des Curie immortel.

Ayant passé la thèse de son doctorat ès sciences, il fut nommé titulaire de la chaire de physique générale réclamée par ses élèves et que lui confia Schutzenberger. Il consacra à cet enseignement près de cent vingt leçons, la plupart consacrées à l'électricité. Ceux qui assistèrent à ces cours ont dit combien Curie sut y mettre de talent et de quel sens profond de la physique il sut les imprégner.

Ses travaux devenaient célèbres à l'étranger, et lord Kelvin appréciait fort le jeune professeur. Cependant, à la

Faculté des sciences de Paris, plusieurs chaires furent
créées ou devinrent vacantes sans qu'on lui en confiât
aucune. Ce fut l'annonce de sa découverte du radium qui le
dédommagea de ces petites misères de la vie d'un savant.
Ce ne fut toutefois qu'en 1900 que l'Université de Paris
se décida à lui ouvrir ses portes et à lui confier l'enseignement si absorbant du P. C. N. Il eût mieu valu lui donner
le laboratoire dont il
manquait, mais ce n'est
que plus tard qu'on le
fit sous la poussée de
l'opinion publique. Un
vote du Parlement en
1904 créa enfin la chaire
et le laboratoire où
Pierre Curie put ensei-
gner ses recherches sur
la radio-activité tandis
que le monde scienti-
fique, définitivement
conquis, applaudissait
à son entrée à l'Acadé-
mie des sciences, en
juillet 1905.

Mme Curie.

Quant à l'homme et
au savant, un livre entier n'épuiserait pas ce sujet. Sa
bonté allait jusqu'au plus absolu désintéressement, et sa
haute valeur morale imposait à la fois l'affection et le respect. Tous ceux qui l'ont connu se rappellent sa figure pen-
sive, ses yeux doux qui s'illuminaient lorsque l'idée créa-
trice se dégageait, ses francs éclats de rire communicatifs
lorsque quelque chose l'amusait. Sa simplicité et sa modestie sont restées proverbiales, et nul n'eût pu deviner
parmi une foule d'humbles artisans ce penseur génial
et profond.

Rêveur peut-être à certains moments où il pensait aux

problèmes qu'il avait à résoudre, il était toujours sensible, nous dit son élève et ami Cheneveau, à toutes les manifestations de l'intelligence et de la beauté, qu'il s'agît de science, de littérature, d'art ou de théâtre. Dans son laboratoire, Curie était bien plus un camarade qu'un maître. Il était d'une étonnante habileté, sa patience était sans bornes, et il avait surtout une intuition remarquable de l'expérience à entreprendre. Il attachait plus d'importance au fait nouveau qu'à l'expérimentateur qui l'avait observé et décrit.

« Qu'importe que je n'aie pas publié tel travail, disait-il, pourvu qu'un autre le publie ! »

Cette compréhension si belle et si désintéressée du rôle de la science, cette abnégation de son effort personnel, dont ordinairement les savants sont si jaloux, ne le poussèrent jamais à solliciter la moindre récompense. Cependant l'Académie lui décerna plusieurs prix, et il obtint le prix Osiris, comme Branly, la grande médaille d'or Davy de la Société Royale de Londres et, avec Mme Curie, le grand prix de physique Nobel.

Il n'accepta pas la décoration qu'on voulait lui offrir, disant qu'il préférait avoir le laboratoire dont il avait le plus grand besoin. Voici, en effet, comment il fut obligé de travailler au début et quelle fut son installation. C'est Mme Curie qui parle :

« L'emplacement qui lui servait le plus souvent d'abri était un passage exigu entre un escalier et une salle de manipulations ; c'est là qu'il fit tout son long travail sur le magnétisme. Plus tard, il obtint l'autorisation d'utiliser un atelier vitré situé au rez-de-chaussée de l'École de physique et chimie et servant de magasin ainsi que de salle des machines ; c'est dans cet atelier que furent commencées nos premières recherches sur la radio-activité. Nous ne pouvions songer à y effectuer des travaux chimiques sans détériorer les appareils ; ces traitements furent organisés dans un hangar, situé en face de l'atelier, et ayant abrité autrefois l'installation provisoire des travaux pratiques de l'École de médecine. N'ayant aucun meuble pour y enfermer les produits radifères obtenus, nous les placions sur des tables ou des planches, et je me souviens du ravissement que nous éprouvions lorsqu'il nous arrivait d'entrer la nuit dans notre domaine et que nous apercevions de tous les côtés les silhouettes faiblement lumineuses des produits de notre travail... Les ressources matérielles dont Pierre Curie disposa pendant la presque totalité de sa carrière scientifique furent toujours très restreintes. »

Aujourd'hui existe un *Institut du radium*, bien outillé et organisé, où l'enseignement et la recherche sont parfaitement organisés. C'est le couronnement de l'œuvre du savant, mais la destinée n'a pas voulu qu'il assistât à cette apothéose qui l'eût récompensé de tant d'années de labeur. Sa collaboratrice, Mme Curie, a toutefois poursuivi avec persévérance les études commencées avec son mari, et le Parlement lui a accordé une dotation de 40000 francs comme marque de la reconnaissance nationale.

La découverte de la radio-activité par le professeur Becquerel, et du radium par M. et Mme Curie, présente donc une importance considérable, pour qu'elle ait causé pareille sensation dans le monde savant et autant attiré l'attention sur ses auteurs !... On en jugera quand nous aurons dit que les propriétés de ce corps nouveau bouleversent toutes les connaissances antérieures et les théories établies en physique. Sous l'influence des sels de radium, des actions chimiques intenses se produisent : l'oxygène de l'air se condense en ozone, le verre et la porcelaine prennent une teinte particulière, les pierres précieuses : rubis, émeraudes, saphirs, sont décolorés et redeviennent de simples corindons sans valeur, l'eau est décomposée en ses éléments constitutifs, hydrogène et oxygène, enfin ils dégagent continuellement et sans paraître perdre de leur poids de l'énergie sous forme de chaleur. On a calculé que 1 gramme de radium fournit en une heure une quantité de chaleur évaluée à 100 calories, ce qui représente l'élévation de son poids à plus de quarante-deux kilomètres de haut dans ce temps, et ce sans la moindre déperdition, ce qui semble contraire à tout ce que l'on connaît des lois sur la conservation de l'énergie. Deux hypothèses ont été présentées pour essayer d'expliquer ce phénomène déconcertant.

D'après Mme Curie, tout l'espace est continuellement traversé par des rayons analogues aux rayons X, caractérisés par une fréquence considérablement plus grande et une amplitude de vibration beaucoup plus faible que la lumière. La fréquence de celle-ci est de l'ordre des trillions par seconde, alors que les vibrations en question sont de l'ordre du *quintillion*. Ces rayons sont donc très pénétrants et ne peuvent être absorbés que par certains éléments tels que l'uranium, le thorium, le radium, éléments dont le poids atomique est très considérable. L'énergie constatée se trouverait donc empruntée à un rayonnement cosmique ou solaire, et les corps radio-actifs le restitueraient en le transformant, comme le verre transforme les rayons cathodiques en rayons X.

Dans l'autre hypothèse, c'est l'atome qui serait le siège de la production de l'énergie et celle constatée proviendrait d'une destruction moléculaire ayant lieu, soit spontanément, soit sous l'intervention d'une action extérieure. L'atome des corps radio-actifs ne serait pas invariable, mais se détruirait par une suite d'explosions dont les débris seraient en partie de la matière inerte, et en partie des particules infiniment ténues donnant naissance aux trois catégories de rayonnement du radium. Le *spinthariscope*, petit appareil imaginé par le professeur Crookes, permet d'examiner à la loupe ces explosions, qui se présentent sous forme d'étincelles microscopiques, dont la vitesse de propagation atteint celle de la lumière : 300000 kilomètres par seconde d'après M. Becquerel.

Il y a, disons-nous, trois catégories de rayons émis par

le radium. Les premiers sont déviables par l'aimant, les
deuxièmes sont tout à fait analogues aux rayons cathodiques par leurs propriétés; ils sont déviables également,
mais en sens inverse des premiers. Enfin, les troisièmes,
non influençables par l'aimant, sont très pénétrants et
identiques aux rayons X, dont ils possèdent les propriétés,
notamment celles d'impressionner les plaques sensibilisées
aux sels d'argent, si bien que l'on peut obtenir des radiographies sans l'intervention d'une ampoule alimentée de
courants de très haute tension.

De plus, le radium communique ses qualités à d'autres
corps voisins qui les conservent pendant un certain
temps : c'est ce que l'on appelle la radio-activité induite.
Une autre propriété encore plus extraordinaire, remarquée
par le physicien anglais Rumford, est l'*émanation*, qui agit
à la façon des gaz et se diffuse à la façon d'une vapeur
extrêmement subtile, un peu à la manière des parfums, car
elle ne traverse par les corps et demeure confinée dans les
flacons la renfermant, et elle renferme de l'hélium qu'on
croyait n'exister que dans le soleil. On voit combien de
problèmes soulève ce corps extraordinaire dont il n'existe
peut-être pas un kilogramme dans toute la masse de la
terre.

L'importance de la découverte du radium est donc d'un
ordre très élevé, qui oriente la physique sur des voies
toutes nouvelles, capables de conduire à des lois non
édictées régissant des forces physiques encore insoup-
çonnées. Or, chaque fois que la science pure fait un pas
en avant, les applications suivent de près, et le bien-être
général de l'humanité tout entière s'en trouve aussitôt
augmenté. L'histoire du dernier siècle écoulé est là pour
le démontrer par ses inventions de toute espèce : la vapeur
et l'électricité, entre autres.

CHAPITRE XVI

LA LIQUÉFACTION DES GAZ

THILORIER — CAILLETET — RAOUL PICTET — LINDE
W. RAMSAY — DEWAR — G. CLAUDE

Parmi les plus intéressantes acquisitions de la science moderne, il en est une qui a permis de rénover les procédés de la métallurgie et fournit un appoint nouveau aux moyens dont disposait déjà la chimie pour transformer les corps et en extraire plus économiquement des produits se prêtant à une quantité d'applications. Nous voulons parler ici de la liquéfaction des gaz, longtemps considérés comme *permanents*, c'est-à-dire qu'il était impossible de faire changer d'état, comme la vapeur d'eau, fluide aériforme qui, refroidi, prend l'état liquide, et refroidi davantage encore, l'état solide.

Il a fallu beaucoup de temps aux physiciens, qui connaissaient cependant ce phénomène usuel, pour assimiler les gaz à des vapeurs de liquides infiniment plus volatils que les liquides ordinaires. C'est Lavoisier, l'immortel fondateur de la chimie moderne, qui a, l'un des premiers, formulé cette hypothèse d'une façon remarquablement précise. A une époque où les gaz les plus faciles à condenser n'avaient jamais été vus sous la forme liquide, étant donné que l'on ne connaissait aucun moyen de les transformer ainsi, voici en quels termes, véritablement prophétiques, s'exprimait Lavoisier :

« Si la terre qui nous porte se trouvait tout à coup placée dans les régions très froides, par exemple à la distance du soleil où se trouvent Jupiter et Saturne, l'eau, qui forme aujourd'hui nos fleuves et nos mers, et probablement le plus grand nombre des liquides que nous connaissons, se transformerait en montagnes solides et en roches très dures. L'air, dans cette supposition, ou au moins une partie des substances aériformes qui le compose, cesserait sans doute d'exister dans l'état de fluide invisible faute d'un degré de chaleur suffisant ; il reviendrait à l'état de liquidité, et ce changement produirait de nouveaux liquides dont nous n'avons aucune idée. »

Et c'est ainsi que, depuis Lavoisier, fut admise l'idée que les corps qui pouvaient changer d'état et passer de l'état solide à l'état liquide puis à l'état gazeux en leur ajoutant de la chaleur, pouvaient inversement passer de l'état gazeux à celui liquide puis solide en leur enlevant de la chaleur. Les travaux des chimistes contemporains ont confirmé, au moins pour tous les corps non décomposables par la chaleur, la vérité et l'exactitude de cette conception.

Le premier phénomène observé a été celui de l'abaissement du point d'ébullition d'un liquide lorsque la pression qu'il supporte habituellement vient à diminuer. C'est ainsi qu'au sommet du mont Blanc, à 4810 mètres, où la pression de l'air se trouve réduite de moitié, l'eau bout, non plus à 100, mais à 84 degrés seulement.

Ce phénomène a été utilisé pour refroidir les liquides destinés à la boisson et fabriquer de la glace artificielle. Une pompe aspirante fait le vide dans le récipient ; une ébullition se produit aux dépens de la chaleur du liquide dont la température s'abaisse de plus en plus jusqu'à ce que toute la masse se prenne en un bloc de glace. C'est là le principe du fonctionnement des machines à glace industrielles : notamment de l'extraordinaire système, véritable défi au sens commun, du regretté ingénieur Maurice Leblanc, dans lequel la congélation de l'eau est demandée à un jet de vapeur! Cette vapeur, débitée par un injecteur Giffard, est chargée de maintenir le vide dans les cuves, et il en résulte la congélation rapide et économique de l'eau contenue dans ces récipients.

On a remarqué que la vapeur d'eau non saturée différait de la vapeur saturée et qu'elle se rapprochait d'un gaz en ce qu'elle est compressible et que, lorsque son volume diminue, sa force élastique augmente. L'abbé Mariotte a établi, au XVIII° siècle, une loi célèbre, qui a conservé son nom et d'après laquelle, à une température donnée, le volume d'un gaz est en raison inverse de la pression qu'il supporte. En d'autres termes, le volume d'un gaz se réduit de moitié si on double sa pression, au tiers si on la triple, etc., et on a pu en déduire que les gaz ne sont que des vapeurs non saturées, plus ou moins éloignées de la saturation. On peut donc arriver à liquéfier les gaz, soit en les refroidissant simplement, sans changer la pression qu'ils supportent, soit en les comprimant, ou par ces deux moyens réunis.

La première liquéfaction réalisée par le simple refroidissement a été effectuée par Monge et Clouet, en 1797, sur le gaz acide sulfureux amené à la température de 10° au-dessous de zéro par son exposition à un mélange réfrigérant de sel et de glace. Peu après, Guitton de Morveau liquéfia le gaz ammoniac en employant un mélange réfrigérant de glace et de chlorure de calcium qui descend à 50° au-dessous de zéro. Quant à la liquéfaction par compression, elle a été obtenue, en 1792, par le célèbre physicien Van Marum, qui opérait également sur le gaz ammoniac qu'il vit se condenser et se réduire en liquide limpide sous une pression à peine supérieure à 7 atmosphères.

Un demi-siècle devait s'écouler depuis ces expériences du début, qui corroboraient les prévisions de Lavoisier, avant que l'étude de ces phénomènes fût reprise, et cette fois par un physicien génial, des découvertes de qui nous avons déjà parlé : Faraday.

A cette époque, Faraday n'était encore que le modeste préparateur d'Humphry Davy. Il expérimentait, sous la direction de l'illustre chimiste, l'action de la chaleur sur de l'hydrate de chlore qui avait été enfermé dans un tube en V scellé à la lampe. On raconte à cette occasion qu'un ami de Davy, le Dr Paris, ayant pénétré dans le laboratoire pendant l'expérience, apercevant des gouttes huileuses qui avaient apparu dans le tube chauffé, et qui lui semblaient le résultat d'une déplorable négligence de l'opérateur, malmena quelque peu celui-ci. Faraday, quelque peu interloqué tout d'abord, ne répondit rien ; mais, ayant analysé ces fameuses gouttes, il fit parvenir le lendemain au sévère docteur le bref billet suivant :

« Vos gouttes huileuses étaient du chlore liquide. — Michel Faraday. »

Le jeune préparateur, frappé du résultat obtenu, s'empressa d'appliquer cette méthode à nombre d'autres corps. Au lieu de produire les gaz dans un appareil générateur distinct puis de les refouler dans des récipients pesants à l'aide de pompes de compression compliquées, il suffisait de dégager le gaz dans la branche d'un tube et de le condenser en le refroidissant dans l'autre branche de ce tube. Au cours de cette année 1823, Faraday liquéfia ainsi l'hydrogène sulfureux, l'acide carbonique, le protoxyde d'azote et le cyanogène.

Toutefois, tel qu'il était, le tube de Faraday ne pouvait fournir que des volumes de gaz liquéfiés extrêmement faibles, quelques centimètres cubes au plus. Or, pour étudier convenablement les propriétés de ces corps, il fallait pouvoir disposer de quantités plus appréciables,

et ce fut un physicien français, Thilorier, qui imagina
le premier appareil propre à obtenir de grands volumes
de gaz acide carbonique liquéfié.

L'appareil de Thilorier, qui n'est plus usité aujourd'hui
et ne représente plus qu'une curiosité historique, se composait de deux pièces correspondant aux deux branches
du tube de Faraday : le générateur et le récepteur,
constitués tous les deux de cylindres en fonte cerclés
de fer. Mais, sous les hautes pressions atteintes, la fonte
ne possède pas la résistance nécessaire, ainsi que le
montra un terrible accident survenu, en 1840, à l'École
de pharmacie de Paris : un générateur ayant subitement éclaté en tuant le préparateur Hervy, accident
analogue à celui qui, en 1926, devait coûter la vie au
préparateur de Georges Claude, le jeune André Ribaut.
Le cuivre fut donc substitué dans la suite à la fonte, par
les constructeurs Donny et Mareska et solidement fretté
par des anneaux d'acier.

Le générateur Thilorier, étant supporté à mi-hauteur
par des pivots autour desquels on peut le faire tourner,
on met dans son intérieur une dissolution chaude de
bicarbonate de soude, et on y dresse un seau en laiton
contenant de l'acide sulfurique. Le générateur clos par
une fermeture à vis, on le fait basculer de droite à
gauche et de gauche à droite sur ses pivots pour
mélanger l'acide à la solution de bicarbonate. Il se
dégage des torrents d'acide carbonique gazeux qui se
compriment fortement étant donné la faible capacité de
l'appareil. Si l'on réunit alors le générateur à un second
récipient par un tube à robinet, le gaz se liquéfie dans
ce récepteur sous une pression qui n'est pas inférieure à
50 atmosphères à la température de 15°. Si, une fois le
récepteur rempli de gaz liquéfié, on ouvre un second
robinet, le liquide emmagasiné s'échappe avec violence,
une abondante vaporisation se produit; l'énorme absorption de chaleur correspondante a pour effet de refroidir

la partie non vaporisée au-dessous de son point de congélation et de la transformer en *neige* solide, tout à fait semblable à la neige ordinaire, sauf que sa température est infiniment plus basse : 79 degrés au-dessous de zéro !

Ainsi donc, dans cette expérience, l'acide carbonique, qui n'existe qu'à l'état gazeux dans la nature sous la pression de l'atmosphère, se liquéfie sous une pression élevée et se solidifie même, présentant ainsi successivement les trois états de la matière en agissant comme la vapeur d'eau ordinaire.

Dans ses expériences du début, Faraday demandait à la pression seule de produire le phénomène de la liquéfaction, les gaz se dégageant dans un récipient de faible capacité. Un peu plus tard, il songea à adjoindre le froid d'un mélange réfrigérant à la pression fournie par une pompe puissante et à opérer sous la cloche de la machine pneumatique. Il obtint ainsi des résultats remarquables. Non seulement les gaz : acide chlorhydrique, bromhydrique, iodhydrique, le fluorure de silicium, l'arséniure et le phosphure d'hydrogène, le gaz oléfiant, jusque-là résistants, furent amenés à l'état liquide, mais congelés sous des aspects cristallins variables. C'était la confirmation des vues prophétiques de Lavoisier.

Toutefois, et en dépit d'efforts réitérés, variés de toutes les façons, Faraday échoua complètement pour cinq gaz : l'hydrogène, l'azote, l'oxygène, l'oxyde de carbone et le méthax, lesquels demeurèrent insensibles à une pression de 50 atmosphères sous un froid de 110 degrés au-dessous de zéro. D'autres chercheurs après lui : Colladon, Aimé, le grand Berthelot, Natterer enfin, en 1854, ne devaient pas être plus heureux. Cependant le dernier nommé, poussa le chiffre de la compression à 2800 atmosphères, donnant ainsi aux gaz une densité supérieure à celle de l'eau, et cependant sans les faire capituler. C'est alors qu'on les considéra comme des gaz *permanents*, impossibles à modifier, mais l'avenir devait montrer que cette

21

manière de voir était erronée et que tous les corps, gazeux ou autres, obéissaient aux mêmes lois, mais on ne disposait pas de moyens suffisamment énergiques pour les obliger à changer d'état comme tous les autres gaz. Les années s'écoulèrent, et on arriva à 1879 sans que la question fût élucidée. Or le lundi, veille de la fête de Noël de cette année-là, un fait se produisit, presque unique dans l'histoire des sciences.

L'Académie, dont c'était le jour de séances, fut informée que ce grand problème de la liquéfaction des gaz permanents, depuis si longtemps étudié, était enfin résolu, non pas d'une manière vague et incertaine, mais par deux expérimentateurs, inconnus l'un à l'autre et mettant en œuvre des procédés complètement différents. Ces deux chercheurs s'appelaient, l'un Cailletet, l'autre Raoul Pictet.

Fils d'un maître de forges de Châtillon-sur-Seine, Louis Cailletet était né dans cette ville, en 1832. Après avoir suivi les cours de l'École des mines, où Henri Sainte-Claire-Deville fut son professeur, le jeune homme revint dans sa ville natale pour diriger l'exploitation des hauts fourneaux. Mais l'enseignement puisé auprès de l'inventeur du traitement industriel de l'aluminium lui avait donné le goût de ces recherches qui permettent d'enrichir le patrimoine scientifique de la civilisation. Ayant à sa disposition des forces motrices puissantes, il essaya d'être plus heureux que ses devanciers en essayant de réduire l'attraction moléculaire retenant liés les gaz dits permanents. Il poussa la compression jusqu'à 1000 atmosphères, 10 tonnes par centimètre carré, sans pouvoir triompher de cette attraction qui persistait quand même.

Ce fut alors qu'il songea à combiner le refroidissement avec la pression, en soustrayant le calorique, ce principe subtil, impalpable, qui se comportait comme un fluide incompressible, si l'on peut s'exprimer ainsi, et il eut, à ce sujet, une idée ingénieuse : demander à la détente du gaz l'abaissement de température cherchée.

Il obtint ainsi des températures de près de 200 degrés au-dessous de zéro, auxquelles il put apercevoir nettement un brouillard de fines gouttelettes liquides se déposant à l'intérieur du tube, qu'il s'agit d'hydrogène, d'oxygène ou d'azote.

Le procédé du physicien genevois, Raoul Pictet, était complètement différent, car il agissait en quelque sorte par étages successifs, à l'aide de l'acide sulfureux et baissait la température à — 65 degrés puis à — 130 degrés par l'acide carbonique, pour arriver finalement à un chiffre encore plus bas, en même temps que la pression atteignait 200 atmosphères. En ouvrant le robinet à pointeau fermant le collecteur d'oxygène plongé dans l'acide carbonique, M. Pictet vit s'échapper un jet diaphane entouré d'un cylindre concentrique blanc qu'il crut être de l'oxygène solidifié.

Dans des essais ultérieurs, ce savant s'attaqua à l'hydrogène, produit sous pression par l'action de la potasse sur le formiate de ce même corps. Influencé sans doute par les inductions de la chimie qui tendait alors à considérer l'hydrogène comme un métal, M. Pictet crut le voir sortir de son appareil sous l'aspect d'un jet opaque de couleur bleu d'acier caractérisé, frappant le sol avec un crépitement rappelant celui d'une grenaille métallique, description controuvée depuis que l'on est parvenu à recueillir des quantités assez notables de ce corps pour constater que l'hydrogène liquéfié est un liquide parfaitement incolore, extraordinairement léger et mobile.

Sans contester aucunement le très grand intérêt des résultats obtenus par Cailletet et Pictet, le problème était loin encore d'être résolu, et un jugement impartial fut porté sur ce sujet par M. Jamin, dans un rapport lu à l'Académie des sciences en 1877.

« La possibilité de liquéfier et de solidifier l'oxygène est maintenant démontrée. Les deux expériences se valent ; celle de M. Pictet ajoute peu à celle de M. Cailletet. Avoir simplement vu un brouillard ou un liquide sans avoir pu recueillir l'un ou l'autre, c'est tout un, et l'expérience définitive reste encore à faire. Elle consistera à maintenir l'oxygène liquide à la température de son point d'ébullition, comme on le fait pour le protoxyde d'azote ou à l'état solide comme l'acide carbonique se conservant dans cet état à cause de l'énorme chaleur latente que la gazéification exige. »

On n'eût su mieux dire, aussi M. Cailletet, sans se décourager, reprit-il ses essais d'une façon encore plus attentive, et en même temps que lui, deux savants polonais, Olzewski et Wroblewski, lesquels avaient assisté aux expériences du physicien français. En modifiant, d'une façon très heureuse, les dispositions combinées par M. Cailletet, ses continuateurs transformèrent en une définitive victoire le premier succès remporté par ce maître sur l'hostilité de la matière. En 1883, ils parvinrent à voir l'oxygène, préalablement comprimé à 22 atmosphères puis détendu, s'accumuler en gouttes incolores dans la partie recourbée du tube sous une température de — 135 degrés. Que de difficultés il leur fallut vaincre avant d'enregistrer ce résultat, qui récompensait des années de labeur patiemment poursuivi en dépit d'obstacles de toute nature!

En même temps que les savants polonais, et par d'autre méthodes rappelant les cycles progressifs de Pictet, M. Cailletet arrivait aux mêmes résultats.

La mise au point d'organes tous si nouveaux demandait un nombre tel de tâtonnements et de rectifications successives que M. Cailletet ne trouva plus à sa disposition de ressources assez grandes pour terminer son œuvre. Ce fut à Londres, dans le laboratoire de la *Royale Institution*, où Faraday avait liquéfié le chlore, ainsi que cela a été rappelé plus haut, que les recherches nécessaires purent être exécutées par M. Dewar qui réalisa l'appareil définitif de M. Cailletet. En 1895, le 3 août, il fit à cette institution une conférence dont tous les journaux de l'époque rendirent compte, et le physicien anglais montra à ses auditeurs le premier litre d'*air liquide* qui ait été obtenu.

Mais, pour rendre possibles et pratiques les applicatiogs industrielles auxquelles ce nouveau corps était susceptible de se prêter, il fallait faire passer l'opération du domaine du laboratoire à celui de l'usine et produire les gaz liquéfiés à bas prix. On y parvint peu à peu par l'étude plus rationnelle des phénomènes complexes se produisant au cours des diverses manipulations, et c'est alors que l'on reconnut l'importance de la détente avec production de travail extérieur à l'aide d'échangeurs de température du genre de ceux proposés, dès l'année 1857, par Werner Siemens.

Dès l'année 1895, le professeur à l'École polytechnique de Zurich, Carl Linde, faisait fonctionner devant ses élèves un appareil dans lequel l'air atmosphérique était porté d'abord à l'énorme pression de 200 atmosphères, puis détendu jusqu'à 40 atmosphères, après quoi il était renvoyé au compresseur en cédant son froid à l'air comprimé, de sorte que la température s'abaisse tellement, que la liquéfaction se produit et que l'air ruisselle sur les parois pour s'emmagasiner dans un réservoir d'où on le soutire ensuite.

Le rendement de cette machine était remarquable, car les grands modèles fournissant 50 litres à l'heure ne dépensaient que deux chevaux-vapeur pour donner 1 litre d'air liquide à l'heure. Il fallait une demi-heure pour que ce liquide commençât à apparaître, la machine une fois mise en marche.

Le système du professeur Linde fut installé à Paris et fonctionna pendant la durée de l'Exposition de 1900, à la grande surprise du public de voir l'air atmosphérique couler comme de l'eau dans les récipients où on le recevait. Cette première machine fut acquise par le Collège de France, et le professeur d'Arsonval profita de sa présence pour entreprendre une série d'expériences du plus haut intérêt.

On commençait déjà à entrevoir les usages auxquel ces corps pouvait s'appliquer, et c'est alors qu'entra dans la carrière un nouveau venu qui, par ses vues originales d'abord et par un travail acharné ensuite, est parvenu à faire de l'air liquide une industrie de première importance et aux ramifications nombreuses : M. Georges Claude.

On peut remarquer deux moyens d'envisager les faits, deux conceptions différentes et presque incompatibles dans la méthode suivie par les hommes d'initiative qui se proposent de tracer les routes par lesquelles l'humanité tente d'asservir les forces de la nature pour les appliquer à ses besoins insatiables de domination.

La première trouve, dans la somme des connaissances scientifiques accumulées par les siècles, un corps de doctrine suffisamment établi pour qu'en découlent mathématiquement, presque inéluctablement, les découvertes nouvelles. Pour ceux qui procèdent ainsi, par voie de déduction, l'expérience, lorsqu'elle est conçue et finalement réalisée, s'interprète suivant un programme étroitement défini et limité d'avance. Les lois ou théories supposées ou établies par les devanciers sont des bases indiscutables sur lesquelles s'élèvent peu à peu l'édifice des réalisations nouvelles. L'étoffe est tissée, la chaîne et la trame en sont invariablement déterminées, on brode, on enjolive le tissu de mille manières, cherchant dans la mille et unième la solution poursuivie. Pour cette catégorie de chercheurs, les pures mathématiques habilement maniées sont toutes les bornes de l'horizon entrevu.

La seconde conception est toute différente : n'acceptant ni limites précises ni lois scientifiques immuables, agissant principalement par intuition, par comparaisons et par élans spontanés, elle renverse sans hésiter les barrières élevées par des théories incomplètes et parcourt librement les espaces infinis de toutes les possibilités. Pour les novateurs, imbus de ce principe, l'expérience seule devient le guide respecté, l'expérience logique, scrupuleusement observée, critiquée et interprétée sans

Georges Claude.

idées préconçues, inlassablement répétée sous des formes diverses, dans les conditions les plus variées et finissant par révéler l'inattendu et l'imprévisible : telle peut se caractériser la méthode de Georges Claude.

« L'idée inventive, a dit Claude, n'est rien auprès de l'énergie morale et de la persévérance qui en est une forme. Énergie dans les difficultés et dans les déboires techniques, énergie dans les difficultés d'argent, énergie contre les hommes et les choses ! »

Né à Paris, en 1868, Georges Claude fut élève de l'École de physique et chimie, de 1886 à 1889; ses goûts et ses aptitudes le dirigèrent tout d'abord vers l'électricité industrielle, et sa première situation fut celle de chef de laboratoire de l'usine municipale d'électricité des Halles, de 1890 à 1894, puis commença sa carrière scientifique.

Ses premiers travaux, en collaboration avec Hess, eurent pour effet de rendre moins dangereux l'emploi de l'acétylène en le dissolvant dans l'acétone et en le faisant absorber par une substance poreuse. Il assura ainsi l'innocuité absolue de cette source puissante d'éclairage en facilitant son transport sans crainte d'accident.

Ayant été conduit à rechercher la méthode la plus pratique pour obtenir le comburant idéal, l'oxygène pur pour alimenter le chalumeau oxy-acétylénique dont l'usage est universellement répandu maintenant pour le travail du fer, il fut amené à s'occuper, en 1895, des procédés de liquéfaction industrielle de l'air. Tout d'abord, il crut qu'il parviendrait à séparer les deux gaz constituant l'atmosphère en les centrifugeant à l'aide d'un ventilateur rapide ou en utilisant des dissolvants convenables; mais, devant l'échec de ses tentatives, il se tourna vers les procédés précédemment connus et s'efforça de faire mieux que ses prédécesseurs, Linde entre autres, bien que ce dernier eût gravement affirmé que tout était obtenu du principe sur lequel reposait le fonctionnement de son appareil.

« Devais-je m'incliner, écrit l'inventeur, devant ce verdict émanant d'une autorité incontestée, renforcée par l'opinion de nombre d'autres chercheurs, Solvay, Siemens, Hampson et autres?... Il ne me le parut pas. Il est, en matière de recherches scientifiques, une règle dont l'histoire du progrès affirme, d'indiscutable façon, l'application constante et que, pour mon compte, j'ai toujours en mémoire.

« Quand une chose est possible de par la théorie, quand

des difficultés pratiques s'opposent seules à sa réalisation, il est infiniment probable que ces difficultés ne sont pas insurmontables; il est infiniment probable qu'au bout de plus ou moins de temps, de plus ou moins de peine, un artifice pourra être trouvé qui permettra à la chose d'être réalisée et à la théorie d'avoir raison. » Et appliquant ces principes, il se mit à l'œuvre, et après quelques tâtonnements préliminaires, une expérience définitive fut tentée.

C'était à la fin de l'année 1899, par une nuit froide et neigeuse de novembre, sous un hall plutôt inhospitalier des tramways mis à sa disposition, que Georges Claude procéda à cette expérience, et, dès la mise en marche de sa machine à air comprimé, il constatait avec satisfaction l'abaissement rapide de la colonne indicatrice d'un thermomètre à toluène, gradué jusqu'à 150 degrés au-dessous de zéro et placé dans le tube d'échappement.

Trois heures après la mise en route, le bas de la graduation était atteint et le thermomètre continuait à descendre; bientôt le liquide se prenait en masse pâteuse et, un instant après, le moteur calait sans avoir fourni d'air liquide. Ravi du résultat, et bien loin de se douter que deux ans encore le séparaient du jour où il en obtiendrait, l'inventeur regagna la voiture de tramway qui devait, cette nuit-là, lui servir de chambre à coucher.

Ce ne fut que fort longtemps après, au cours d'une vérification sur le point de congélation du toluène, que Claude s'aperçut avec stupéfaction qu'elle s'opérait à moins de — 100 degrés. Or, 100 degrés c'était trop peu décisif pour aller de l'avant, Solvay ayant déjà obtenu —92 degrés, et peut-être n'eût-il pas poussé ses efforts plus loin sans cette erreur de gros calibre d'un constructeur cependant réputé.

Comme il eût été impossible d'assurer le graissage des organes de sa machine avec de l'huile ordinaire, Claude avait eu l'idée ingénieuse d'employer à cet effet l'essence de pétrole incongelable à ces basses températures. Ce graissage était même supprimé dès que la machine fournissait de l'air liquéfié, celui-ci faisant fonction de lubréfiant. Enfin, il obtint une température de — 170 degrés, sérieusement cette fois, mais toujours rien autre chose qu'une légère buée après chaque coup de piston. L'inventeur désespérait presque de pouvoir jamais franchir l'étroite lisière le séparant du but, quand il s'avisa de placer dans le tube d'échappement de la machine un tuyau plus petit terminé par un robinet et alimenté d'air en pression emprunté au bout froid du circuit d'alimentation.

Cette fois la réussite fut complète : deux heures après la mise en marche, un filet liquide s'échappait du robinet et venait remplir les récipients en verre argenté à double paroi préparés depuis longtemps dans ce but. Et la joie du savant n'était pas due seulement au fait du résultat scientifique depuis si longtemps espéré et attendu, mais elle se doublait d'un autre genre de satisfaction : une assemblée des actionnaires de la Société d'études qui avait assumé les frais de ses recherches était convoquée pour le lendemain, et l'on devait proposer, de guerre lasse, la fin de ces essais infructueux jusque-là.

Dès lors, la victoire était gagnée, la cause entendue, l'air liquide allait pénétrer dans les usages industriels; mais l'inventeur ne devait pas s'endormir sur ces lauriers péniblement conquis. Un inventeur se repose-t-il jamais d'ailleurs?... Georges Claude, mieux outillé, poursuivit ses expériences en perfectionnant sans cesse la technique de cette fabrication si spéciale. Ayant observé que le travail d'expansion de l'air s'opérait mal aux environs de 190 degrés au-dessous de zéro, ce qui diminuait le rendement utile, il adjoignit à sa machine un dispositif compound formé d'un faisceau tubulaire traversé par l'air détendu, tandis qu'y pénètre d'autre part l'air comprimé provenant du circuit d'alimentation. Sous l'action de l'air détendu, l'air comprimé se liquéfie à — 140 degrés, alors que l'air détendu, ramené à cette même température, refroidit moins l'air comprimé admis dans la machine, lui laissant ainsi sa force d'expansion. Le résultat c'est qu'en fonctionnant à la pression de 50 atmosphères, la machine

Appareil pour la préparation de l'oxygène et de l'air liquide
(Procédés Georges Claude).

fournit un rendement supérieur à un litre d'air liquide par cheval et par heure.

Se basant alors sur la différence des points d'ébullition de l'oxygène et de l'azote liquides, Claude parvient à séparer ces deux corps et à les recueillir séparément en vue d'applications distinctes de chacun d'eux. Puis, opérant par voie de condensation successive, il sépare d'une façon si parfaite le néon et l'hélium, qu'il parvient à établir la proportion exacte de ces gaz dans l'air atmosphérique, la fixant à 15 millionnièmes pour le premier et 5 millionnièmes pour l'autre.

Mais l'inventeur n'est pas encore satisfait. Il s'attaque alors à l'hydrogène, qui ne résiste pas davantage à la liquéfaction que l'oxygène, bien que son point d'ébullition soit beaucoup plus bas : — 210 degrés au-dessous de zéro, au lieu de — 193 degrés pour l'air. Enfin il réalise la synthèse de l'ammoniaque, qui permet de préparer à bas prix les engrais azotés et les explosifs, et pendant la guerre il fabrique le chlore liquide par dizaines de tonnes. Faisant appel, suivant le cas, aux ressources des sciences chimiques et physiques, il semble se jouer des difficultés, surmontant les obstacles par des moyens originaux, tels que le graissage de ses machines à chlore à l'aide de l'acide sulfurique pur. Toujours la solution simple et imprévue permet d'assurer la production industrielle dès que les nécessités la rendent opportune ou nécessaire.

L'œuvre scientifique de Georges Claude est considérable et a fait l'objet de plus de trente communications à l'Académie des sciences sur des sujets très divers, particulièrement sur l'électricité et les gaz rares, qu'il a utilisés pour l'éclairage et comme détecteurs et mesureurs d'ondes en radio-télégraphie, et, pour conclure, on peut dire qu'il a donné le plus remarquable exemple de prodigieuse activité, de persévérance inlassable, de mépris des difficultés, qui ont fait de lui l'un des plus admirables réalisateurs qui aient paru. Georges Claude, a dit un de ses biographes, est une belle et noble figure scientifique dont peuvent s'enorgueillir à juste titre son pays et l'humanité tout entière.

Nous devons encore parler dans cet ordre d'idées, de quelques savants qui ont réalisé, de leur côté, de sérieux progrès en ce qui concerne l'étude des gaz liquéfiés : Kamerlingh-Onnes, Dewar, et sir Ramsay entre autres.

Le premier est un physicien hollandais de très grand
mérite qui a créé, à Leyde, un établissement appelé *Institut cryogénique*, dont le but est d'étudier les divers phénomènes dus au froid et à l'action des basses températures
sur les corps.

Une machine a été combinée dans ce but, qui n'est
qu'une machine de Pictet perfectionnée, dans laquelle les

Chargement des cylindres d'air liquide.

différents stades de température sont fournis par le chlorure de métyle en premier lieu, puis l'éthylène et l'oxygène. Le chlorure abaisse la température à — 70 degrés,
puis l'éthylène liquide, en s'évaporant sous pression
réduite, descend à — 150. Il refroidit l'oxygène qui se liquéfie alors sous pression réduite à — 200 degrés au-dessous de
zéro.

On a réalisé ainsi un appareil d'études peut-être un peu
compliqué mais dans lequel l'opérateur a sous la main
toute la gamme des basses températures, depuis — 50 degrés
jusqu'à — 200 degrés et que le professeur Kamerlingh-Onnes

a complété dans ces dernières années par l'adjonction d'un cycle à hydrogène et ensuite d'un cycle à hélium qui l'a amené à — 270 degrés, c'est-à-dire moins de 3 degrés du zéro absolu de la nature.

L'air liquide étant en ébullition sous la pression atmosphérique normale à une température de 193 degrés au-dessous de zéro, il s'ensuit qu'il s'évapore et ne saurait être, par suite, conservé dans des récipients hermétiquement fermés. C'est un peu comme si l'on voulait conserver de la glace dans un four de boulanger fortement chauffé. Pour retarder cette évaporation et conserver quelque temps ce liquide à l'air libre, il faut s'efforcer d'empêcher la pénétration de la chaleur ambiante jusqu'à lui. C'est le professeur anglais James Dewar, né en 1842, qui, perfectionnant une idée du savant français d'Arsonval, a résolu le mieux ce problème. M. d'Arsonval avait songé à emmagasiner le gaz liquéfié dans un récipient à doubles parois entre le vide desquelles le vide était ensuite opéré. M. Dewar a argenté les surfaces intérieures de ces vases et réduit ainsi dans de très grandes proportions l'évaporation, permettant ainsi de conserver assez longtemps les gaz réduits à l'état liquide par l'action du froid.

La solidité de ces sortes de bouteilles à corps sphérique et large goulot est extraordinaire et renverse les idées que l'on a pu se former sur la résistance des matériaux. Si la sphère extérieure est assez épaisse, de manière à présenter quelque consistance et résister aux chocs, le ballon intérieur, lui, est en verre excessivement mince : 3 dixièmes de millimètre d'épaisseur en certains points. Or, cette pelure d'oignon, cette bulle de savon supporte, en raison du vide intermédiaire séparant les parois, l'intégralité de la pression atmosphérique, soit près de 1500 kilogrammes pour un récipient de cinq litres. Ce résultat est d'autant plus extraordinaire que cette sphère intérieure et le ballon qui l'entoure à quelques millimètres seulement tout autour, sont simplement raccordés par une soudure effectuée autour des goulots emboîtés l'un dans l'autre. La transmissibilité calorifique, déjà diminuée au dixième par le vide, subit une réduction encore bien plus grande du fait de l'argenture et porte à 1 deux centième la réduction totale et

Sir William Ramsay.

permet de conserver l'oxygène liquide pendant plusieurs jours.

La liquéfaction de l'air a permis de retirer de la masse atmosphérique les gaz qu'elle contient en très faible proportion et qui étaient considérés comme des résidus de l'azote : l'argon, le xénon, le néon, le krypton et l'hélium.

L'honneur d'avoir deviné et révélé la complexité de la composition de l'atmosphère, que l'on croyait uniquement composée d'un mélange de deux gaz : l'oxygène et

l'azote, revient à un seul savant, un compatriote de
Crookes et de lord Kelvin, dont les théories sur la transformation de la matière ont bouleversé les conceptions
scientifiques, surtout depuis la découverte des phénomènes de la radio-activité et du radium, à sir William
Ramsay.

Sir Ramsay, est né, en 1852, dans le même pays que
Watt, à Glasgow. C'est donc un Écossais. Après d'excellentes études au collège d'Édimbourg, il fut nommé professeur de chimie, d'abord à Bristol, puis à l'Université de
Londres, et c'est vers cette époque qu'intrigué par la
différence singulière, déjà signalée par le professeur français Leduc, entre la densité de l'azote atmosphérique
naturel et de l'azote chimique, il découvrit, en collaboration avec lord Rayleigh, l'argon, qu'il isola. Un peu plus
tard, il trouva dans la clévéite, minerai uranifère existant
en Norvège, un gaz que l'analyse spectroscopique avait
montré déjà comme existant dans le soleil et qui avait été
appelé par suite *hélium*.

C'est encore Ramsay qui, avec ses collaborateurs, Collie
et Travers entre autres, en soumettant à l'effet d'une distillation fractionnée délicate les résidus gazeux fournis par
la machine à air liquide de Hampson, découvrit, outre
l'hélium et le néon, des gaz inertes, tels que le xénon et le
krypton, remarquables par leurs poids atomiques élevés
qui font d'eux des gaz bien plus lourds que l'air, leurs
densités étant de 2,8 et de 5,6. L'illustre chimiste put fixer
le point d'ébullition de ces corps, qui est de — 109 degrés pour
le xénon, — 152 degrés pour le krypton, et — 238 degrés
pour le néon, et établir les relations existant entre ces
divers gaz et l'émanation du radium qui permet de les libé-
rer de leurs divers composés. Enfin sir Ramsay a déterminé la proportion de ces gaz dans l'air. Elle est de 1 centième pour l'argon, 1 cent millième pour le néon, 1 millionnième pour le krypton et l'hélium, et enfin de 1 cent-
soixante millionnième seulement pour le xénon.

L'exposé de ces découvertes successives, faites en France et en Angleterre principalement, montre quelle est l'évolution de la chimie moderne, grâce à l'invention de procédés nouveaux permettant d'obtenir tant de résultats inattendus. Du laboratoire, ces méthodes sont entrées dans le champ de la préparation industrielle, et aujourd'hui fonctionnent dans nombre de pays de puissantes usines employant les procédés Claude ou Linde pour extraire à bas prix de l'atmosphère l'azote indispensable à l'agriculture et l'oxygène, non moins utile pour les opérations métallurgiques. Cette constatation montre de quel secours la science pure peut être pour le progrès général et l'utilité des savants et des inventeurs dans la marche de la civilisation.

CHAPITRE XVII

MACHINES A COUDRE, A ÉCRIRE ET AUTRES

THIMONNIER — HOWE — LEGAT — SHOLES
BESSEMER — MAC-CORMICK — FORD

Parmi les inventions de toute espèce qui ont contribué à augmenter le bien-être général en diminuant la fatigue et en permettant d'exécuter plus rapidement et d'une façon plus parfaite qu'à la main une foule de travaux, il convient de citer les machines employées dans une foule d'industries, ainsi que dans les intérieurs et les bureaux. Citons, par exemple, la machine à coudre, la machine à écrire, les machines-outils et les outils agricoles.

En ce qui concerne la première de ces machines, rappelons que l'on a commémoré, en 1825, le centenaire de sa création, due à Barthélemy Thimonnier. C'était le moins qu'on payât ce modeste chercheur avec un peu de gloire, puisque ses contemporains ne surent pas apprécier, comme elle le méritait, la merveille que leur offrait le pauvre grand homme et le laissèrent végéter sans lui accorder la moindre récompense. Cependant, on n'en saurait douter, c'est cet inventeur qui construisit le premier modèle de machine à coudre ayant donné à l'usage de bons résultats, une machine réellement pratique.

Toutefois, comme il est de règle avec presque toutes les inventions, Thimonnier eut des précurseurs. En 1790, Thomas Saint montra à Londres une machine capable de coudre. Une alène perçait dans le cuir un petit trou dans lequel s'engageait ensuite une aiguille qui descendait un fil dont la boucle était ensuite liée. Mais il faut reconnaître que si l'idée première était ingénieuse, sa réalisation laissait à désirer, car le fonctionnement était lent et irrégulier.

En 1804, un nommé John Duncan prit un brevet en Angleterre pour un système du même genre, mais la description qu'il en a laissée est si obscure qu'on ne peut en saisir clairement le principe. D'ailleurs, il ne semble pas qu'il ait exécuté son projet. La même année, deux autres citoyens du Royaume-Uni, Stone et Henderson demandaient un brevet français pour un mécanisme exécutant automatiquement les mouvements des doigts travaillant avec une ai-

Barthélemy Thimonnier.

guille. Cette aiguille, du type ordinaire était maintenue par des pinces l'obligeant à traverser le tissu. Mais il faut croire que ce mécanisme était incapable de réaliser convenablement la besogne dont il était chargé, car ce brevet ne fut suivi d'aucune exécution. Aucune de ces inventions ne peut donc compter au point de vue pratique.

Né en 1793, à Amplepuis, dans le Rhône, Barthélemy Thimonnier avait fait de courtes études au séminaire, puis il était revenu s'installer comme tailleur dans sa ville natale. Mais déjà une idée tenaillait son esprit, et pour disposer d'un champ d'action plus vaste, il ne tarda pas à venir s'établir à Lyon, en 1825.

A peine arrivé, il passe tous ses loisirs dans un minuscule atelier, une échoppe plutôt, où il construit dans le plus grand mystère sa machine à coudre, destinée à remplacer le travail à la main. Thimonnier n'était nullement mécanicien, et les faibles moyens pécuniaires dont il disposait ne lui permettaient pas de faire travailler des spécialistes pour réaliser ses idées, aussi lui fallut-il près de quatre ans pour arriver à transformer son rustique modèle du début en un appareil, à la vérité bien primitif encore, mais qui fonctionnait d'une manière satisfaisante. En 1830, il demandait un brevet, et, peu après, patronné par un ingénieur des Mines qu'avait séduit cette invention, Thimonnier devint chef d'une entreprise de confections militaires où furent rassemblées quatre-vingts machines travaillant simultanément conduites par autant d'ouvrières.

Rien ne semble mieux prouver que la conception de l'ancien tailleur était parfaitement au point. Hélas! il arriva à l'inventeur ce qui était arrivé déjà au grand Jacquard, à l'immortel Denis Papin. De malfaisants énergumènes, l'accusant de vouloir avec ses machines « ôter le pain des travailleurs en supprimant leur emploi », fomentèrent une émeute au cours de laquelle toutes ces mécaniques, qui avaient coûté si cher à construire, furent complètement détruites et l'atelier saccagé.

Quoique ruiné par cet acte de malveillance, Thimonnier, avec la foi qu'anime tous les découvreurs, ne se décourage cependant pas, et il décide d'aller à Paris exhiber son appareil devant des industriels susceptibles de l'aider à diffuser son système. N'ayant pu réussir à intéresser personne, ni à faire adopter ses procédés, il revint à Lyon à pied en donnant le long de la route de petites représentations pour gagner de quoi manger, car il était entièrement dépourvu d'argent et aussi pauvre qu'il est possible de l'être.

De retour chez lui, il se remet à l'œuvre, travaille et perfectionne encore son appareil, si bien qu'il peut, en 1845,

faire breveter un modèle produisant deux cents points
à la minute. Il a trouvé enfin un commanditaire ayant
assez de foi dans l'avenir de cette création nouvelle pour
risquer quelques sommes. Thimonnier peut fabriquer ses
machines en série, et il les offre au prix modique de cinquante francs. Ce commerce allait s'étendre quand sur-
vint la révolution de 1848 qui ruina les deux associés.

L'inventeur repart pour Londres, puis pour Manchester, essayant de réussir mieux en Angleterre qu'à Paris,
mais sans plus de succès. Au reste, il a déjà de redoutables concurrents : on commence à importer en Angleterre
des machines à coudre à deux fils donnant une couture bien
plus solide que la machine française qui, elle, exécute seulement le *point de chaînette* avec un seul fil. Cette fois,
il est bien vaincu : il doit rentrer dans son village d'Amplepuis, où il meurt, en 1857, dans la plus profonde gêne.
Évidemment, son appareil encombrant, construit entièrement en bois, et qui affectait extérieurement l'apparence
et presque les dimensions d'une armoire, — on peut en
voir un spécimen dans les collections du Conservatoire
des arts et métiers, — était bien loin de faire présager les
élégantes machines à coudre modernes, mais la rustique
« couseuse automatique » de Thimonnier n'en marque
pas moins le point de départ d'une idée heureuse et qu'il
a suffi de perfectionner pour lui assurer le succès qu'elle
méritait.

Tandis qu'en France, Thimonnier luttait contre les
difficultés et s'efforçait sans y pouvoir réussir à faire adopter son appareil, aux États-Unis, d'autres innovateurs
s'attaquaient au même problème. En 1826, le premier
brevet sur ce sujet est demandé par un certain Lyé, et,
en 1834, par un New-Yorkais appelé Hunt, mais ces
brevets furent refusés, les inventeurs n'ayant pu, ainsi que
la loi l'exigeait, remettre à l'appui de leur demande un
modèle en état de fonctionner.

C'est seulement en 1846, que le mécanicien Elias Howe,

né en 1819, et mort en 1867, put obtenir un brevet pour
une machine à coudre donnant des résultats satisfaisants
et qui travaillait avec deux fils, celui porté par l'aiguille
étant enlacé à chaque point avec le fil porté par une bobine
intérieure logée dans une navette oscillante. On commença
par se moquer de l'inventeur et de sa mécanique; mais, en
bon Américain qu'il était, Elias Howe lança un défi à ses
contradicteurs en prétendant que sa machine pouvait faire
le travail de cinq ouvrières. Le pari fut accepté. Howe, se
mit à sa machine et il termina la tâche fixée longtemps
avant que ses rivales fussent venues à bout de la leur.

La cause était désormais entendue et la supériorité de
la machine sur le travail à la main amplement démontrée,
aussi des concurrents ne tardèrent-ils pas à surgir, prônant
des modèles plus rapides encore. En 1849, Allan Wilson
obtenait à son tour un brevet pour une machine à coudre
fonctionnant également à deux fils, mais avec une bobine
supérieure qui, au lieu d'aller et venir alternativement,
était fixée avec un crochet tournant pour dérouler le fil.
Il est à noter que Wilson ne connaissait aucunement la
machine de Howe.

Un autre Américain, le fermier Gibbs, lisant dans un
journal l'annonce de l'invention de Wilson et se demandant quelle en était la disposition, finit par construire une
machine du genre de celle de Thimonnier. Wilson en eut à
son tour connaissance et les deux hommes s'associèrent pour
combiner leurs modèles et en construire de nouveaux,
plus perfectionnés et qui furent favorablement accueillis
du public.

Pour Isaac Singer, il semble qu'il a dû s'inspirer au
début de la machine de Howe en lui ajoutant toutefois des
améliorations de première importance : rotation d'un bras
horizontal pour déterminer le mouvement alternatif de
l'aiguille et emploi d'une came pour conduire la navette
à mouvement rotatif. Singer était surtout un remarquable
brasseur d'affaires qui connaissait toute la puissance d'une

réclame intensive. Il couvrit le monde entier de ses prospectus et organisa des usines formidables dans tous les pays, avec des magasins de vente et des succursales partout. On peut dire qu'il a été le principal vulgarisateur de ce progrès que constitue la couture à la mécanique.

Mais revenons au véritable pionnier américain, Elias Howe. L'habile mécanicien, s'il fut finalement récompensé de ses peines par un succès mérité, ne mit pas moins de longues années à s'imposer. Il avait fait, en 1847, un voyage en Angleterre, où son frère avait réussi à trouver un acheteur important, et il modifia sa machine pour qu'elle pût servir à confectionner les corsets. Mais le public anglais se montra aussi récalcitrant d'abord que celui d'Amérique: Howe fut réduit à s'associer avec un cocher de fiacre dont les économies

Elias Howe.

furent rapidement absorbées par la construction de nouveaux modèles, si bien que l'inventeur fut obligé de mettre sa machine en gage chez un prêteur pour pouvoir payer son ticket de retour dans son pays, où il redevint simple ouvrier mécanicien. Pour comble d'infortune, des contrefacteurs surgirent, mais heureusement Howe finit par trouver un commanditaire, et, tout en créant une usine à New-York, il poursuivit légalement ceux qui avaient rêvé de le dépouiller. Enfin devenu riche, il put dédommager amplement son ancien associé, le cocher de fiacre londonien.

L'histoire d'Élias Howe, que nous venons de rappeler, montre une fois de plus qu'il ne faut pas qu'une invention, si utile qu'elle soit, vienne trop tôt, avant le moment où les esprits se trouvent disposés à l'accepter ou l'industrie prête à construire et à utiliser le nouvel engin proposé. D'autre part, il ne faut pas non plus que l'inventeur se laisse décourager par ses premiers insuccès. On peut assurer que l'insuccès est presque de règle aux premières tentatives et que ce n'est qu'à force de persévérance que l'on parvient à faire adopter un progrès quelconque. Enfin, il faut, pour que l'invention puisse se développer, que celui qui l'a conçue trouve les capitaux nécessaires pour organiser l'exploitation commerciale de son idée et se défendre, le cas échéant, contre des contrefacteurs toujours prêts à profiter d'une conception susceptible de donner des bénéfices importants. Ces considérations montrent combien est aléatoire et périlleuse la carrière de l'inventeur, et l'histoire de Désiré Legat, que nous allons raconter, fournira une preuve de plus de l'ingratitude et de l'indifférence qui sont le lot des efforts de ces chercheurs patients et obstinés auxquels l'humanité doit d'acquérir l'amélioration de ses conditions d'existence.

Legat naquit, en 1836, près d'Arpajon. Fils d'un ancien garçon d'écurie établi ensuite aubergiste, il avait treize ans quand son père eut l'idée de faire de lui d'abord un apprenti coiffeur puis un garçon pâtissier. Déjà sa valise était faite, et l'enfant allait partir pour la ville voisine où son futur patron l'attendait, quand, parmi les sanglots qui lui échappèrent alors, il avoua sa répugnance pour l'état qu'il allait apprendre.

« Hé bien! dans ce cas, concéda le père, puisque cela te déplaît tant, nous chercherons autre chose, voilà tout!... »

Et la valise fut redescendue.

Sur le conseil d'un voisin, qui avait été frappé du goût pour le dessin montré par le gamin, on projeta de le faire admettre à l'École des arts et métiers, le père, qui ignorait jusqu'au nom et à l'existence de cet établissement,

Machines à coudre et à écrire.

se renseigna, et l'enfant accepta avec bonheur de se préparer à entrer dans l'une de ces écoles spéciales. C'est ainsi que Désiré Legat, âgé de quinze ans, quoique chétif et délicat, partit seul pour la capitale.

Il entra tout d'abord comme apprenti chez un petit mécanicien pour s'initier au maniement de la lime et du marteau. Les commencements furent rudes. Il fallait se loger, se nourrir, enfin se suffire à lui-même avec le peu d'argent que son père pouvait lui envoyer. Aussi, dans son désir de s'instruire, le jeune homme consacrait-il la majeure partie de cet argent à l'achat des livres indispensables à ses études et, pour toute nourriture, il se contentait d'un poisson frit, qu'il arrosait d'un peu d'eau puisée à la fontaine Saint-Michel.

Touché de son ardeur au travail, son patron lui permit de suivre les cours qui se faisaient à cette époque pendant le jour au Conservatoire des arts et métiers, et il en profita si bien qu'il remporta le premier prix de dessin de mécanique. Il avait alors dix-sept ans.

Peu après, Legat fut admis, ayant satisfait au concours d'entrée, à l'école de Châlons. Il y acquit, par faveur exceptionnelle, l'autorisation de travailler au dortoir au delà des heures réglementaires pendant que ses camarades reposaient.

Après une année de labeur acharné, il conquit le troisième rang qu'il sut garder jusqu'à sa sortie de l'école, en 1856, remportant en même temps le premier prix d'atelier des modèles, un second prix d'une valeur de 500 francs et une médaille d'argent.

Il entra alors comme ingénieur aux ateliers de constructions mécaniques Féray d'Essonnes, et il y réalisa une première invention ayant pour objet un appareil de condensation qu'il nomma condenseur automoteur. Un an plus tard, il prenait un second brevet pour un système dérivé du précédent et dit aspirateur hydro-pneumatique automoteur.

Dès lors, et pendant toute sa vie, Legat ne cessa d'inventer et de perfectionner ce que sa sagacité naturelle, jointe à un travail persévérant, lui permit de découvrir, et les rapports des jurys aux diverses expositions auxquelles il prit part, notamment en 1878 et en 1889, accordèrent les plus élogieuses mentions aux appareils imaginés par l'ingénieux mécanicien, qui devait, peu après, donner toute la mesure de son génie par la création de sa machine à presser et à mouler les chapeaux de feutre, et surtout de celle à coudre les chapeaux de paille, lesquelles lui valurent les plus hautes récompenses. Le rapporteur, un industriel éminent et surtout compétent en cet ordre d'idées, M. Bariquand, avait donné l'appréciation suivante sur ces modèles :

« En voyant travailler dans un espace aussi restreint ces légers tendeurs, ces petits accrocheurs, qui viennent à grande vitesse prendre le fil, le conduire et le déplacer beaucoup mieux que ne le pourraient faire les doigts les plus habiles, on est obligé de reconnaître qu'en mécanique l'impossible n'existe plus. Cette merveilleuse machine est le résultat d'un travail immense et fait le plus grand honneur à la France dont M. Legat s'honore d'être un fils modeste et travailleur. »

Tel est le jugement d'un maître sur la valeur et la portée de l'une des inventions de Legat qui en compte encore un grand nombre d'autres non moins originales et fruit de longues méditations et d'essais pratiques répétés. Mais ces éloges étaient seulement platoniques, hélas! Trop de fleurs !... eût dit Calchas.

Legat s'était usé dans un labeur sans trêve ni merci, ne tenant aucun compte, grâce à un miracle d'énergie et de volonté, de sa faiblesse de constitution. Pendant plusieurs années, son état alla s'aggravant, et il endura avec un courage stoïque les plus cruelles souffrances, s'en remettant à Dieu et s'inclinant devant sa volonté. Il cherchait, il travaillait, il inventait toujours. En 1896, il s'éteignait au seuil de sa soixantième année à peine.

Legat, peut-on se demander, a-t-il retiré de ses découvertes une rémunération proportionnelle aux peines qu'elles lui avaient coûtées, et non seulement à ces peines mais au mérite même de la création et aux services rendus?... Hélas! non, et de beaucoup! S'il avait le génie de l'invention, Legat ne possédait à aucun degré la bosse du commerce. Il était sans défense contre les entreprises de la ruse et de la mauvaise foi, et cet homme qui eût pu réaliser une fortune énorme et a enrichi son pays d'argent et de gloire, cet homme est mort dans la pauvreté, sans avoir reçu la moindre récompense de ses contemporains, comme avant lui Thimonnier. Et quant à la renommée, qui aujourd'hui se souvient encore de son nom?...

Mais s'il est des inventeurs incapables de défendre leurs intérêts matériels, il en est d'autres, heureusement, doués d'un sens pratique sûr et avisé, qui savent parfaitement monnayer leurs idées et en tirer de grosses fortunes, et tel est le cas, entre autres, du constructeur de la première machine à écrire, l'instituteur américain Sholes, qui reçut des fabricants concessionnaires, à qui il céda des licences d'exploitation de ses brevets, près de *cent quatre-vingts millions* de francs. D'autres, après avoir conquis une fortune avec une invention l'ont ensuite perdue dans d'autres tentatives moins heureuses. L'histoire de sir Henry Bessemer est typique à cet égard.

Fils d'un fondeur de caractères d'imprimerie, Bessemer naquit dans le village de Choulton en 1813. De bonne heure, il s'amusa à modeler des animaux, et pour ses premières armes industrielles, il imagina un métier permettant d'imprimer à chaud sur les tissus, de façon à reproduire l'effet du velours d'Utrecht. Le procédé était tenu secret, mais il fut dérobé par des concurrents qui l'employèrent en grand.

Ce premier déboire ne dépita que médiocrement le jeune homme, qui construisit alors l'ancêtre de la linotype actuelle. En frappant sur les touches d'un clavier analogue à celui des machines à écrire, — qui n'existaient pas encore,

— on envoyait les caractères typographiques rangés dans un magasin supérieur prendre place les uns auprès des autres dans un cadre pour former des mots et des phrases. Mais les ouvriers compositeurs, craignant que cette machine ne leur fît perdre leur gagne-pain, démolirent l'ingénieux appareil. L'inventeur abandonna ses projets et chercha autre chose : le moyen d'éviter l'emploi frauduleux des timbres-poste usagés et oblitérés. L'Administration des postes refuse d'acheter ce procédé, cependant bien au point; mais Bessemer ne se décourage toujours pas, et cette fois il réalise une idée fructueuse.

Ayant acheté un jour un peu de bronze en poudre pour dorer un objet, il est surpris de payer trois cents francs le kilogramme une matière composée en majeure partie de laiton qui vaut à peu près cent fois moins. Il s'informe et apprend que la fabrication du produit est monopolisée par certains producteurs de Nuremberg, qui seuls ont le secret du procédé. Apprenant ce fait, le jeune homme se promet de pénétrer ce faux mystère, et, en effet, il parvient en peu de temps à réduire le bronze en poudre fine. Alors il commande à plusieurs constructeurs différents les pièces d'une machine qu'il monte lui-même pour être certain de n'être pas imité ou deviné, et il confie toute la besogne de fabrication à ses trois beaux-frères. Et pendant plus de trente ans, Bessemer resta le seul producteur anglais de bronze en poudre, ce qui lui permit de gagner suffisamment d'argent non seulement pour vivre, mais pour faire les frais d'autres inventions.

Ainsi, il s'occupe en premier lieu de verrerie, dresse les plans d'une usine monstre, qui ne fut jamais construite faute de capitaux nécessaires. Il n'en prend pas moins des brevets pour des fours destinés à la fusion des verres d'optique, caractérisés par ce fait que le creuset, en forme de toupie, pouvait osciller autour d'une monture à la cardan, puis pour le laminage des glaces, l'argenture des miroirs, la taille des lentilles, etc. Mais aucune de ces idées, pourtant ingénieuses, ne furent prises en considération par les industriels du temps. Toutefois, devenu millionnaire, Henry Bessemer en utilisa quelques-unes pour son plaisir personnel en faisant édifier un énorme télescope dans sa propriété.

Il perfectionne alors, sur la proposition d'un ami possédant des plantations aux colonies, les appareils de sucrerie, mais ses recherches lui valent juste une médaille d'or. Il ne tire guère plus de bénéfice de ses brevets relatifs à des pompes centrifuges et à des freins continus pour trains de chemins de fer, car d'autres chercheurs l'ont devancé.

Mais éclate alors la guerre de la coalition franco-anglaise contre la Russie, en 1854, et Bessemer ne rêve plus qu'armes et munitions. Il installe dans son jar-

Henry Bessemer.

din un petit canon pour faire des expériences, ce qui provoque immédiatement un concert de récriminations de la part de voisins inquiets. Ce canon lançait un obus entouré d'une ceinture creusée en hélice et qui devait tourner sur lui-même pendant son parcours, ce qui augmentait sensiblement la portée du projectile et la justesse du tir. Ses précédentes relations avec les administrations de son pays avaient été telles que l'inventeur ne voulut pas s'adresser au War-Office pour lui offrir cette arme nouvelle. Il écrivit à Paris et obtint une audience de l'empereur Napoléon III, qui se montrait toujours accueillant pour les inventeurs. L'empereur félicita Bessemer ravi et l'adressa à la commission de l'Artillerie. Après une série d'expériences au polygone de Vincennes, les experts officiels déclarent l'invention merveilleuse,... mais inapplicable, attendu qu'aucun canon ne serait assez résistant pour lancer un obus aussi frottant. C'est encore l'enterrement de première classe dont sont coutumiers les membres de toutes les administrations françaises ou anglaises. Mais la commission d'Artillerie ne connaissait pas la ténacité des Anglais. Quand son jugement fut communiqué à Henry Bessemer, celui-ci répondit sans se déconcerter :

« Qu'à cela ne tienne! Rien de plus simple : je vais fabriquer des canons plus solides! »

Et dix-neuf jours après sa visite à Vincennes, il déposait une demande de brevet ayant pour but l'amélioration de la fonte de fer par insufflation d'air dans le métal fondu.

Mais il y a loin de la coupe aux lèvres, dit le proverbe, de l'idée théorique à sa réalisation. Bessemer devait l'éprouver à ses dépens. Revenu en Angleterre, il a beau modifier la disposition de ses fours, les résultats sont des plus irréguliers, si bien que les premiers industriels qui ont acquis le droit d'exploitation de ce procédé se débarrassent bientôt de cet outillage et le mettent au rebut. Pourtant l'inventeur avait une foi inébranlable dans la valeur de son procédé, et loin de jeter le manche après la cognée ainsi qu'il l'avait fait à maintes reprises pour d'autres trouvailles, il ne se lassait pas d'étudier les causes des échecs enregistrés. Il observa ainsi que ses « convertisseurs » ou cubilots, où devait s'effectuer la transformation de la fonte en acier, ne donnaient de bons résultats qu'avec certaines fontes, alors que ce résultat était défectueux avec d'autres catégories.

Il organise alors un laboratoire d'analyse des minerais et détermine par tâtonnements successifs la proportion de produits à leur ajouter ainsi que le mode de traitement à leur appliquer. Une petite aciérie est organisée, qui fait la première année mille livres, soit vingt-cinq mille francs nets,... non de bénéfices mais de pertes. Cependant Bessemer, aussi persévérant que ses illustres prédécesseurs Stephenson et Watt, qui durent en grande partie leur réussite définitive à la mise en pratique de cette qualité, Bessemer ne perdit pas confiance malgré tout, et les faits lui donnèrent bientôt raison. Cinq ans plus tard, l'aciérie faisait de bénéfices cette fois, dix mille livres, ou deux cent cinquante mille francs, somme qui se trouva triplée au bout de cinq autres années.

Car l'acier Bessemer, obtenu au convertisseur, constituait un métal excellent, et toutes les aciéries du monde adoptaient les unes après les autres cette méthode de fabrication consistant à injecter de l'air dans la masse de fonte en fusion pour brûler l'excès de carbone qui s'y trouve mélangé et obtenir de l'acier avec une dépense infiniment moins grande que par tout autre procédé, tel que celui de la cémentation entre autres.

Était-ce enfin la fortune assurée pour l'obstiné innovateur?... Que non point. Comme le cas s'est produit pour plusieurs inventions susceptibles de recevoir de grands développements industriels, même protégées par des brevets déposés suivant toutes les règles, des rivaux surgirent, prétendant avoir connu le procédé depuis longtemps, sous la forme qui lui a été donnée par Bessemer ou avec quelques modifications, et ils fabriquent de l'acier sans se soucier des justes réclamations de ce dernier.

Mais Bessemer n'est pas seulement qu'inventeur, comme le pauvre Legat, dont nous avons conté l'histoire ; c'est aussi un homme d'affaires et un diplomate, un *business man*, comme disent les Américains. Il plaide contre l'un, achète l'autre, effraye un troisième, enfin demeure maître du champ de bataille. Heureux vainqueur d'une guerre pacifique qui n'entraîne aucune mort, aucune ruine matérielle, et le triomphateur reste seul fabricant de l'acier, y gagnant quelque cinquante millions, tribut volontairement payé par les industriels du monde entier qui achetèrent le droit d'utiliser la méthode du métallurgiste anglais.

23

Ainsi enrichi, Henry Bessemer eût pu jouir tranquillement de l'énorme fortune acquise dans le fastueux château dont il avait fait sa résidence, mais il était possédé de cette passion de trouver du nouveau à tout prix, et il jeta de nombreux millions dans le gouffre insatiable de l'invention. C'est ainsi qu'il voulut réaliser, vingt ans avant le professeur Mouchot, un four solaire rappelant les miroirs ardents d'Archimède et de Buffon, pour fondre les métaux au foyer de ces rayons, puis le navire anti-roulis, à suspension pendulaire, pour éviter le mal de mer aux passagers. Ce bâtiment, qui coûta plus d'un million à son promoteur, était destiné au service de Douvres-Calais à travers le détroit. Il ne fit qu'un seul et unique voyage, car à l'arrivée l'accostage fut tellement brusque que la jetée fut démolie en partie et le bateau détérioré. Le pis était que les passagers, qui devaient être soustraits aux nausées, avaient été beaucoup plus secoués et plus malades qu'à bord du paquebot du service journalier ne possédant aucun salon à suspension pendulaire contrebalançant l'effet du roulis.

L'inventeur avait cette fois échoué et s'était trompé; mais n'importe, cette expérience infructueuse et sans lendemain n'a pas été tout à fait inutile, car c'est en accumulant les expériences, même suivies d'un échec, que l'on arrive à progresser. L'exemple de Bessemer est une leçon qui démontre que, loin de se décourager après un insuccès, celui qui veut réussir doit persévérer quand même, lorsqu'il a foi dans le bien fondé de son invention et dans l'utilité qu'elle présente et qui assurera sa diffusion.

Le procédé Bessemer ayant été adopté avec faveur en Amérique, les citoyens de l'Union, pour donner un témoignage public de reconnaissance à l'inventeur, baptisèrent de son nom plusieurs villes nouvelles, où furent installées de puissantes aciéries. Le grand inventeur s'éteignit, comblé d'honneurs et d'années, en 1898, à Londres; mais son œuvre lui survit, et les convertisseurs demeurent en usage dans les usines métallurgiques, que la chaleur nécessaire à produire la fusion des minerais ou des riblons soit demandée au coke, comme dans les fours Martin et Siemiens, soit qu'elle soit fournie par l'énergie électrique, ultime transformation de la houille blanche ou puissance hydraulique des torrents de montagnes.

Les inventeurs qui ont véritablement profité des idées nouvelles conçues par leur esprit ou résultant d'observations et de déductions habilement conduites sont ceux qui ont pu commercialiser eux-mêmes leurs conceptions. Il est difficile de chiffrer les droits perçus par un grand nombre d'entre eux pour la cession à des tiers du droit d'exploitation de leurs appareils ou machines, mais on peut savoir, par les chiffres déclarés au fisc, ce qu'ils laissèrent à leurs héritiers. C'est ainsi que l'on apprit que Singer, le grand fabricant de machines à coudre, a laissé en mourant une fortune dépassant trois cents millions de francs, et que l'inventeur de la moissonneuse et autres machines agricoles à grand travail, Mac-Cormick, a laissé une fortune de près d'un demi-milliard. Et quel chiffre atteindra celle du grand constructeur d'automobiles américain, Henry Ford, quand on songe qu'elle s'accroît chaque année de plusieurs centaines de millions, et qu'il a conservé les goûts de vie simple qu'il avait lorsqu'il conçut les organes composant sa voiture automobile populaire !

Ces exemples et bien d'autres encore, qu'on pourrait rappeler, montrent donc que si beaucoup d'inventeurs, venus trop tôt, ou dépourvus de tout génie commercial ont été de lamentables victimes et de véritables martyrs de l'idée, d'autres ont parfaitement su tirer parti de leurs conceptions en les faisant passer dans le domaine pratique et dans l'usage universel, ce qui leur a valu de réaliser de très grosses fortunes. Et ceci prouve que le génie de l'invention ne conduit pas forcément, ainsi qu'on l'a pu croire par l'histoire de certains précurseurs, à la misère et à l'hôpital.

CHAPITRE XVIII

De ce qui précède, faudrait-il déduire, ayant constaté la fertilité d'imagination des chercheurs du xix° et du xx° siècles, que le terrain a été fouillé jusqu'au tréfonds et qu'il ne reste plus grand'chose à glaner pour les inventeurs des siècles futurs?... Ce serait une grosse erreur, car le nombre de problèmes à résoudre demeure infini, et, sous la pression des nécessités nouvelles créées par les modifications de l'existence des peuples, il surgit constamment des questions imprévues auxquelles il faut trouver une réponse. Encore maintenant, il reste beaucoup à faire pour compléter l'œuvre des savants modernes et tirer toutes les conséquences de leurs découvertes.

Évidemment les inventions véritablement géniales, telles que la locomotive, le moteur à gaz, le cinématographe entre autres, ne sont pas légion, mais combien d'autres, qui seraient non moins utiles, demandent encore la sagacité des chercheurs futurs pour recevoir une solution pratique et certainement avantageuse pour les Archimèdes qui les indiqueront. Un technicien américain, Ligginson, n'a pas relevé moins de sept cents questions de ce genre, et son livre, qui a été traduit en français, pourrait avoir pour titre : *Ce qu'il faut inventer pour devenir millionnaire.* Voici quelques-unes de ces questions.

Du fer qui ne puisse pas se rouiller. Ce sont des millions que les compagnies de chemins de fer dépensent chaque année pour faire repeindre tous les ouvrages métalliques des voies : ponts, ouvrages d'art, charpentes de bâtiments, signaux, etc., et ces millions seraient économisés avec du métal insensible aux intempéries. Il existe bien des aciers ne rouillant pas par l'action de l'humidité, mais leur prix est élevé, et il faudrait découvrir un procédé ou une préparation économique.

Un acier conservant sa ténacité à chaud. Les expériences de divers techniciens ont montré que la solution la plus rationnelle du moteur thermique est la turbine à gaz. Déjà différents modèles de ce genre d'appareils, capables de fournir les résultats attendus, ont été proposés, mais on a reconnu qu'en raison des températures très élevées auxquelles est soumise la partie tournante de la machine, cet organe doit être fabriqué en un acier capable de ne pas s'altérer, même chauffé au rouge. L'apparition sur le marché d'un métal présentant ces qualités serait donc très appréciée.

Pile thermique. Pour obtenir de l'électricité, il faut dépenser du travail mécanique avec les dynamos, ou du travail chimique avec les piles. Cependant la seule et véritable source de tous les travaux mécaniques de l'homme sur sa planète proviennent de la chaleur fournie en dernière analyse par l'énergie solaire. Or, on ne sait pas encore transformer économiquement la chaleur en électricité, et il est bien certain que le savant qui trouverait un procédé pratique de transformation ferait accomplir un pas immense à la science électrotechnique.

Suppression des pertes de charbon dans les foyers. — On a évalué à plus de cent millions de francs la quantité de charbon gaspillée annuellement dans les foyers industriels et domestiques rien qu'en France, et pour le seul résultat négatif de chauffer l'atmosphère. En dépit de tous les progrès déjà réalisés, la fumée qui se dégage des cheminées est toujours d'une température élevée, et la chaleur ainsi dissipée est perdue. Que d'améliorations de détail à apporter aux brûleurs de toute espèce pour restreindre ce gaspillage.

Flacons irremplissables. — C'est par centaines que l'on compte les brevets concernant des flacons pour pharmacie ou boissons de marque constituées de telle façon qu'on puisse facilement les vider, mais non les remplir, sinon par le pharmacien ou le vigneron lui-même à l'aide d'un dispositif approprié, ce qui éviterait toute fraude. Mais aucun de ces systèmes ne s'est généralisé, soit parce qu'ils ne donnent pas une absolue sécurité, soit parce qu'ils sont trop compliqués et coûteux. Il y a place là pour une solution vraiment pratique.

Ce sont là des inventions à réaliser qui seraient la source d'importants bénéfices, mais il ne serait même pas nécessaire de chercher de l'inconnu pour obtenir des résultats économiques surprenants ; il suffirait de perfectionner simplement ce qui existe, en France surtout, où l'on emploie encore des méthodes trop souvent surannées alors que nos concurrents modernisent leur outillage et leur matériel, augmentent leur production et diminuent leurs prix de revient. En voici quelques exemples :

Dans l'industrie de la mégisserie, nous employons encore des procédés très lents, qui fournissent des produits excellents mais coûteux. Les peaux d'animaux achetées en France, envoyées ensuite au Canada où elles sont traitées, sont réexpédiées chez nous et vendues moins cher sur nos marchés que les peaux travaillées dans nos tanneries. La cause est notre négligence dans l'application des nouvelles découvertes de la chimie.

Nous sommes tributaires des nations voisines pour toutes les industries de la teinture et de la verrerie, et de l'Amérique pour les machines de toute espèce, notamment des machines à emballer automatiquement toutes sortes de marchandises, des machines à écrire et des machines agricoles, bientôt pour les automobiles si on n'y prend garde. La cause : le système d'usinage défectueux des pièces usinées chez nous.

En France, le bâti d'une faucheuse ou autre machine est présenté sur un marbre pour le traçage, de là il passe à la raboteuse, ou à l'étau limeur pour le dressage des parties recevant des pièces ajustées, puis de là à l'aléseuse, à la fraiseuse, à la radiale, pour le perçage et l'alésage de trous recevant les coussinets des arbres, des boulons ou des taraudages. Ces diverses opérations exigent une vingtaine d'heures de travail.

En Amérique, le bâti est amené sur une plate-forme à creux et à bossages épousant parfaitement le profil de ce bâti. Il y est maintenu par des brides à serrage instantané. Autour de cette plate-forme sont placées à demeure des perceuses électriques parfaitement dégauchies par rapport à la pièce à travailler. Des petits étaux limeurs, également fixés à demeure, dressent les parties à usiner. En deux ou trois heures au plus la besogne est achevée, l'usinage est parfait et toutes les pièces sont interchangeables. On ne peut trouver procédé plus économique.

Et que dire de l'application des méthodes de Taylor dans les usines Ford ! Rien, pas le plus petit détail n'est laissé au hasard dans cette fabrication. Dans les ateliers d'usinage des pièces, chaque machine-outil est spécialement établie pour reproduire la même opération d'un bout de l'année à l'autre. Leurs dispositions sont telles que chaque phase exécutée sur une machine permet le montage immédiat sur la machine suivante pour l'opération qui suit ; aucune fausse manœuvre n'est possible, et les pièces ne reviennent jamais deux fois à la même place. Tout le travail est poursuivi à l'aide des méthodes les plus rapides, et le prix de revient de la voiture terminée est tel que ces machines peuvent venir concurrencer nos marques nationales dans notre pays même malgré des droits de douane élevés. Et cependant les vingt-cinq mille ouvriers des usines Ford touchent des salaires notablement supérieurs à ceux de leurs collègues français.

Il serait donc grand temps de nous ressaisir si nous ne voulons pas nous laisser dépasser par nos rivaux d'outre-Atlantique, mais on commence à comprendre heureusement que l'union s'impose de plus en plus entre la science pure et la technique, entre le laboratoire et l'usine, entre le capital et le travail. Nous disposons de ressources, d'ingéniosité et d'énergie certaines, il suffit de les mieux coordonner pour continuer à tenir notre place dans le monde.

Ce qui a longtemps contribué à faire tenir les inventeurs en suspicion par les capitalistes enclins à soutenir une entreprise nouvelle, c'est la fréquence des échecs subis à la suite d'essais mal conduits ou basés sur des principes scientifiques inexacts. Souvent même des bailleurs de fonds mal renseignés ont été les victimes d'aigrefins, habiles à maquiller des expériences pour réaliser la forte somme, après quoi ils s'éclipsaient, laissant leurs dupes se morfondre devant un laboratoire vide et des appareils sans valeur. Rappelons, en passant, l'histoire du moteur Keeley, fonctionnant par les vibrations sonores et qui eut l'honneur de la séance à l'Académie des sciences; les diamants artificiels de Lemoine; les rayons infrarouges d'Ulivi et de Grindel Matthews; la machine géodynamique de Artz, et bien d'autres encore. Pour donner un exemple de la malfaisante habileté de certains de ces charlatans de l'invention, nous nous bornerons à citer le transport de l'énergie à distance par les ondes hertziennes, en 1913, invention dont le protagoniste était un simple ouvrier lyonnais sans instruction, à qui ses commanditaires prêtaient à fonds perdus, — c'est le cas de le dire, — une manière de génie. Et ces commanditaires n'étaient pas les premiers venus, car il figurait parmi eux, à côté de spéculateurs de profession, hommes d'affaires ou de finances, des industriels notoires, des praticiens qui auraient dû être familiarisés avec le principe de la conservation de l'énergie et les possibilités de l'électricité.

C'est cette élite que le poseur de sonnettes était parvenu à persuader qu'il avait découvert un moyen de transporter à toute distance, sans aucun conducteur de liaison, n'importe quelle quantité d'énergie électrique. De multiples expériences avaient démontré la possibilité de faire tourner ainsi un moteur, démarrer un tramway, etc., à plusieurs centaines de mètres de distance, en dirigeant l'énergie à travers l'espace à l'aide de réflecteurs spéciaux comme on eût fait avec un rayon de lumière.

Mais ce qui rendait l'invention plus extraordinaire encore, c'est que l'énergie envoyée du point de départ se renforçait en route par un emprunt à l'électricité atmosphérique ou au magnétisme terrestre, — on n'était pas très fixé à cet égard, — si bien que, pour dix chevaux-vapeur expédiés par le poste de transmission, on en recueillait vingt ou trente au poste d'arrivée. C'était merveilleux !

Aussi, les parts du syndicat d'études faisaient-elles prime ; on se les disputait à coups de banknotes, car tout le monde voulait profiter de l'occasion de faire ainsi fortune. Un grand constructeur avantageusement connu s'apprêtait même à transformer l'outillage de ses vastes usines afin d'établir les nouveaux appareils.

Un jour vint cependant où il fallut donner une démonstration publique des affirmations de l'inventeur. Une expérience décisive, à laquelle fut convoqué un jury de spécialistes hors de pair et qui coûta plus de vingt mille francs à organiser, fut décidée. Mais certains jurés étaient quelque peu sceptiques, et l'un d'entre eux, qui possédait à fond son métier, frappé de l'analogie existant entre le courant reçu dans les machines et le courant distribué par le secteur de la ville, s'approcha de plus près et finit par repérer deux fils insidieux, pris en dérivation sur la canalisation municipale et qui, dissimulés dans les pieds de la table plongaient dans une couche de mercure établissant le contact.

Ce fut un effondrement complet. Cependant le soi-disant inventeur ne fut pas inquiété. On lui laissa le temps de se réfugier à l'étranger et de se faire oublier : les dupes, à qui il n'avait pas subtilisé moins d'un demi-million, ne tenant pas à provoquer un scandale qui les eût couverts de ridicule.

Cette aventure et les précédentes ne sont pas pour encourager les capitalistes à risquer leurs fonds sur des inventions même les plus sérieuses et proposées par d'honnêtes travailleurs ayant fait une trouvaille nouvelle et réclamant un appui pour la développer et la rendre pratique. D'ailleurs, le savant modeste et probe est souvent timide et répugne à l'emploi des moyens familiers aux escrocs que sont ces charlatans de l'invention.

La morale à tirer de cet état de choses, c'est qu'il est nécessaire, étant donnée la législation actuelle sur les brevets d'invention, de créer un organisme capable d'aider les chercheurs à réaliser leurs idées, après avoir reconnu, bien entendu, que cette idée n'est pas un mirage mais bien une chose possible et pouvant rendre des services. Cette nécessité a heureusement été comprise des pouvoirs publics, et c'est pour y répondre qu'a été organisé, en 1921, sous le patronage du ministère de l'Instruction publique, l'*Office national des recherches et des inventions*, que dirige avec compétence et dévouement M. J.-L. Breton, sénateur, membre de l'Institut et inventeur lui-même, car on lui doit la conception entre autres des chars d'assaut à caterpillars, ou *tanks*, qui ont rendu tant de services au cours de la guerre.

Des inventeurs qui font la richesse d'un pays par leurs créations originales méritent d'être soutenus, encouragés, aidés par l'État, et l'on ne doit plus voir se répéter les dénis de justice et les extorsions dont ont été autrefois victimes ceux qui, après avoir découvert un principe jusqu'alors inconnu ont su en tirer les plus heureuses conséquences pour la collectivité tout entière.

La faculté intuitive, le génie inventif, ainsi que le prouvent les nombreux exemples donnés au cours de ce livre, sont des dons innés qui viennent de Dieu et ne sont soumis à aucune règle fixe. Ceux qui en sont favorisés n'en devraient jamais faire qu'un usage généreux et humanitaire, en améliorant les conditions du travail et permettant au niveau intellectuel de s'élever. Mais il est des cas où la science s'applique légitimement à des buts meurtriers, comme cela a été le cas pendant la dernière guerre, où la nécessité de défendre la patrie attaquée suggérait aux savants les combinaisons d'explosifs, de gaz toxiques les plus énergiques possibles. On peut déplorer ce détournement d'une science qui devrait rester constamment bienfaisante, mais il n'y a pas lieu de s'étonner de ces rôles contradictoires, quand on voit qu'après avoir causé les plus graves blessures par des machines à tuer perfectionnées, cette science intervient de nouveau pour essayer de sauver ces blessés en les transportant dans des avions-ambulances jusqu'aux hôpitaux éloignés du champ de bataille et pourvus des moyens les plus puissants pour secourir et guérir ces victimes des combats.

Inventeurs et savants ne peuvent rien changer à cet ordre de choses qui paraîtrait incompréhensible à un étranger aux coutumes de la terre. Les forces nouvelles qu'ils mettent au service de l'homme sont aussi bien utilisées pour le mal que pour le bien, et quelquefois ce mal est légitime lorsqu'il s'agit de défendre le bien le plus cher, le sol sacré légué par les ancêtres, la patrie. Les inventeurs qui ont mis leur génie au service de leur pays pendant la guerre méritent autant de respect et d'admiration que les autres, car lutter pour son pays, surtout quand ce pays est la France injustement attaquée, est œuvre louable et sacrée.

On commence d'ailleurs à s'en rendre compte : le progrès véritable ne peut se faire que par la pacification des esprits, et si l'on veut que le bien arrive à surmonter quelque jour lointain les forces obscures du mal, il faut surtout travailler au perfectionnement religieux et moral de l'homme. Aussi, à vrai dire, ceux qui sont vraiment les bienfaiteurs de l'humanité sont-ils plutôt les apôtres et les saints qui ont essayé de corriger sa barbarie première et sa méchanceté, avant les savants qui ont travaillé à diminuer l'effort purement matériel à augmenter les commodités et les plaisirs de l'existence.

Certes, il serait désirable que, sans arrière-pensée, dans un généreux élan d'amour universel, les peuples de la terre ne fissent plus qu'une seule famille, et il serait à souhaiter que cette aube luise au plus tôt, mais son avènement sera hâté plutôt par les efforts soutenus de la haute impulsion morale donnée aux esprits qu'aux créations les plus sensationnelles de la science pratique qui ne s'appliquent qu'au seul domaine matériel, qu'il s'agisse de restreindre l'effort ou d'accroître les agréments de la vie.

Une dernière considération se présente à l'idée quand on veut dresser le bilan des inventions qui se multiplient avec une telle accélération qu'elle fait penser à la loi de la chute des corps; on peut se demander ce que sera le monde dans vingt ou trente siècles. La civilisation, — ou l'état social auquel nous donnons ce nom, — aura-t-elle atteint le plein épanouissement entrevu et espéré, ou l'homme sera-t-il revenu à l'état barbare par suite de l'épuisement des ressources de sa planète, qu'actuellement il gaspille en propriétaire imprévoyant?... Si du passé on peut supposer ce que sera l'avenir, on peut croire plutôt à la première hypothèse et espérer que le globe, mieux aménagé, subviendra encore aux besoins de sa population plus éclairée et assagie.

Mais quelles merveilles seront réalisées, à ces époques

lointaines où toutes les ressources de minéraux, de pétrole
et autres produits naturels auront été épuisées? Si quelque
visionnaire nous décrivait par anticipation ces nouveautés,
il est probable que nous ne le comprendrions pas, et nous
nierions ces prodiges, comme Napoléon Ier, qui ne croyait
pas réalisable la navigation à vapeur ou sous-marine,
ou comme Thiers qui niait l'avenir des chemins de fer.

Bien loin de sourire avec incrédulité, il serait plus
sage de se rappeler que le mot *impossible*, qui a déjà
passé pour n'être pas français, n'est pas applicable au
génie scientifique. Ce qui est, à ce point de vue, l'erreur
d'aujourd'hui, peut être la vérité de demain, car la science
a souvent fait une réalité de ce qui n'était jusque-là qu'un
rêve imprécis, ou considéré comme paradoxal, qu'elle a
transformé bien des fois déjà le prodige en banalité et
l'utopie en réalité. Il est probable qu'à ces époques lointaines, tout ce que nous connaissons actuellement et qui
est regardé comme le dernier mot de la science humaine
n'existera plus, sinon dans quelques musées, comme des
échantillons des produits d'une industrie encore dans l'enfance.

Le progrès matériel s'affirme, tout se transforme, grâce
aux savants et aux inventeurs dont nous avons retracé la
vie souvent traversée de longues souffrances, mais qui a
été soutenue par cette flamme divine que Dieu a mis au
cœur de l'homme, l'espérance. Puisse le progrès moral
marcher de pair pour conduire l'humanité à ses destinées
définitives!...

FIN

TABLE DES CHAPITRES

41 725. — 1929. — Tours, impr. Mame.